中 等 专 业 学 校 教 材

水 力 学

（第 三 版）

陕西省水利学校　李序量　主编

中国水利水电出版社
www.waterpub.com.cn

内 容 提 要

本书是1984年7月出版的中等专业学校通用教材《水力学》的修订本。全书包括绪论，水静力学，水流运动的基本原理，水流型态和水头损失，管流，明渠均匀流，明渠非均匀流，孔流与堰流，泄水建筑物上、下游水流衔接与消能，渗流，高速水流简介，水力学模型实验基础等共12章。

本书适用于水工建筑、农田水利、水利工程管理、水土保持等专业，也可供水利水电技术人员参考。

图书在版编目（CIP）数据

水力学/李序量主编 . —3 版 . —北京：中国水利水电出版社，2007（2015.1 重印）
中等专业学校教材
ISBN 978 - 7 - 80124 - 417 - 8

Ⅰ. 水…　Ⅱ. 李…　Ⅲ. 水力学-专业学校-教材　Ⅳ. TV13

中国版本图书馆 CIP 数据核字（2007）第 013786 号

中 等 专 业 学 校 教 材
水 力 学
（第三版）
陕西省水利学校 李序量　主编
*
中国水利水电出版社
（原水利电力出版社）　出版、发行
（北京市海淀区玉渊潭南路 1 号 D 座　100038）
网址：www.waterpub.com.cn
E - mail：sales@waterpub.com.cn
电话：(010) 68367658（发行部）
北京科水图书销售中心（零售）
电话：(010) 88383994、63202643、68545874
全国各地新华书店和相关出版物销售网点经售
北京纪元彩艺印刷有限公司印刷
*
184mm×260mm　16 开本　16.75 印张　377 千字
1978 年 12 月第 1 版　1984 年 7 月第 2 版
1991 年 10 月第 3 版　2015 年 1 月第 21 次印刷
印数 252411—255410 册
ISBN 978-7-80124-417-8
（原 ISBN 7-120-01325-4）
定价 34.00 元

第 三 版 前 言

本书是在 1984 年 7 月出版的中等专业学校通用教材《水力学》的基础上，广泛征集各校在使用该教材中的意见修订而成。

根据水利部水利电力类中等专业学校教学研究会的意见，本书增加了"渗流"一章，将第二版中各章的思考题并入即将出版的《水力学习题集》一书。

参加本书修订工作的有：黄河水利学校邵平江（第二、四、十一、十二章），湖南水利电力学校徐焕文（第一、三、五、十章），陕西省水利学校李序量（第六、七、八、九章）。由李序量主编，东北水利水电专科学校刘翰湘主审。

在本书修订过程中，江西水校孙道宗、湖南水电校周锡民以及各兄弟学校的水力学老师们，通过各种形式，提出了许多宝贵意见，在此，谨致谢意。

最后，我们恳切地希望读者对书中的缺点及错误给予批评指正。

编 者
1990 年 12 月

第 一 版 前 言

为了适应新时期教育事业的大发展，满足教学需要，提高教学质量，我们总结二十八年来正反两方面的经验，根据《中等专业学校〈水利工程建筑〉专业教学计划》征求意见稿（一九七八年一月制订）的要求，编写了这本教材。

在编写过程中，我们力求做到：以毛主席关于马克思主义的认识论的光辉思想为指导，阐述水流运动的基本规律以及各种水力学问题，培养学生分析问题和解决问题的能力；加强对水流运动的基本理论以及水力计算和实验操作等基本技能的训练和培养；教材内容尽量结合水利工程的实际，并适应水利水电学校有关专业的特点；文字通俗易懂，每章均有例题、内容提要、小结、思考题和习题，以便于自学。

本教材由陕西省水利学校李序量、程学文，黄河水利学校邵平江、赵彦南、白济民，安徽省水利电力学校蔡可法，成都水力发电学校龙孝谦等七位同志编写，李序量同志主编。孟丰秀等同志描图。

本教材由吉林省水利电力学校刘翰湘、陈浩两同志主审，水电部东北勘测设计院孙思惠、吉林省水利勘测设计院张彤、长春地质学院刘一贯等同志参加审稿，提出不少宝贵意见，并得到了吉林省水利电力学校的大力协助，编者谨在此表示谢意。

我们恳切希望广大师生对书中缺点错误给以批评指正。

编　者
1978 年 7 月

第 二 版 前 言

本书是在 1978 年 12 月出版的中等专业学校通用教材《水力学》的基础上，根据水电部教育司 1981 年审定颁发的水利电力类中等专业学校各专业《水力学教学大纲》，修订而成。

在修订过程中，遵照教材建设应该有相对的稳定性及连续性的原则，尽量在原有教材的基础上进行修改；根据教材内容要"少而精"的原则，在保证满足水力学教学要求的情况下，压缩了篇幅；为了结合近几年来水利水电事业的发展，照顾到某些专业的特点及不同要求，也增加了一些新内容，并努力联系实际；为了巩固理论，提高学生分析、计算能力，各章都有一定数量的习题和思考题。

使用本书时，不同专业应针对本专业的要求，对内容作必要的取舍；大纲中有些专业要求的个别内容，因考虑到专业性较强，且限于篇幅，未予编入；书中小号字的内容是供教学参考的。

参加本书修订工作的有黄河水校邵平江同志（第二、四、十、十一章），陕西水校李勉同志（第一、三、五章），李序量同志（第六、七、八、九章）。由李序量同志主编。东北水电校刘翰湘同志主审。

本书在修订过程中，许多水电学校多年从事水力学教学工作的老师们提出了宝贵的意见，在此致以谢意。

我们恳切地希望读者对书中的缺点及错误给予批评指正。

编 者

1983 年 9 月

目　录

第一章 绪 论

第一节 水力学的任务及其在水利工程中的应用

水和人类生活、社会生产有着十分密切的关系。早在几千年前，我国劳动人民就已开始与洪水灾害进行不懈的斗争。以后，随着生产发展的需要，在与水害作斗争的同时，还兴修了许多巨大的灌溉、航运工程。人类在与水作斗争、防止水害、兴修水利的过程中，逐渐认识了水的运动规律，而对这些规律的认识，又进一步促进了水利事业的发展。这样反复循环、不断提高，加上现代科学与实验技术的发展，逐渐形成了一门专门**研究液体静止和运动规律，探讨液体与各种边界之间的相互作用，并应用这些规律解决实际问题的学科，这门学科就是水力学。**

水力学是一门技术科学，它是力学的一个分支，分为**水静力学**和**水动力学**两部分。**水静力学研究液体处于静止状态下的力学规律。水动力学研究作用于液体上的各种力和运动之间的关系以及液体的运动特性及能量转换等问题。**

水力学在水利、机械、冶金、化工、石油及建筑等工程中应用广泛，特别是在水利水电工程的勘测、设计、施工与管理中，更会遇到很多的水力学问题。例如在河道上修建水利枢纽工程（见图1-1），通常包括坝、闸、电站、管道及渠道等主要水工建筑物。它们都有各自不同的水力学问题。归纳起来主要有以下五个方面：

1）水对水工建筑物的**作用力**问题。如计算坝身、闸门、闸身、管壁上的静水作用力和动水作用力。

2）水工建筑物的**过水能力**问题。如确定管道、渠道、闸孔和溢流堰的过水能力。

3）水流通过水工建筑物时的**能量损失**问题。如确定水流通过水电站、抽水站、管道、渠道时引起的能量损失的大小，以及计算溢流坝、溢洪道、水闸和跌水下游的消能。

4）河渠的**水面曲线**问题。如河道、渠道、溢洪道和陡坡中的水面曲线。

5）水工建筑物中**水流的形态**问题。如水流在各种水工建筑物中流动形态的判别和对工程的影响等。

以上这些问题，彼此不是孤立的，也不是水力学的全部问题。譬如，还有渗流、挟沙水流、高速水流、波浪运动以及水力学模型试验等其它一些水力学问题。

为了解决上述水力学问题，必须研究水流运动的基本规律，只有对这些规律有透彻的了解，才能正确解决水力分析和水力计算的问题。由于水流运动的复杂性，目前尚有不少水力学问题不能完全用理论分析的方法来解决，有时还需借助于水力试验。因此，也应重视水力试验技术方面的学习和操作。

学习水力学，不仅要研究液体运动的各种规律，更重要的是要利用这些规律有效地解决工程中的实际问题。努力为发展祖国的水利事业和水利科学而奋斗。

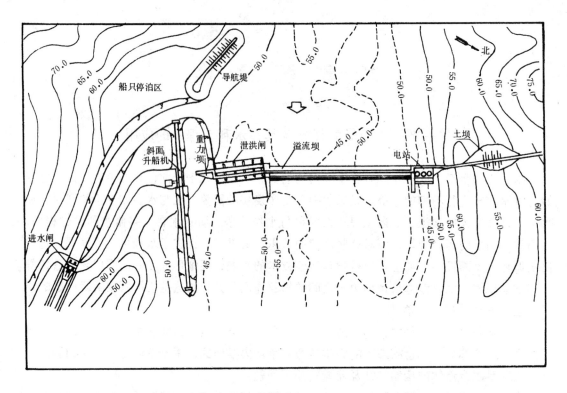

图 1-1

第二节　液体的基本特性和主要物理力学性质

水力学的任务是研究液体运动的规律，并应用这些规律解决实际问题。它研究的对象是液体。液体的运动规律，一方面与液体外部的作用条件有关，更主要的是决定于液体本身的内在性质。

一、液体的基本特性

自然界的物质有**固体、液体**和**气体**三种存在形式。液体和气体统称**流体**。流体和固体的主要区别在于：固体有一定的形状；而流体却没有固定的形状，很容易流动，它的形状随容器而异（因液体几乎不能承受拉力和拉伸变形，静止时不能承受切力和剪切变形），即液体具有**易流动性**。液体和气体的区别在于：气体易于压缩，并力求占据尽可能大的容积，能充满任何容器；而液体能保持一定的体积，还可能有自由表面，并且和固体一样能承受压力。液体压缩的可能性很小，在很大的压力作用下，其体积缩小甚微，即液体具有**不易压缩性**。

液体的真实结构是由运动着的分子组成的，分子与分子之间具有空隙。从微观角度看，液体是不连续、不均匀的。但水力学中研究的不是液体的分子运动，而是液体的宏观机械运动，把液体的质点作为最小的研究对象。质点是由极多液体分子所组成的，但它仍然非常微小，和所研究问题中的一般尺度相比，可以忽略不计。因此可认为**液体的质点是一个挨着一个的液体分子组成的实体**。这样，就可以把液体当作由无数液体质点所组成的没有空隙的连续介质，而且可以把这种连续介质看作**均质的和各向同性的**。即它的各个部分和各个方向上物理性质是一样的。这种假定是为了便于充分利用连续函数这一有力的数学工具。实践证明，所得结论在一般情况下也是符合客观实际的。

总之，在水力学中，液体的基本特性是**易于流动、不易压缩、均质等向的连续介质**。以水为代表的一般液体，都具有这些基本特性。

二、液体的主要物理力学性质

物体运动状态的改变是受外力作用的结果。而任何一种力的作用都是通过液体本身的性质来实现的。下面研究一下影响液体运动的几个主要物理力学性质。

（一）惯性·质量与密度

惯性就是物体要保持其原有运动状态的特性。根据牛顿第二定律，要改变物体的运动状态时必须施加力，其大小与物体的质量和加速度的乘积成正比。这个施加的力就是用来克服物体惯性的。因此，物体惯性的大小可以用质量来度量。质量愈大的物体，惯性也愈大。**当液体受到某种作用力而改变其原有运动状态时，所遇到的液体对这种作用力的反作用力称为惯性力**。若液体的质量为 m，加速度为 a，则惯性力 F 为

$$F = - ma \tag{1-1}$$

负号表示惯性力的方向与加速度的方向相反。

对均质液体，其质量大小可以用密度来表示。

液体单位体积中所具有的质量称为液体的密度 ρ。如有一质量为 m 的均质液体，其体积为 V，则其密度 ρ 可表示为

$$\rho = \frac{m}{V} \tag{1-2}$$

在国际单位制（SI）中，质量采用的单位为千克（kg），长度单位采用米（m），则密度的单位为千克/米³（kg/m³）。在一个标准大气压（1atm≈0.1MPa）下温度为 4℃ 时，水的密度为 1000kg/m³。液体的密度随温度和压强有所变化，但这种变化很小，所以水力学中一般把水的密度视为常数。

（二）万有引力特性·重力与容重

万有引力特性是指**任何物体之间具有互相吸引力的性质**。这个吸引力称为万有引力。地球对物体的吸引力称为重力，或称为重量 G。国际单位制中力的单位为牛顿（N）。一质量为 m 的液体，其所受重力 G 的大小为

$$G = mg \tag{1-3}$$

式中　g——重力加速度。一般采用 9.80m/s^2。

对均质液体，其重力大小可以用容重来表示。

液体单位体积内所具有的重量 G 称为容重 γ。对某一重量为 G，体积为 V 的均质液体，其容重 γ 可表示为

$$\gamma = \frac{G}{V} \tag{1-4}$$

式（1-3）两边都除以体积 V 则成为

$$\gamma = \rho g \quad \text{或} \quad \rho = \frac{\gamma}{g} \tag{1-5}$$

容重的单位为牛顿/米^3（N/m^3）。不同的液体，容重是不同的，即使同一种液体的容重也随温度和所受的压强而变化，但因水的变化甚微，可视为常数。水的容重，在一个大气压和4℃时为

$$\gamma = \rho g = 1000\text{kg/m}^3 \times 9.8\text{m/s}^2 = 9800\text{N/m}^3$$

例 1-1 求在一个大气压下，4℃时，一升水的重量和质量。

解 已知体积 $V = 1\text{L} = 0.001\text{m}^3$

水的容重为 $\gamma = 9800\text{N/m}^3$，于是可得一升水的重量为

$$G = \gamma V = 9800\text{N/m}^3 \times 0.001\text{m}^3 = 9.80\text{N}$$

水的密度为 $\rho = 1000\text{kg/m}^3$，于是可得一升水的质量为

$$m = \rho V = 1000\text{kg/m}^3 \times 0.001\text{m}^3 = 1\text{kg}$$

（三）粘滞性

液体运动时若质点之间存在着相对运动，则质点间就要产生一种内摩擦力来抵抗其相对运动，这种性质即为**液体的粘滞性**。此**内摩擦力称为粘滞力**。粘滞性是液体固有的物理属性。

如图 1-2，液体沿一固定平面壁作平行的直线运动。紧靠固体壁面的第一层极薄水层贴附于壁面上不动，第一层将通过摩擦作用影响第二层的流速，而第二层又通过摩擦（粘滞）作用影响第三层的流速，依此类推，离开壁面的距离愈大，壁面对流速的影响愈小，于是靠近壁面的流速较小，远离壁面的流速较大（图 1-2，a）。由于各层流速不同，它们之间就有相对运动，上面一层流得较快，它就要拖动下面一层；而下面一层流得较慢，它就要阻止上面一层。于是在两液层之间就产生了内摩擦力，如图 1-2（b）所示。快层对慢层的内摩擦力是要使慢层快些；而慢层对快层的内摩擦力是要使快层慢些。即所发生的内摩擦力是抵抗其相对运动的。

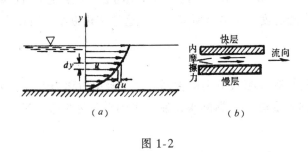

图 1-2

应指出，由于运动液体内部存在摩擦力，于是液体在运动过程中为克服内摩擦阻力就要不断地消耗液体的能量。所以**粘滞性是引起液体能量损失的根源**。

（四）压缩性

液体受压后体积缩小的性质称为液体的压缩性。液体也具有**弹性**，即当除去外力作用后可以恢复原状的性质。液体的压缩性可用**体积压缩系数**表示。体积压缩系数是**液体体积**

4

相对缩小值与压强增值之比。若某一液体体积为 V，原受压强为 p，当压强增加 dp 后，体积缩小 dV，则其体积压缩系数为

$$\beta = -\frac{\frac{dV}{V}}{dp} \qquad (1\text{-}6)$$

式中负号是由于压强增大时，体积要缩小。**液体体积压缩系数 β 的倒数就是体积弹性系数 K**

$$K = -\left(\frac{V}{dV}\right)dp \qquad (1\text{-}7)$$

式中，V/dV 是一个比值。因而 K 的单位和 p 的单位相同，都是 Pa。

在一般情况下，水的体积压缩量不大。增加一个大气压，水体积的缩小不足 1/20000，因此在一般的水力计算中，水的压缩性可不考虑，认为水是不可压缩的。但对某些特殊情况，就必须考虑水受压缩后的弹性。如水电站高压管道中的水流，当电站出现事故，阀门突然关闭后，管道中压力急剧升高，液体受到压缩，由此而产生的弹性力对运动的影响就不能忽视了。

（五）表面张力特性

液体自由面由于水分子及空气分子间的引力不平衡，**使自由面能承受微弱拉力的性质，称为表面张力特性**。通常表面张力数值很小，仅在水的表面为曲率很大的曲面时，表面张力才产生显著的影响。例如将一根细玻璃管插入静水中，管中的水面将高于静水面，这便是受了表面张力的影响。但在一般的水力学问题中，都可以忽略表面张力的影响。

以上介绍了液体的几种主要物理力学性质。其中，惯性、万有引力特性和粘滞性对液体运动的影响最大。

实际液体的物理性质是很复杂的。为了简化问题便于进行理论分析，在研究液体运动时常常先把实际液体看做理想液体，即**把所研究液体假定为完全无粘滞性的**，得出有关规律后，再进一步研究较复杂的实际液体的运动规律。提出理想液体这一概念，可以作为分析实际液体运动的台阶，同时理想液体的规律也可近似地反映粘滞性作用不大的实际液体流动的情况。

习　题

1-1　500L 的水在一个大气压下 4℃ 时，它的重量和质量各有多大？

1-2　已知海水的容重为 10000N/m³，若以 N/L，及 N/cm³ 来表示，其容重各为多少？

1-3　酒精的容重为 8000N/m³，它的密度应为多少？

第二章　水　静　力　学

第一节　静水压强及其特性

一、静水压强

由实践知：木桶无箍，盛水就会散开；未钉结实的木桶底，盛水会掉；游泳时水淹过胸，人就会感到胸部受压。通过这些现象，人们形成一个概念：处于静止状态的水体，对与水接触的壁面（侧壁和底面）以及水体内部质点之间都有压力的作用。

水处于静止状态时的压力叫静水压力，水在流动时的压力叫动水压力。本章只研究静水压力。

静止液体内的压力状况，常用单位面积上静水的压力——**静水压强**来表示。其数学表达式为

$$p = \frac{P}{A}$$

式中　P——静止液体作用于某受压面上总的力，叫**静水总压力**，N；

　　　A——受力面积，m^2；

　　　p——静水压强，Pa。

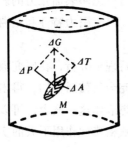

图 2-1

用上式计算出的静水压强，表示某受压面单位面积上受力的平均值，是平均静水压强。它只有在均匀受力情况下，才真实地反映了受压面各处的受压状况。通常受压面上的受力是不均匀的，所以，用上式计算出的平均静水压强，不能代表受压面上各处的受力状况，因而还必须建立点静水压强的概念。

图 2-1 为盛水的圆柱形桶。在桶中任取一点 M，以 M 点为中心，围绕它任取一倾斜的微小面积 ΔA，ΔA 上作用的静水总压力为 ΔP，这样，作用于微小面积上的平均静水压强为

$$p = \frac{\Delta P}{\Delta A}$$

当面积 ΔA 无限缩小而趋近于 M 点时，$\dfrac{\Delta P}{\Delta A}$ 的极限值即为任一点 M 的静水压强，可写成

$$p_M = \lim_{\Delta A \to 0} \frac{\Delta P}{\Delta A}$$

今后，在水力学中遇到静水压强（或静水压力）这一名词，若无特别说明，均系指点静水压强这一概念。

最后指出，静水总压力和静水压强都可表征静水中的压力状况，但它们是两个不同的

6

概念，它们的单位也是不同的。静水总压力的单位是牛顿（N）；静水压强的单位是帕斯卡（Pa）。

二、静水压强的特性

首先观察一个实验。

图 2-2 是一个用两端开口的 U 形玻璃管制成的测压计。玻璃管内盛着有色液体。实验前管两端都通大气，这时管中液面在同一高度。用橡皮管把一个扎有橡皮薄膜的小圆盒连到测压管 A 端，B 端仍与大气相通。这时管中液面仍在同一水平面上。

实验开始，用手指压橡皮膜，则 A 管液面降至 C 点，管 B 的液面升高到 D 点。若手指加大压力，则两管的液面差 h 亦加大；手指放开，则液面又恢复到同一水平面上。

如果把橡皮膜放入水中，同样可看到 A 管液面降低，B 管液面升高。入水愈深，与加大手指压力相似，测压管液面差 h 也愈大。这个实验说明，静水中是存在压强的，而且静水压强随水深的增加而增大。

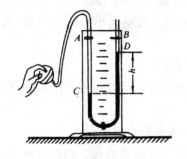

图 2-2

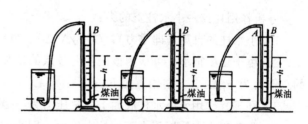

图 2-3

当扎有橡皮薄膜的小圆盒在水中的中心位置不变，使橡皮膜向上、向下、向旁侧转动，测压计两边的液面都是不变的（图 2-3）。

上述实验表明：**静水内部任何一点各方向的压强大小是相等的，静水压强大小与作用面的方位无关**。这是静水压强的第一个特性。

静水压强的第二个特性是，**静水压强的方向永远垂直并指向作用面**（也叫受压面）。因静止液体不能承受切力抵抗剪切变形，如果静水压强不垂直作用面，则水体将受到剪切力作用就会产生流动。因此，处于静止状态的水体内部不可能有剪切力存在。同时，静止水体又不可能抵抗拉力，只能承受垂直并指向作用面的压力。也就是说，静水压强的方向永远垂直并指向作用面。

研究水处于静止状态时的规律，静水压强的这两个特性是很重要的。例如，在图 2-4 中的边壁转折处 B 点，对不同方位的受压面来说，其静水压强的作用方向不同（各自垂直于它的受压面），但静水压强的大小是相等的。

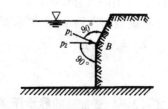

图 2-4

第二节 静水压强的基本规律

一、静水压强基本方程

从前面的实验可知，静水压强是随水深的增加而增加的，但它按什么规律变化呢？必须分析静止液体的平衡条件，导出静水压强的大小及其分布规律。这是水静力学的基本课题。

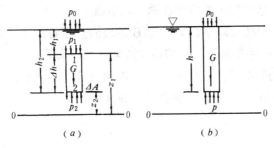

图 2-5

图 2-5（a）为仅在重力作用下处于静止状态下的水体。水表面受压强 p_0 的作用，p_0 称为表面压强。现研究位于水面下铅直线上任意两点 1、2 压强 p_1 和 p_2 间的关系。围绕 2 点取微小面积 ΔA，取以 ΔA 为底、Δh 为高的铅直小水柱为脱离体，进一步分析作用在这一小水柱上的力：

1）小水柱的自重（即重力），$G = \gamma\Delta h\Delta A$，方向铅直向下；

2）由于 ΔA 很小，可认为该面积上各点的压强是相等的，所以作用于小水柱顶面上的总压力为 $p_1\Delta A$，方向铅直向下；

3）同理，作用于小水柱底面上的总压力为 $p_2\Delta A$，方向铅直向上；

4）作用于小水柱周围表面上的水压力：因小水柱侧面皆为铅直面，侧面所受水压力皆为水平力，因小水柱处于静止状态，侧面上所受的水平力是相互平衡的。

根据静力平衡方程，从铅直方向看，作用于静止小水柱上向上的力必然等于向下的力，即

$$p_2\Delta A = p_1\Delta A + \gamma\Delta h\Delta A$$

等式两端除以 ΔA，可得压强的基本关系式

$$p_2 = p_1 + \gamma\Delta h \qquad (2\text{-}1)$$

或

$$p_2 - p_1 = \gamma\Delta h \qquad (2\text{-}2)$$

上式表明：1、2 两点的压强差等于作用在单位面积上、高度为 Δh 的液柱的重量。显然，在水中深处的静水压强比浅处大。向下每增加 1m 深度，静水压强就增大 $\gamma\Delta h = 9.8\mathrm{kN/m^3}\times1\mathrm{m}=9.8\mathrm{kN/m^2}$。

若根据表面压强 p_0 推算水面下深度为 h 的任一点静水压强 p，即当图 2-5（a）中的 $h_1=0$、$h_2=\Delta h=h$、$p_1=p_0$、$p_2=p$ 时，如图 2-5（b）所示，式（2-1）可写成

$$p = p_0 + \gamma h \qquad (2\text{-}3)$$

式（2-3）是常见的**静水压强基本方程式**。它表明：**仅在重力作用下，液体中某一点的静水压强等于表面压强加上液体的容重与该点淹没深度的乘积。**

由此可见，深度为 h 处的静水压强 p 是由两部分组成的。即从液面传来的表面压强

p_0 及单位面积上高度为 h 的液柱重量。

由式（2-3）可推知，在静止液体中，若表面压强 p_0 由某种方式使之增大，则此压强可不变大小地传至液体中的各个部分。这就是**帕斯卡原理**。静止液体中的压强传递特性是制作油压千斤顶、水压机等很多机械的原理。

上述静水压强计算式中，任一点的位置是从水面往下算的，用水深 h 表示。若取共同的水平面 0—0 为基准面，任一点距基准面的高度称为某点的**位置高度** z，则可把公式 $p_2 - p_1 = \gamma \Delta h$ 变换成另一种形式。由图 2-5 可看出：$\Delta h = z_1 - z_2$，代入式（2-2），得

$$p_2 - p_1 = \gamma(z_1 - z_2)$$

即

$$z_1 + \frac{p_1}{\gamma} = z_2 + \frac{p_2}{\gamma} \tag{2-4}$$

式（2-4）是静水压强分布规律的另一表达式。它表明，**在静止的液体中，位置高度 z 愈大，静水压强愈小；位置高度 z 愈小，静水压强愈大**。

式（2-4）还表明，在均质（γ = 常数）、连通的液体中，水平面（$z_1 = z_2 =$ 常数）必然是等压面（$p_1 = p_2 =$ 常数），这就是通常所说的**连通器原理**。

静水压强基本公式同样也反映其它液体在静止状态下的规律，其区别只在于容重 γ 的不同。几种常见的液体和空气的容重 γ 见表 2-1。

表 2-1   常 见 流 体 容 重

流 体 名 称	温 度（℃）	容 重 kN/m³	流 体 名 称	温 度（℃）	容 重 kN/m³
蒸 馏 水	4	9.8	水 银	0	133.3
普 通 汽 油	15	6.57～7.35	润 滑 油	15	8.72～9.02
酒 精	15	7.74～7.84	空 气	20	0.0188

水利工程中计算静水压强时，通常不考虑作用于水面上的大气压强（因大气压均匀地作用于建筑物的表面，例如闸门两侧都受有大气压作用，它们自相平衡），只计算超过大气压的压强数值。若令 p_a 表示大气压强，这样，当表面压强为大气压即 $p_0 = p_a$ 时，静水压强可写为

$$p = \gamma h \tag{2-5}$$

下面举例说明静水压强的计算。

例 2-1 求水库中水深为 5m、10m 处的静水压强。

解 已知水库表面压强为大气压强，水的容重 $\gamma = 9.80 \text{kN/m}^3$。

水深为 5m 处 $p = \gamma h = 9.80 \times 5 = 49 \text{kPa}$

水深为 10m 处 $p = \gamma h = 9.80 \times 10 = 98 \text{kPa}$

例 2-2 有清水和水银两种液体，求深度各为 1m 处的静水压强。已知液面为大气压强作用，且水银容重 $\gamma_{水银} = 133.3 \text{kN/m}^3$。

解

水中深为 1m 处的静水压强 $p = \gamma h = 9.80 \times 1 = 9.80 \text{kPa}$

水银中深为 1m 处的静水压强 $p = \gamma_{水银}h = 133.3 \times 1 = 133.3\text{kPa}$

二、静水压强基本方程的意义

静水压强基本方程是水静力学的基本方程式。必须深刻理解它的含义，熟练掌握其运算方法。今分别从几何角度和能量观点说明如下。

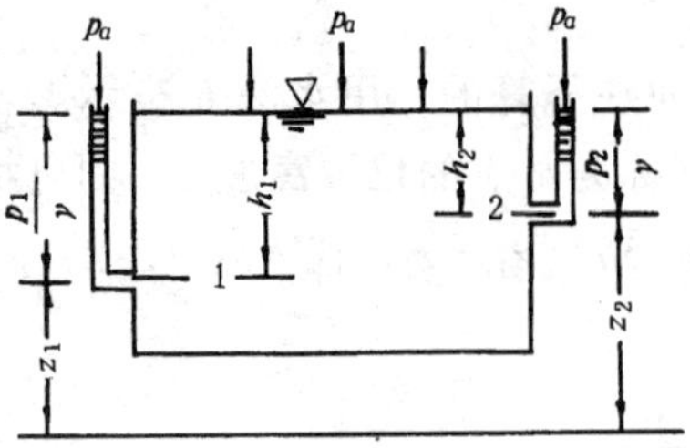

图 2-6

（一）静水压强基本方程的几何意义

图 2-6 的容器中，若在位置高度为 z_1 和 z_2 的边壁上开小孔，孔口处连接一垂直向上的开口玻璃管，通称**测压管**，可发现各测压管中均有水柱升起。测压管液面上为大气压，根据连通器原理，则

$$p_1 = \gamma h_{测1} \qquad p_2 = \gamma h_{测2}$$

因此
$$h_{测1} = \frac{p_1}{\gamma} \qquad h_{测2} = \frac{p_2}{\gamma}$$

显然，在均质连通的容器内，γ 为定值，测压管中水面上升高度说明静水中各点压强的大小。通常，称 $h_{测} = p/\gamma$ 为**压强水头或测压管高度**。这说明当液体的容重为一定值时，一定的液柱高 h 就相当于确定的静水压强值。

在水力学中，常把某点的位置高度和压强水头之和 $\left(z + \dfrac{p}{\gamma}\right)$ 叫做该点的测压管水头，用 H_p 表示。因此，式（2-4）表明：**处于静止状态的水中，各点的测压管水头 H_p 为一常数。即处于静止状态的水中，各点的位置高度和压强水头之和为一常数**

$$H_p = z + \frac{p}{\gamma} = C \qquad\qquad (2\text{-}6)$$

常数 C 的大小随基准面的位置而变，所选基准面一定，则常数 C 的值也就确定了。

连接各点测压管中水面的线，称为**测压管水头线**。因此，静水压强基本方程式从几何上表明：**静止状态的水仅受重力作用时，其测压管水头线必为水平线。**

（二）静水压强基本方程的物理意义

由物理学知：质量为 m 的物体在高度 z 的位置具有**位置势能**（简称位能）mgz，它反映物体在重力作用下，下落至基准面 0—0 时重力作功的本领。对于液体，它不仅具有位置势能，而且液体内部的压力也有作功的本领，如在图 2-6 的点 1 处设置测压管，则测压管水面上升 $h_{测} = \dfrac{p_1}{\gamma}$，这表明液体水面上升是压力作用的结果。它与位置势能相似，水力学中把它叫做**压力势能**，简称压能，质量为 m 的质点所具有的压能为 $mg\dfrac{p_1}{\gamma}$。

因此，静水中质点 1 所具有的全部势能，其数值应为位置势能与压力势能之和，即

$$mgz_1 + mg\frac{p_1}{\gamma} = mg\left(z_1 + \frac{p_1}{\gamma}\right)$$

一般在研究时常用单位重量水体所具有的势能即**单位势能**的概念，单位势能以 $E_{势}$ 表示，即

$$E_{\text{势}} = \frac{mg}{mg}\left(z_1 + \frac{p_1}{\gamma}\right) = z_1 + \frac{p_1}{\gamma}$$

由式（2-6）则有

$$E_{\text{势}} = z_1 + \frac{p_1}{\gamma} = z_2 + \frac{p_2}{\gamma} = C \tag{2-7}$$

所以，静水压强基本方程从能量的观点表明：**仅受重力作用处于静止状态的水中，任意点对同一基准面的单位势能为一常数。**

第三节 静水压强的表示方法及量测

一、压强的单位

水利工程实践中，压强有三类单位。

（一）以应力单位表示

压强用单位面积上受力的大小，即应力单位表示，这是压强的基本表示方法。单位为Pa。

（二）以大气压表示

物理学中规定：以海平面的平均大气压 760mm 高的水银柱的压强为一标准大气压（代号 atm），其数值为

$$1\text{atm} = 1.033\text{kgf/cm}^2 = 101.3\text{kPa}$$

工程中，为计算简便起见，规定

$$1 \text{ 工程大气压} = 1.0\text{kgf/cm}^2 = 98.0\text{kPa}$$

（三）以水柱高度表示

由于水的容重 γ 为一常量，水柱高度 h（$= p/\gamma$）的数值就反映压强的大小，这种用水柱高度表示压强大小的方法，在水利工程中也是常用的。

不难看出，压强三种单位间的关系是：

$$1 \text{ 工程大气压} = 1\text{kgf/cm}^2 = 98\text{kPa}$$

1 工程大气压也相当于 10m 水柱。

$$1\text{kPa} = 0.0102\text{kgf/cm}^2 = 0.0102 \text{ 工程大气压}$$

1kPa 相当于 0.102m 水柱。

二、绝对压强与相对压强

对于同一压强，由于采用不同的起算基准，会有不同的压强数值。

高度总是相对于某一基准面而言的。例如某闸闸前水位为 82.50m，意思是说高出黄海平均海平面 82.50m。因为我国规定是从黄海平均海平面的高程作为零的。如果以天津大沽口平均海平面作基准，则其水位就不再是 82.50m 了。

同样道理，压强的表示也有以哪一个基准算起的问题。

物理学中通常以没有空气的绝对真空，即压力为零作基准算起的，这种压强称为绝对

压强，以 $p_{绝}$ 表示。

水利工程中，水流表面或建筑物表面多为大气压强 p_a，为简化计算，采用以大气压为零作为计算的起始点。这种**以大气压强为零算起的压强称为相对压强**，以 $p_{相}$ 表示。若不加特殊说明，静水压强即指相对压强，直接以 p 表示。

对于某一点的压强来说，它的相对压强值较该点的绝对压强值小一个大气压，即

$$p_0 = p_{绝} - p_a \tag{2-8}$$

显然，相对压强是指超过大气压的压强数值。如图 2-7 所示。

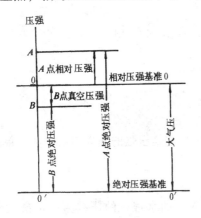

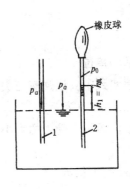

图 2-7   图 2-8

三、真空压强

实践中常会遇到压强小于大气压的情况，这时称为发生了**真空**。

先从实验来认识真空现象。若在静止的水中插入一个两端开口的玻璃管，如图 2-8 的管 1。这时管内外的水面必在同一高度。如把玻璃管的一端装上橡皮球，并把球内的气排出，再放入水中，如图 2-8 中的管 2。这时，管 2 内水面高于管外的水面，说明管内水面压强 p_0 已不是一个大气压。根据静水压强基本方程可知

$$p_0 + \gamma h_{真} = p_a$$

即

$$p_0 = p_a - \gamma h_{真}$$

这里表面压强 p_0 是一个小于大气压的压强，即管 2 液面上出现了真空。如用相对压强表示，则管内水表面压强为 $-\gamma h$。通常也称管 2 液面出现了"负压"。这个负压 $(-\gamma h)$ 的绝对值 γh，称为**真空值**，或**真空压强**。换句话说**真空压强 $p_{真}$ 是绝对压强不足于一个大气压的差值**。

总之，当 $p_{绝} < p_a$ 时，即发生了真空，这时，一般用真空值 $p_{真}$ 来表示，它与相对压强和绝对压强的关系为

$$p_{真} = p_a - p_{绝} = -p_{相} \tag{2-9}$$

真空值的大小用所相当的水柱高度表示，称为真空高度

$$h_{真} = \frac{p_{真}}{\gamma}$$

离心泵和虹吸管能把水从低处吸到一定的高度，就是利用真空这个道理。

四、静水压强的测算

连通器原理表明,当仅受重力作用时,在均质、连通的静水中,水平面上各点的静水压强是相等的,这种情况下水平面即是等压面。但须注意,这个结论只是对互相连通的同一种静止液体才适用。如果液体中间被气体或另一种液体隔离,或是根本不相连接的液体,即使同一水平面也不是等压面。如图 2-9 中 1—1 及 2—2 为等压面,水平面 3—3 不是等压面。

一般情况下空气的容重只有水的 1/800,若空气柱高不大时,可不考虑空气柱内压强差别,即认为空气柱内各点都是等压的,如图 2-8 中橡皮球内各点压强都可认为等于 p_0。

应用静水压强计算式(2-1)或式(2-3)及连通器原理,可以测算各种情况下的静水压强。

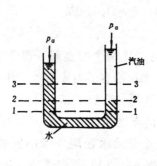

图 2-9

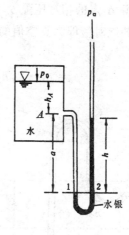

图 2-10

测定任一点压强时,常采用水银测压计,其装置如图 2-10 所示,只要测得水银面高差即可计算 A 点的压强。

根据连通器原理,水平面 1—2 以下的所有水平面皆是等压面。因此,点 1 和点 2 的压强必然相等。

根据静水压强计算公式

$$p_1 = p_A + \gamma_{水}a \qquad p_2 = \gamma_{水银}h$$

因为 $p_1 = p_2$,所以

$$p_A + \gamma_{水}a = \gamma_{水银}h$$

$$p_A = \gamma_{水银}h - \gamma_{水}a$$

此式说明:只要从水银测压计中测出 h 和 a 值,就可算出 A 点的静水压强。

以上是根据等压面条件建立方程求算 p_A 的。也可从已知液面压强为大气压的一端,根据连通器原理和压强计算公式直接推算 p_A。推算中应明确:由上面的压强推算下面的压强,其数值增加 $\gamma \Delta h$;由下面的压强推算上面的压强,其数值减小 $\gamma \Delta h$。这样,对图 2-10 的测压计,由开口端向 A 点推算,因按相对压强计,$p_a = 0$,这样便可直接写出

$$p_A = \gamma_{水银}h - \gamma_{水}a$$

例 2-3 图 2-10 的水银测压计,已知 $h = 20$cm,$a = 25$cm,$h_A = 10$cm。试推算 A 点的压强 p_A 和表面压强 p_0。如果测压计水银面水平,即 $h = 0$,$a = 25$cm,$h_A = 10$cm,问这

时的 A 点压强 p_A 和表面压强 p_0 又是多少?

解 计算中长度用 m、力用 kN 为单位。根据上述公式,当 $h = 0.2\text{m}$、$a = 0.25\text{m}$、$h_A = 0.1\text{m}$ 时:

$$p_A = \gamma_{水银}h - \gamma_{水}a = 133.3 \times 0.2 - 9.80 \times 0.25 = 26.66 - 2.45 = 24.2\text{kPa}$$

$$p_0 = p_A - \gamma_{水}h_A = 24.2 - 9.80 \times 0.1 = 24.2 - 0.98 = 23.2\text{kPa}$$

当 $h = 0$、$a = 0.25\text{m}$、$h_A = 0.1\text{m}$ 时

$$p_A = \gamma_{水银}h - \gamma_{水}a = 133.3 \times 0 - 9.8 \times 0.25 = -2.45\text{kPa}$$

由于算得 A 点的相对压强 p_A 为负值,说明该点压强小于大气压强,发生了真空。根据相对压强的绝对值即为真空值的概念,则

$$p_{A真} = 2.45\text{kPa}$$

同样
$$p_0 = p_A - \gamma_{水}h_A = -2.45 - 9.80 \times 0.1 = -3.43\text{kPa}$$

$$p_{0真} = 3.43\text{kPa}$$

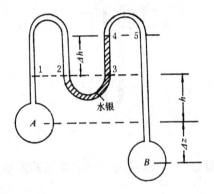

图 2-11

例 2-4 在 A、B 两个容器间(图 2-11)连接一水银比压计。已知:两容器内皆为水,其高差 $\Delta z = 0.4\text{m}$,从测压计读得 $\Delta h = 0.3\text{m}$,且 $h = 0.3\text{m}$。试求:(1) A、B 两点的压强差。(2) 若容器 A、B 高程和压强不变,变动水银测压计的安装高度 h,问是否会影响读数 Δh?(3) 若容器 A、B 变为同一高程($\Delta z = 0$),且 Δh 不变,求 A、B 两点的压强差。

解 (1) 在均质、连通的静止液体中,1—2、2—3 和 4—5 均为等压面,据此可列出

$$p_A - \gamma_{水}h - \gamma_{水银}\Delta h + \gamma_{水}(\Delta h + h + \Delta z) = p_B$$

$$p_A - p_B = \gamma_{水银}\Delta h - \gamma_{水}\Delta h - \gamma_{水}\Delta z = (\gamma_{水银} - \gamma_{水})\Delta h - \gamma_{水}\Delta z$$

$$= (133.3 - 9.8) \times 0.3 - 9.8 \times 0.4 = 37.05 - 3.92$$

$$= 33.1\text{kPa}$$

(2) 从上述推导中知:A、B 两点的压强仅与 Δh 和 Δz 有关,而与 h 无关。也就是说,水银测压计读数仅与容器 A、B 的压强差和位置高差有关,与测压计安装高度 h 无关。

(3) 若容器 A、B 点同高,即 $\Delta z = 0$,显然

$$p_A - p_B = (\gamma_{水银} - \gamma_{水})\Delta h = (133.3 - 9.8) \times 0.3 = 37.0\text{kPa}$$

第四节 静水压强分布图

水利工程中表面压强多为大气压。这时 $p = \gamma h$,此式表明:静水压强 p 与水深 h 是直线关系。所以可用几何图形清晰地表示出受压面各点静水压强的大小和方向。这种静水压强分布图简称压力图,工程计算中常常用到。

压力图的绘制：根据 $p = \gamma h$ 确定静水内任一点压强的大小，按静水压强的特性确定其方向。由于静水压强 p 是一个向量，垂直指向受压面，因此可用箭头来表示，箭头的方向表示 p 的作用方向，箭杆的长度表示 p 的大小。

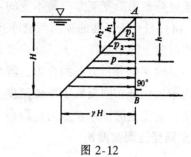

平面壁压力图的具体作法（图 2-12）：绘制受压面为平面的压力图时，可选受压面最上和最下两点，用静水压强公式（$p = \gamma h$）计算出点压强的大小，再按一定的比例尺绘出箭杆长度，然后连接箭杆的尾部即得压力图。

图 2-12

无论是斜面、折面或曲面，根据静水压强的特性和基本方程都可绘出压力图。

现将工程上常遇到的几种情况列于图 2-13。

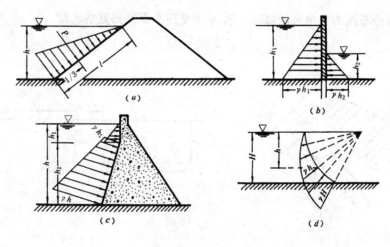

（a）　　　　　（b）

（c）　　　　　（d）

图 2-13

第五节　作用在平面壁上的静水总压力

由前，已了解了静水中任一点压强及其分布规律。水利工程中，更多的是需要知道作用在建筑物整个表面上的水压力即静水总压力。例如为了确定水工闸门的启闭力，需知作用在闸门上的总压力，为校核挡水的闸、坝是否稳定，也需知道静水总压力。

静水总压力（包括确定静水总压力的大小、方向和作用点）可根据静水压强分布规律求出。当确定了压强及其分布规律后求总压力，实质上就是静力学中求分布力的合力的问题。

确定平面壁上的静水总压力的方法，可分为图解解析法和解析法两类。图解解析法是根据平面壁上压强分布图来确定总压力的数值，它仅适用于受压面为矩形平面的情况。解析法则是用计算公式来确定总压力。

一、确定短形平面壁上静水总压力的图解解析法

工程中最常见的受压平面是沿水深等宽的矩形平面，由于它的形状规则，可较简便地利用静水压强分布图求解。

图 2-14 所示为任意倾斜的矩形受压平面,宽为 b、长为 l。由于压强分布沿宽度不变,因此压强分布图沿宽度方向是不变的。因受压平面的顶部在液面以下,压强分布图为梯形(图 2-14);当受压平面的顶部与液面齐平时,压强分布图为三角形(图 2-13,a、b)。

平面壁上静水总压力 P,就是受压面上各微小面积上静水总压力的总和,即静水总压力大小是该平行分布力系的合力,静水总压力方向必定垂直于作用面。

由于压强分布图反映了单位宽度上压强的分布和大小,压强分布图的面积就应等于作用在单位宽度上的静水总压力,因而,**矩形的受压平面所受静水总压力就等于压强分布图面积 S 乘受压面宽度 b**

$$P = Sb \tag{2-10}$$

这样,对于图 2-14 所示的压强分布图为梯形的情况。

$$P = \frac{1}{2}\gamma(h_1 + h_2)bl$$

对于压强分布图为三角形的情况,若 h 为受压平面底部处的水深

$$P = \frac{1}{2}\gamma bhl$$

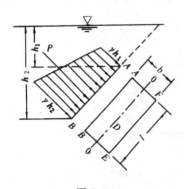
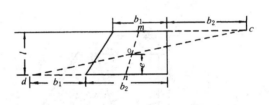

图 2-14   图 2-15

总压力的作用方向:根据静水压强的第二特性,所有点的静水压强都垂直受压面,因此,**静水总压力必然垂直于受压平面**。

总压力的作用点:总压力的作用线与受压面的交点,即总压力的作用点,称**压力中心**,以 D 表示。压力中心位置有时用压力中心 D 至受压面底缘的距离 e 表示。显然,**静水总压力的作用线必通过压强分布图形心**(注意要和受压面形心区别开),**并垂直受压面,而且压力中心必然位于受压面的对称轴上。**

压力中心的位置可以用平行力求合力作用点的方法计算。对于较复杂的压强分布图,可分成三角形、矩形等简单图形,先求分力,然后求合力和合力作用线位置。

当压强分布图为三角形时,压力中心至三角形底缘距离 $e = \frac{1}{3}l$。

当压强分布图为梯形时(图 2-15),压力中心至梯形底缘的距离 $e = \frac{l}{3} \times \frac{2b_1 + b_2}{b_1 + b_2}$。

梯形压力图的形心位置也可用图解法求。梯形上、下底的边长分别为 b_1 和 b_2,如图 2-15 所示。将上底延长长度 b_2,下底向另一侧延长长度 b_1,将上、下底延长线的端点联以直线 cd,并与上、下底中点的连线 mn 相交于 o 点,该点即为梯形的形心。形心到下

底的距离为 e。

综上所述，矩形受压面静水总压力的图解解析法，步骤如下：

1）绘出静水压强分布图；

2）计算静水总压力的大小 $P = Sb$；

3）总压力的作用线通过压强分布图形心，且垂直受压面，作用线与受压面交点即为压力中心，且压力中心落在受压面的对称轴上。

二、确定平面壁上静水总压力的解析法

对于任意形状的平面壁，其静水总压力的大小、方向和压力中心可用解析法推求。

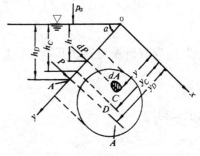

图 2-16

今以倾斜放置的圆形平板闸门为例（图 2-16）。该圆形平面面积为 A、形心为 C、形心在水面下的深度为 h_c。取坐标平面 xoy 与该受压平面重合，而与水平面的交角为 α，x 轴与水面重合。将 xoy 平面绕 y 轴转 $90°$，即把该平面转展在纸面，如图 2-16 所示。静水总压力 P 的作用点为 D，D 点在水面下的深度为 h_D、沿 oy 轴的距离为 y_D。

在圆形受压平面中取微小面积 dA，其中心点的水深为 h。由于微小面积 dA 极小，可认为 dA 上的压强分布是均匀的，各点的压强都等于 γh，则 dA 上的静水总压力为

$$dP = pdA = \gamma hdA$$

整个受压平面上的静水总压力，通过积分可得

$$P = \int dP = \int_A \gamma hdA = \int_A \gamma y\sin\alpha dA = \gamma\sin\alpha\int_A ydA$$

由工程力学知，$\int_A ydA$ 为面积对 ox 轴的静面矩，它等于 y_cA。因此

$$P = \gamma\sin\alpha y_cA = \gamma h_cA = p_cA \tag{2-11}$$

式中　h_c——受压面形心 C 的淹没深度，$h_c = y_c\sin\alpha$；

　　　p_c——受压面形心 C 的静水压强，$p_c = \gamma h_c$。

式（2-11）是计算平面壁上静水总压力的解析式。它说明**任意形状平面壁上所受静水总压力的大小，等于受压面面积与其形心处静水压强的乘积。**

静水总压力的方向，根据静水压强特性，必然与受压面垂直。

静水总压力的作用点，即压力中心的位置，当受压面为对称平面时，压力中心必然位于对称轴上。具体位置一般用 y_D（图 2-16）表示，可根据合力矩定理推求，即由各分力（微小面积上静水总压力 dP）对 ox 轴的力矩之和，等于合力（相当于总压力 P）对 ox 轴的力矩的关系来推求。

各微小面积上静水总压力 dP 对 ox 轴的力矩总和为

$$\int_A ydP = \int_A y\gamma hdA = \int_A y\gamma y\sin\alpha dA = \gamma\sin\alpha\int_A y^2dA = \gamma\sin\alpha I_{0x}$$

17

式中，$I_{0x} = \int_A y^2 dA$ 为受压面对 ox 轴的惯性矩。

作用于整个受压面上的静水总压力 P 对 ox 轴的力矩为

$$Py_D = \gamma h_c A y_D = \gamma y_c \sin\alpha A y_D$$

根据合力矩定理可得

$$\gamma \sin\alpha I_{0x} = \gamma y_c \sin\alpha A y_D$$

所以

$$y_D = \frac{I_{0x}}{y_c A}$$

设 I_c 为面积 A 对通过其形心 C 且与 ox 平行的轴的惯性矩，由工程力学知

$$I_{0x} = I_c + A y_c^2$$

代入上式得

$$y_D = y_c + \frac{I_c}{y_c A} \tag{2-12}$$

因为式 (2-12) 中 $\dfrac{I_c}{y_c A}$ 项不会是负值，所以 $y_D \geqslant y_c$，即总压力作用点 D 的位置比受压面形心的位置低 $\dfrac{I_c}{y_c A}$。

I_c 是平面图形的几何性质，一定形状尺寸的图形是一定值，对于矩形 $I_c = \dfrac{bh^3}{12}$，对于圆形 $I_c = \dfrac{\pi r^4}{4}$。

由式 (2-12) 可知，压力中心 D 的位置与受压面形状、尺寸及其形心淹没于水面下的深度有关。如图 2-12 所示的矩形平板闸门，用上式推求静水总压力作用点 D，将已知的 $y_c = \dfrac{H}{2}$、$A = bH$ 以及 $I_c = \dfrac{bH^3}{12}$ 代入式 (2-12)，得

$$y_D = y_c + \frac{I_c}{y_c A} = \frac{H}{2} + \frac{\dfrac{bH^3}{12}}{\dfrac{H}{2}bH} = \frac{2}{3}H$$

例 2-5 某进水闸的矩形平板闸门宽 $b = 2.5\text{m}$，闸门高和闸前水深相同，$H = 1.8\text{m}$。闸门为松木制，厚 $\delta = 0.08\text{m}$，已知闸门铁件重约为木板重的 20%，湿松木密度 $\rho = 800\text{kg/m}^3$，木闸门与砌石门槽的摩擦系数 $f = 0.5$，求提起闸门时所需要的启门力。

解 提起闸门所需要的启门力，必须大于闸门自重加闸门在静水压力作用下与门槽的摩擦力。令闸门木板体积为 V。

闸门自重（包括铁件）：

$$G = (1 + 0.2)\rho_木 gV = 1.2 \times 800 \times 9.8 \times (2.5 \times 1.8 \times 0.08)$$

$$= 3390\text{N} = 3.39\text{kN}$$

静水总压力：当上游水深 $H = 1.8\text{m}$、下游无水时

$$P = \frac{\gamma H^2}{2} b = \frac{9.80 \times 1.8^2}{2} \times 2.5 = 39.7 \text{kN}$$

由物理学知：摩擦力等于正压力乘摩擦系数。因此，摩擦力为

$$F = Pf = 39.7 \times 0.5 = 19.85 \text{kN}$$

闸门自重与摩擦力之和为

$$G + F = 3.39 + 19.85 = 23.2 \text{kN}$$

因此，要提升闸门，启闭力应超过闸门自重和摩擦力之和。

例 2-6 某引水涵洞的闸门为铅直的平板门，高 2m，宽 3m，上有胸墙，最大洪水位时上游水深为 5m（图 2-17）。求闸门关闭、下游无水时，闸门所受的静水总压力。

解 因受压平面全部淹没在水面以下，静下压强分布图是个梯形。这时的静水总压力大小固然可用 $P = Sb$ 较简便地算出，但在确定压力中心时，由于求梯形的形心较为复杂，计算公式不便记忆，故工程实践中常将压强分布图划分为两部分，即一个矩形加一个三角形，分别计算这两部分的总压力，然后用合力矩定理求出压力中心位置。

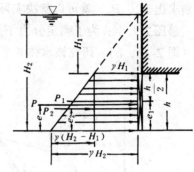

图 2-17

因矩形压力图宽为 γH_1，则矩形压力图相应的静水总压力 P_1 为

$$P_1 = S_1 b = \gamma H_1 h b = 9.80 \times 3 \times 2 \times 3 = 176.4 \text{kN}$$

因三角形压力图底宽为 $\gamma H_2 - \gamma H_1 = \gamma (H_2 - H_1)$，则三角形压力图相应的静水总压力 P_2 为

$$P_2 = S_2 b = \frac{1}{2} \gamma (H_2 - H_1) h b$$

$$= \frac{1}{2} \times 9.80 \times (5 - 3) \times 2 \times 3$$

$$= 58.8 \text{kN}$$

闸门所受静水总压力 P 即为两平行力的和

$$P = P_1 + P_2 = 176.4 + 58.8 = 235.2 \text{kN}$$

静水总压力 P 的作用点，可用距门底距离 e 的数值表示。由于力的作用线通过压力图形心，因此，P_1 的作用线距门底的距离 $e_1 = 1\text{m}$，P_2 的作用线距门底的距离 $e_2 = \frac{h}{3} = 0.667\text{m}$。若对图 2-17 中的 B 点写力矩方程，则

$$Pe = P_1 e_1 + P_2 e_2$$

$$e = \frac{P_1 e_1 + P_2 e_2}{P} = \frac{176.4 \times 1 + 58.8 \times 0.667}{235} = 0.916\text{m}$$

压力中心距水面的距离为

$$h_D = H_2 - e = 5 - 0.916 = 4.08\text{m}$$

第六节　作用在曲面壁上的静水总压力

现以弧形闸门所受的静水总压力为例，说明曲面壁上静水总压力的计算方法。图 2-18 的弧形闸门面板为二向曲面（属圆柱曲面的一部分），面板上各点所受的静水压强大小随深度增加、方向也是变化的。静水压强分布图形相当复杂，不容易由压强图来计算静水总压力。为便于计算，可把静水总压力分解为水平总压力 P_x 和铅直总压力 P_z（图 2-18，a），只要分别求出 P_x、P_z，就可得到合力。有时工程计算中不一定要算出合力 P，只要分别求出 P_x、P_z，就可以解决实际问题。

总压力大小： 为了确定分力 P_x 和 P_z，先选取宽度为 b、截面为 ABC 的水体为脱离体（图 2-18，b），研究该水体的平衡。

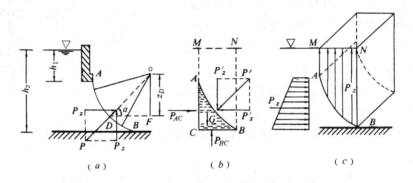

图 2-18

作用在 AB 面上的力是闸门对水的反作用为 P'，这个力和水对闸门的静水总压力 P 大小相等、方向相反。作用在这块水体上的重力为 G。作用在 BC 和 AC 面上的总压力为 P_{BC} 和 P_{AC}。现将 P' 分解成 P'_x 和 P'_z 两个分力。因水体是静止的，所有作用在此水体上的力应保持平衡，即

$$P'_x = P_{AC}$$

$$P'_z = P_{BC} - G$$

根据作用力与反作用力大小相等、方向相反的道理，可得到作用在闸门上总压力的水平分力为

$$P_x = P_{AC} \tag{2-13}$$

静水总压力的水平分力 P_x 等于曲面的铅直投影面 AC 上的静水总压力，可利用确定平面壁静水总压力的方法来求，如矩形闸门，受压面上缘和底缘处的水深分别为 h_1 和 h_2，则

$$P_x = \frac{1}{2} \gamma b (h_2^2 - h_1^2)$$

作用在闸门上总压力的铅直分力为

$$P_z = P_{BC} - G$$

P_z 包含 P_{BC} 和 G 两部分。P_{BC} 相当于作用在 BC 面上的静水总压力的反力。BC 为一等

压面，其各点的压强都与 C 点的压强相等，即 $p = \gamma h_2$，故

$$P_{BC} = \gamma h_2 A_{BC} = \gamma V_{MCBN}$$

其中，A_{BC} 是 BC 面的面积；V_{MCBN} 是水体 $MCBN$ 的体积。从图 2-18（b）可得

$$P_z = P_{BC} - G = \gamma V_{MCBN} - \gamma V_{ACB} = \gamma (V_{MCBN} - V_{ACB}) = \gamma V_{MABN} \tag{2-14}$$

式中　V_{MABN}——表示宽度为 b、截面为 $MABN$ 的水体体积，通称**压力体**。

式（2-14）表明：**静水总压力的铅直分力 P_z 就等于压力体内的水重**。由此可见，正确画出压力体图，是求解铅直分力的重要手段。

为进一步了解压力体的含义，在图 2-18 中列出了几种弧形闸门不同受力情况的压力体图形。从这些图形中可看出，**压力体是由底面、顶面、侧面构成的体积。底面是曲面本身，顶面是水面或水面的延长面，侧面是通过曲面四周边缘所作的铅直面**。

确定铅直分力 P_z 的方向应以水对曲面的作用方向为依据。若曲面上部承受水压，则 P_z 的方向向下（图 2-19，a）；若曲面下部承受水压，则 P_z 的方向向上（图 2-19，b、e）。对于图 2-19（c）、（d）的情况，则应根据水压力大的一方来确定静水总压力铅直分力 P_z 的方向。

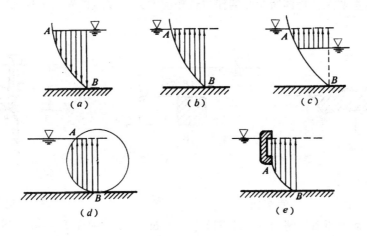

图 2-19

综上所述，曲面壁静水总压力的计算步骤如下：

1）把曲面壁静水总压力 P 分解为水平分力 P_x 和铅直分力 P_z；

2）P_x 等于该曲面的铅直投影面上的静水总压力，计算方法和平面壁上静水总压力的计算方法相同；

3）P_z 等于压力体的重量；

4）P_x、P_z 求得后，总压力大小可通过求合力的方法得到。

总压力的大小可用下式求得

$$P = \sqrt{P_x^2 + P_z^2} \tag{2-15}$$

总压力作用线的方向，可用总压力作用线与水平线的交角 α 表示。由图 2-18(c)可得

$$\alpha = \text{arctg} \frac{P_z}{P_x} \tag{2-16}$$

总压力的作用点：弧形闸门的面板一般属圆柱面的一部分。作用在弧形闸门上各点的水压力作用线都通过圆心 O 点，故总压力 P 也通过 O 点。若过 O 点作与水平线交角为 α 的线，即为总压力 P 的作用线。它与受压曲面的交点，即为压力中心 D。

若压力中心 D 至轴心 O 的铅直距离以 z_D 表示，从图 2-18(a) 的三角形 ODF，可得

$$z_D = R\sin\alpha \qquad (2\text{-}17)$$

根据曲面壁静水总压力的规律，很容易说明物体在水中所受浮力的大小。任意物体都可看作是由封闭曲面所包围的，封闭曲面壁上所受的静水总压力，即为物体所受的力。根据压力体定义，作用在封闭曲面上的静水总压力是铅直向上的浮力，其大小等于压力体的重量。亦即：物体在液体中所受的浮力，等于物体所排开的那部分液体的重量。这就是**阿基米德原理**。

例如，一条船浮在水面上（图 2-20，a），它浸没在水面以下的体积如图中阴影线部分所示。船所受到的浮力，就等于水的容重乘以这部分的体积。若物体全部浸没在水面以下（图 2-20，b），它所受到的浮力，也等于物体排开水体的重量，即压力体的重量。

显然，浮力不仅和所排开的液体体积有关，而且和液体的容重有关。在高含沙水流中，浑水的容重增大，物体所受到的浮力也相应增大。浮力计算在工程设计中往往是很重要的。

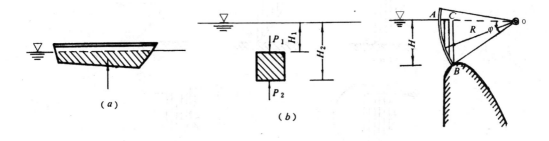

图 2-20   图 2-21

例 2-7 某坝顶弧形闸门（图 2-21）宽 $b=6\text{m}$，弧的半径 $R=4\text{m}$，闸门可绕 O 轴旋转。O 轴和水面在同一高程上。试求：当坝顶水头 $H=2\text{m}$ 时，闸门上所受到的静水总压力。

解 静水总压力的水平分力

$$P_x = \frac{1}{2}\gamma H^2 b = \frac{1}{2}\times 9.80 \times 2^2 \times 6 = 117.6\text{kN}$$

静水总压力的铅直分力 P_z，等于压力体 ABC 的水重，即

$$P_z = \gamma b(\text{面积 } ABC)$$

因为 面积 ABC = 扇形面积 OAB − 三角形面积 OBC

已知 $BC = 2\text{m}$，$OB = 4\text{m}$，故知 $\angle AOB = 30°$

扇形面积 $AOB = \dfrac{30°}{360°}\pi R^2 = \dfrac{1}{12}\times 3.14 \times 4^2 = 4.18\text{m}^2$

三角形面积 $BOC = \dfrac{1}{2}\overline{BC}\times\overline{OC} = \dfrac{1}{2}\times 2 \times 4\cos30° = 3.46\text{m}^2$

所以，压力体 ABC 的体积

$$V_{ABC} = (4.18 - 3.46) \times 6 = 4.32\text{m}^3$$

因此，铅直分力为

$$P_z = \gamma V_{ABC} = 9.80 \times 4.32 = 42.4\text{kN}$$

作用于闸门的静水总压力为

$$P = \sqrt{P_x^2 + P_z^2} = \sqrt{117.6^2 + 42.4^2} = 125\text{kN}$$

总压力作用线与水平线的夹角 α 为

$$\alpha = \text{arctg}\,\frac{P_z}{P_x} = \text{arctg}\,\frac{42.4}{117.6} = 19.8°$$

总压力的作用点 D 与轴心 O 铅直距离

$$z_D = R\sin\alpha = R\,\frac{P_z}{P} = 4 \times \frac{42.4}{125} = 1.356\text{m}$$

例 2-8 迎水面水深 $H = 10\text{m}$，坡度为 1:1.5（竖：横），求 1m 宽度的坡面上所受的静水总压力（图 2-22）。

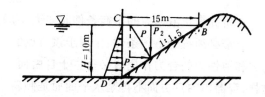

图 2-22

解 因平面是曲面的特殊情况，此倾斜平面所受的静水总压力，也可用曲面壁静水总压力的计算方法来算。对受压面宽 $b = 1\text{m}$ 的坡面，水平分力 P_x 可按 AC 平面上的静水总压力计算

$$P_x = \frac{1}{2}\gamma H^2 b = \frac{1}{2} \times 9.8 \times 10^2 \times 1 = 490\text{kN}$$

P_x 的作用线通过三角形 ACD 的形心，距底面为 $\frac{1}{3}H = 3.33\text{m}$。

铅直分力 P_z 等于压力体 ABC 的水重，即

$$P_z = \gamma V_{ABC} = \gamma \times \frac{H}{2} \times \overline{BC} \times b$$

$$= 9.80 \times \frac{10}{2} \times 15 \times 1 = 735\text{kN}$$

P_z 的作用线通过三角形 ABC 的形心，方向向下，距坡脚 A 的水平距离为 $\frac{1}{3}\overline{BC} = 5\text{m}$。

因此，作用于宽度 $b = 1\text{m}$ 的坡面上的静水总压力为

$$P = \sqrt{P_x^2 + P_z^2} = \sqrt{490^2 + 735^2} = 884\text{kN}$$

总压力 P 垂直于坡面，作用点位于 AB 线段距底 $\frac{1}{3}$ 处。工程实践中，如不要求算出合力及压力中心，而只要求算出分力 P_x、P_z 及其作用线时，可应用这种计算方法。

第七节　重力和惯性力同时作用下液体相对平衡举例

前面所研究的是仅受重力作用的静止液体。对具有等加速度的运动液体，除受重力作用外还有惯性力作用。若这种液流在质点之间和质点与边壁间没有相对运动，则称为相对平衡或相对静止液体。对这类运动问题可用静力学方法来处理。今举两个例子简要地说明如下。

一、作等加速直线运动的容器中的液体运动

液体内各质点随容器向前作等加速直线运动，但质点间和质点与边壁间没有相对运动。根据动力平衡原理，只要对此液体施加一惯性力，其数值等于物体的质量乘物体的加速度，其方向与加速度方向相反，便可将液体视为静止的。

如图 2-23 的容器中，液体与气体交界的自由面上任意质点 A，其质量为 m，则质点 A 受有重力 mg 和惯性力 ma，此二力的合力 R 与铅直线的交角

$$\alpha = \text{arctg}\,\frac{ma}{mg} = \text{arctg}\,\frac{a}{g} \tag{2-18}$$

在研究静止液体力的平衡条件时知道，为了保证自由面不发生相对运动，自由面上的任意一点都必须符合下述条件：作用于该质点的重力和惯性力的合力作用线必垂直于自由面。这样，容器内的自由面不再是水平面而是倾斜的，自由面与水平面的夹角应为 α。

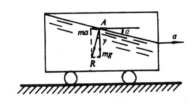

图 2-23

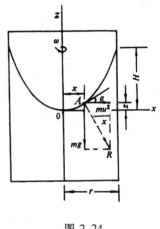

图 2-24

二、绕中心铅直轴作等速旋转运动的容器中的液体运动

图 2-24 为盛有液体的开口圆桶，如果圆桶以等角速 ω 绕其铅直轴 z 旋转，则盛在桶内的液体亦将随着旋转。若液体与容器间没有相对运动，即液体及其容器作为一个整体在运动，这种运动可按相对平衡（即相对静止）来处理。

等速旋转发生后，液体除受重力作用外还受离心惯性力的作用。原来静止时水平的液面，变成了中间凹、边壁处高，形成一个以铅直轴为轴线的旋转曲面（图 2-24）。

若观察液面上任意一点 A，此点距 z 轴的水平距离为 x，则作用在 A 点的离心力为 $\dfrac{mu^2}{x}$ $= \dfrac{m(\omega x)^2}{x} = mx\omega^2$，重力为 mg。离心力与重力的合力为 R，合力 R 与铅垂线的夹角为

$$\alpha = \text{arctg}\, \frac{mx\omega^2}{mg} = \text{arctg}\, \frac{x\omega^2}{g} \qquad (2\text{-}19)$$

显然，要保持液面的相对静止，合力 R 必垂直 A 点的液面。液面在 A 点的切线与水平线的交角亦应为 α。

我们知道，液面上各点单位质量所受的重力是相同的，但所受的离心力是不同的。距轴心近的地方离心力小，近器壁处离心力大。从式（2-19）可以看出：在轴心处离心力为零，合力与铅垂线的夹角 α 亦为零；在边壁处离心力最大，α 值亦最大。

自由面的方程式可由下法导出。已知 $\text{tg}\alpha = \dfrac{mx\omega^2}{mg}$

由图 2-24 知 $\qquad\qquad\qquad\qquad\qquad \text{tg}\alpha = \dfrac{dz}{dx}$

因此 $\qquad\qquad\qquad\qquad\qquad\qquad \dfrac{dz}{dx} = \dfrac{mx\omega^2}{mg}$

$$\frac{g}{\omega^2}dz = xdx$$

积分得 $\qquad\qquad\qquad\qquad\qquad\qquad \dfrac{gz}{\omega^2} = \dfrac{x^2}{2} + C \qquad (2\text{-}20)$

若坐标原点取在旋转液面的最低处时，当 $x = 0$、$z = 0$，则有积分常数 $C = 0$。式（2-20）变为

$$z = \frac{\omega^2 x^2}{2g} \qquad (2\text{-}21)$$

式（2-21）表明：自由液面为绕中心铅直轴的旋转抛物面。在边壁处 $(x = r)$ 水面高于轴心处 $(x = 0)$ 的高度 $H = \dfrac{\omega^2 r^2}{2g}$。此高度与转速 ω 的平方成正比。如果旋转速度小、液面的高差较小；旋转速度大、液面的高差就大。利用这个原理可以测定旋转轴的转速。

习　　题

2-1　某盛水大木桶底面积为 4m^2，当桶中水深 $h = 1.5$m 时，问：桶底面的静水压强是多少？桶底所受的静水总压力为多少？

2-2　某蓄水池水深为 14m，试确定护岸 AB 上 1、2 两点的静水压强的数值，并绘出方向（图 2-25）。

2-3　试算出如图 2-26 所示的容器壁面上 1～5 各点的静水压强大小（以各种单位表示），并绘出静水压强的方向。

2-4　测得某容器内的真空高度为 200mm 水银柱高，问：其真空值用千帕表示，为多少？若以绝对压强和相对压强表示，其数值为多少？

2-5　已知某容器（图 2-27）中 A 点的相对压强为 0.8 工程大气压，设在此高度上安装测压管，问至少需要多长的玻璃管？如果改装水银测压计，问水银柱高度 h_p 为若干（已测得 $h' = 0.2$m)？

2-6 测量某容器中 A 点的压强值，如图 2-28 所示。已知：$z = 1\text{m}$，$h = 2\text{m}$，求 A 点的相对压强，并用绝对压强和真空高度（若 $p_A < p_a$ 时）表示。

2-7 用水银比压计测量两容器中 1、2 两点的压强值。已知比压计读数 $h = 350\text{mm}$，1、2 两点位于同一高度上，试计算 1、2 两点的压强差（图 2-29）。

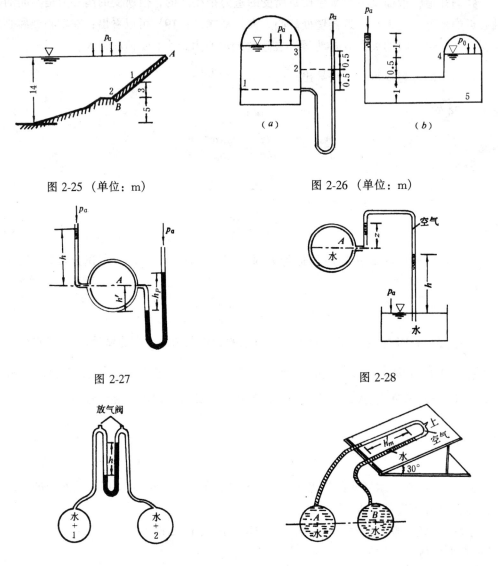

图 2-25 （单位：m）　　　　　　　　图 2-26 （单位：m）

图 2-27　　　　　　　　　　　图 2-28

图 2-29　　　　　　　　　　　图 2-30

2-8 当压强差相当小时，为提高测量精度，有时采用斜管式比压计（图 2-30）。若用斜管式比压计测量两容器中心 A、B 两点压强差，读得 $h'_m = 5\text{cm}$，$\theta = 30°$，试计算 B、A 两点的压差？若将此比压计直立起来（$\theta = 90°$），问读得的两管水面差应为多少？

2-9 试绘制下列挡水面 $ABCD$ 上的压强分布图（图 2-31）。

2-10 有一混凝土坝，坝上游水深 $h = 24\text{m}$，求每米宽坝面所受的静水总压力及压力中心（图 2-32）。

2-11 渠道上有一平面闸门（图 2-33），宽 $b=4.0\mathrm{m}$，闸门在水深 $H=2.5\mathrm{m}$ 下工作。求：当闸门斜放 $\alpha=60°$ 时受到的静水总压力；当闸门铅直时所受的静水总压力。

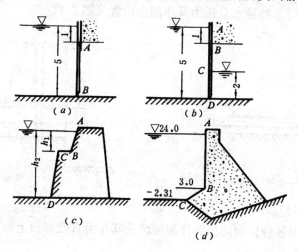

图 2-31（单位：m）

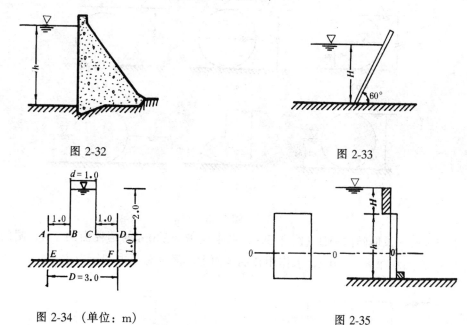

图 2-32　　　　　　　　　　　　　　图 2-33

图 2-34（单位：m）　　　　　　　　　图 2-35

2-12 如图 2-34 所示的容器，若忽略容器的重量。求：水作用于容器底部 EF 的总压力；作用于环形面 $ABCD$ 的力；作用于支持容器的地面上的力。

2-13 有一直立的矩形自动翻板闸门（图 2-35），门高 $h=3\mathrm{m}$。如欲使水面超过门顶 $H=1\mathrm{m}$ 时泄水闸门自动开启，问泄水闸门的转轴 0—0 应放在什么位置（不计摩擦和自重）？

2-14 有一引水涵洞（图 2-36），已知：$H_1=4\mathrm{m}$，$H_2=3.0\mathrm{m}$，矩形进水口高 $h=1\mathrm{m}$，宽 $b=1\mathrm{m}$，$\alpha=45°$，试求拉动洞口盖板所需的力 F（F 为铅直方向，不计摩擦力和闸门

自重）至少为多大？

2-15 在渠道侧壁上，开有圆形放水孔，放水孔直径 $d = 0.5$m，孔顶至水面深度 $h = 2$m，试求放水孔闸门上的静水总压力及作用点位置（图 2-37）。

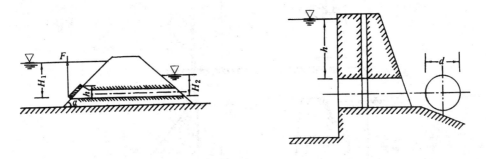

图 2-36　　　　　　　　　　　　　　　图 2-37

2-16 试绘制下列各种柱面的压力体剖面图及其在铅直投影面上的压强分布图（图 2-38）。

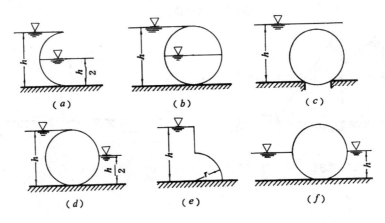

图 2-38

2-17 有一弧形闸门 AB（图 2-39），系半径 $R = 2.0$m 的圆柱面的 1/4，闸门宽 $b = 4$m，圆柱面挡水深 $h = 2.0$m，求作用在 AB 面上的静水总压力和压力中心。

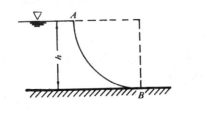
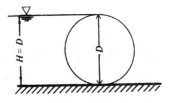

图 2-39　　　　　　　　　　　　　　　图 2-40

2-18 图 2-40 为一圆辊闸门，闸门宽 $b = 10$m，直径 D 和水深 H 相等，且 $H = D = 4$m，求作用在圆辊闸门上的静水总压力及压力中心。

2-19 有一扇形闸门（图 2-41），已知：$h = 3$m，$\alpha = 45°$，闸门宽 $b = 1$m，求作用在

扇形闸门上的静水总压力及压力中心。

2-20 某弧形闸门 AB，宽 $b=4$m，圆心角 $\varphi=45°$，半径 $R=2$m，闸门的转轴与水面齐平（图 2-21），求作用在闸门上的静水总压力及压力中心。

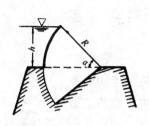

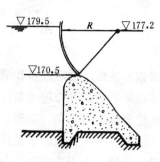

图 2-41   图 2-42

2-21 试计算作用在如图 2-42 所示的弧形闸门上的静水总压力及压力中心。已知：闸门宽 $b=12$m，高 $H=9$m，半径 $R=11$m，闸门转轴中心高程与水面高程是不同的，其数值见图 2-42。

2-22 某带胸墙的弧形闸门如图 2-43 所示，闸门宽度 $b=12$m，高 $H=9$m，半径 $R=12$m，闸门转轴距底亦为 9m，求弧形闸门上受到的静水总压力及压力中心。

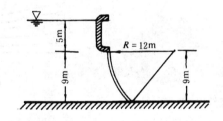

图 2-43

2-23 直径为 0.4m 的圆球浮标，半浮在水上，问这个圆球浮标的重量是多少？

2-24 某平底船，底面积为 8m×20m，船的重量为 $4.9×10^5$N，船上所载汽车的重量是 $7.4×10^4$N，求船的吃水深度。

第三章　水流运动的基本原理

第一节　水流运动的基本概念

一、流线和迹线、恒定流和非恒定流

表征水流运动的各种物理量如流速、压强等称为水流的运动要素。

由于水流运动相当复杂，必须采用一定的方法来研究水流的运动规律。

一种方法是**拉格朗日法**，它是用**迹线**来描述水流运动。迹线是**一个液体质点在一段时间内的运动轨迹线**。由于质点的运动轨迹十分复杂，而且水流中又有为数极多的质点。显然，用这种方法来研究水流运动是非常困难的。

另一种方法是**欧拉法**，它用**流线**来描述水流运动。流线是绘于**流动区内的曲线**，它能表示**位于曲线上所有水流质点某一瞬时的流速方向。即位于流线上的各水流质点，其流速方向都与曲线在该点相切**（图 3-1）。图 3-2 系用流线仪所演示的流线图。

图 3-1

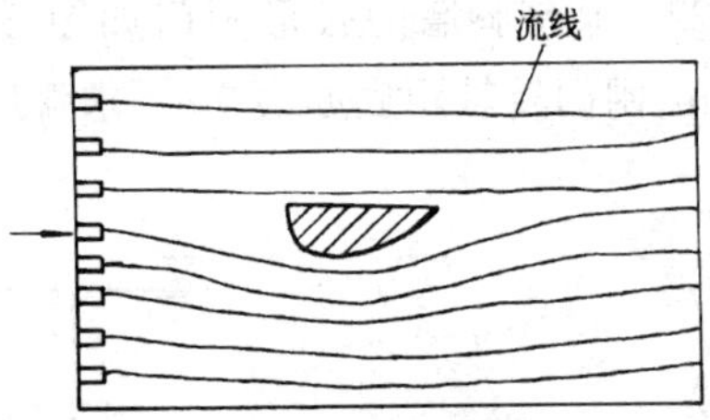

图 3-2

根据流线的定义可知流线具有下列特性：

1）流线上任一点的切线方向就是该点的流速方向（图 3-1）。

2）一般情况下，流线**不能是折线**，也**不能相交**。如果是折线，或两条流线相交，则在折点或交点上，流速就会有两个方向。显然，一个水流质点在同一瞬时只能有一个流动方向。所以流线只能是一条光滑曲线。

3）流线上的水质点，都不可能有横越流线的流动。因为水流质点只能沿着流线运动。

有了流线的概念，就能用它来描述水流现象，图 3-3 和图 3-4 分别表示水流经过溢流坝和水闸时,用流线描绘的流动情景。

由图 3-3 及图 3-4 可以看出流线图形具有下列特点：

（1）流线的疏密程度反映了流速的大小　**流线密的地方流速大，流线稀的地方流速小**。这是因为断面小的地方流线密，要通过同样多的流量必须流得快些。而断

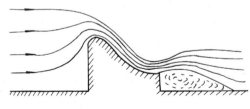

图 3-3

面大的地方流线稀，通过相同的流量可流得慢些。

（2）流线的形状和固体边界的形状有关　离边界愈近，边界的影响愈大，流线的形状愈接近边界的形状。在边界较平顺处，紧靠边界的流线形状与边界形状完全相同。在边界形状变化急剧的地方（流速很小的情况除外），边界附近的液体质点不可能完全沿着边界流动。因此流线与边界相脱离，并在主流和边界之间形成**漩涡区**。

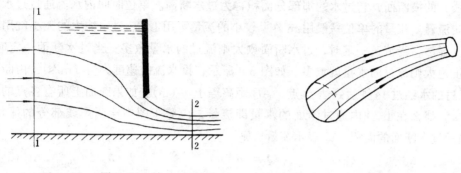

图 3-4　　　　　　　　　　　　　　　　　图 3-5

掌握了流线的特性和流线图形的特点，就不难绘出各种边界条件下的流线图形。

通过封闭曲线上各点画出的流线就形成一个管状曲面，水流质点不可能越过此曲面流进或流出，这是因为质点流速总是和此表面相切，如图 3-5 所示。这个管状曲面称为流管。如考虑到封闭曲面内还有许多流线，且当封闭曲线所围面积很小时，则称为**微小流束**。由无限多个微小流束所组成的、具有一定边界尺寸（如管子的管壁或渠道的岸坡和槽底等）的实际水流，称为**总流**。

由上述可知，流线和迹线是两个完全不同的概念。**流线是同一瞬时描述流动场中水流质点流动方向的曲线**；而**迹线则是指同一个水质点在一段时间内所流经的轨迹**。图 3-6 中水从水箱的孔中流出，如水箱内的水不断补充且保持水位不变，则小孔的射流也将保持不变，射流各点上的速度也不随时间变化，这种**运动要素不随时间变化的水流称为恒定流**。**恒定流时流线与迹线重合**。因为各个时刻的流线都是同样的，水流质点就沿流线运动，其迹线与流线完全重合。而在图 3-7 中，水箱充满后关掉进水阀，则随着时间的推移水位将不断下降，从而小孔的射流也会愈来愈低，如在某一瞬时 t_1 其流线如实线所示，而到另一瞬时 t_2，则流线如虚线所示。射流的位置和各点的流速随着时间的推移都发生了变化。这种**运动要素随着时间不断变化的水流称为非恒定流**。在非恒定流中，**流线和迹线就不会重合**。因为不同时刻有不同时刻的流线，而水质点所走的轨迹，既占据了每个流线上一定的位置，又不在任何一条固定的流线上。可见非恒定流比较复杂，以后除特别指明外，我们

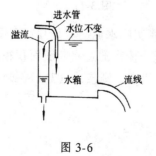

图 3-6　　　　　　　　　　　　　　　　　图 3-7

主要研究恒定流。

二、过水断面、流量与断面平均流速

上面介绍了用流线图形描述水流运动的方法。但水利工程中的重要问题是计算水工建筑物的过水能力。这就需要对水流运动进行定量计算。在水流中取一垂直于水流方向（即垂直于流线）的横断面，它过水的那部分面积称为**过水断面**。单位时间内水流通过过水断面的体积叫**流量**。流量的单位一般用 m^3/s。较小的流量可用 L/s。过水能力的大小就用流量来表示。显然，当流速一定时，过水断面愈大则流过的水量愈多；当过水断面一定时，水流的速度愈大则流过的水量就愈多。如图 3-8 所示，设水流的速度为 u（m/s），由断面上 A 点流过的水经过 1s 钟后到达 B 点，AB 距离等于 u（m）。如果断面上所有各点的流速都等于 u，那么在 1s 钟内通过断面的水量即流量，应等于图中绘阴影线部分的体积。设用 A 表示过水断面的面积，Q 表示流量，则

$$Q = uA \qquad (3-1)$$

必须注意，上式是在假定过水断面上各点的流速均相同的条件下得出的。但实际水流中过水断面上各点的流速是不相同的。如图 3-9 所示，在渠水面中心的流速大些，而在两边渠岸及渠底附近的流速就小些。这是由于固体边界对水流有阻力，它的影响通过水的粘滞性逐渐向水流内部传递。因此，流速在垂线上分布是：离渠底愈近流速愈小（图 3-9，b）。在水管的过水断面上，中心点的流速最大，离管壁愈近处流速愈小（图 3-10）。

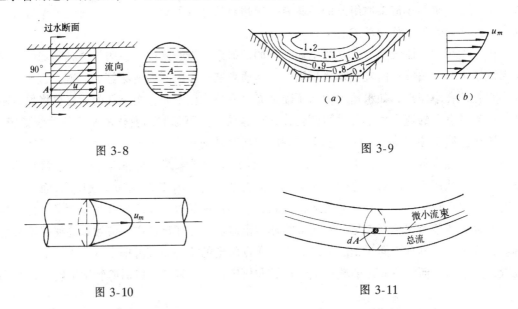

图 3-8

图 3-9

图 3-10

图 3-11

过水断面上各点的流速既然不相等，那么怎样计算实际水流的流量呢？在图 3-11 的总流中任取一微小流束，其过水断面面积为 dA。因微小流束的过水断面面积很小，断面上各点的流速可认为是相同的，以中心点的流速 u 为代表，则按式（3-1），微小流束的流量 dQ 应为

$$dQ = udA \qquad (3-2)$$

通过总流过水断面 A 的流量 Q，应等于所有微小流束的流量之和。即

$$Q = \int dQ = \int_A u dA \qquad (3-3)$$

如断面上各点流速 u 的分布规律可用函数表示，就可用积分方法进行计算。上述积分的结果即为通过断面的流量，它等于流速分布图的体积 abc（图 3-12，a、b）。要计算流速分布图的体积，必须知道流速分布规律。由于实际水流的流速分布规律比较复杂，工程中常用断面平均流速 v 计算流量，这样较简便。**总流的断面平均流速是这样一个流速，即假定断面上各点的流速都相等，且都等于 v，此时所通过的流量**（图 3-12，c 以底面积为 A，高为 v 的圆柱形体积 $abde$）**与按实际不均匀分布的流速所通过的流量**（曲面旋转体的体积

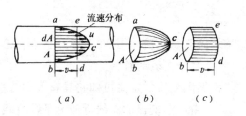

图 3-12

abc）**相等，则圆柱形的高即流速 v，称为断面平均流速**。根据断面平均流速的定义，流量可表示为

$$Q = \int_A u dA = \int_A v dA = v \int_A dA = vA \qquad (3-4)$$

因而，断面平均流速为

$$v = \frac{Q}{A} \qquad (3-5)$$

式中　Q——总流的流量，m^3/s；

　　　A——总流过水断面面积，m^2；

　　　v——断面平均流速，m/s。

由此可见：**通过总流过水断面的流量 Q 等于断面平均流速 v 与过水断面面积 A 的乘积**。式（3-4）和式（3-5）是常用来计算流量和断面平均流速的公式。

三、水流运动的分类

（一）均匀流和非均匀流

恒定水流中，**断面平均流速与流速分布沿流程没有变化的叫均匀流**（也称**等速流**）；**断面平均流速与流速分布沿流程有变化的叫非均匀流**（也称**变速流**）。如河道的宽窄深浅沿流程有所不同，流速也必然沿流程有所变化，则属于非均匀流。在比较长直、断面不变、底坡不变的人工渠道或直径不变的长直管道里，除入口和出口外，其余部分的流速在各断面都一样，则这种水流是均匀流。

均匀流中，**流线是一组平行的直线**。非均匀流中，**流线不是平行的直线，相邻流线间存在着夹角，是一组曲线**。

（二）渐变流和急变流

非均匀流分为两类：一类是水流中**流线的夹角很小，流线的曲率不大，流线可近似地认为是平行的直线，这种水流叫渐变流**（图 3-13 中 A、C 区及图 3-14 中 A、C、E 区为渐变流段）。它的极限状态就是均匀流。另一类是**流线的曲率较大，流线之间的夹角较大**，

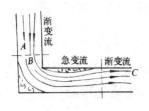

图 3-13   图 3-14

这种水流叫急变流（图 3-13 中 B 区及图 3-14 中 B、D 区为急变流段）。

（三）渐变流的特性

根据渐变流的定义可知它具有下列特性：

1）由于渐变流的流线近似为平行直线，因此，渐变流段的过水断面可视为平面；

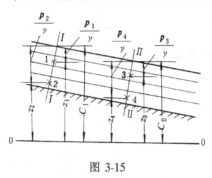

图 3-15

2）在渐变流中，由于流线曲率很小，水流的离心惯性力可忽略不计，于是沿着渐变流的过水断面上，作用于水流各质点的力只有压力和重力。这时，在断面上和静水的受力情况相同。所以，在过水断面上各点动水压强的变化规律也和静水压强的变化规律相似，**即在同一过水断面上，尽管各点的位置高度不同，压强也不同，但测压管水头守恒。** 即

$$z + \frac{p}{\gamma} = C \tag{3-6}$$

但要注意在**不同的过水断面上**，$\left(z + \dfrac{p}{\gamma} \right)$ **就具有不同的常数 C**（图 3-15）。这也就是说，**在渐变流同一断面上动水压强 p 是按静水压强规律分布的。**

急变流和渐变流不同，因而其特性也不同：

1）当流线间的夹角较大时，急变流的过水断面因要与流线垂直，所以其**过水断面不是平面。**

2）当流线的曲率较大时，作用于水流各质点的力除压力和重力外，还要考虑**离心惯性力。** 因此，急变流中任一点的动水压强 p 与水深 h 不再是直线关系，即 p 不等于 γh。由于离心力的影响，在不同的边界条件下，有时 $p < \gamma h$，如图 3-16（a）中断面 $\mathrm{I}—\mathrm{I}$ 所示。这时**离心惯性力的方向与重力的方向相反，于是过水断面上动水压强比静水压强要小**

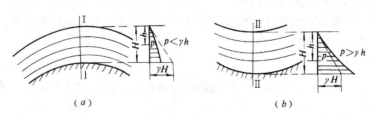

（a）   （b）

图 3-16

34

（图中虚线表示静水压强分布图）。有时 $p > \gamma h$（图 3-16（b）中Ⅱ—Ⅱ断面所示）。这时**离心惯性力的方向与重力的方向相同，于是过水断面上动水压强比静水压强要大。**由上述可知，**急变流段内，同一过水断面上各点的**$\left(z + \dfrac{p}{\gamma}\right)$**不是常数。**即其动水压强不是按静水压强规律分布的。

第二节　恒定流的连续性原理

在恒定流情况下，通过各断面的流量保持不变。即过水断面大，流速就小；流速小，过水断面就大。这就是**连续性原理**。实际上就是**质量守恒原理在水力学中的表现形式。**

今从图 3-4 闸下出流的断面 1 和 2 之间取出一个微小流束来研究（如图 3-17），在断面 1 处微小流束断面面积为 dA_1，流速为 u_1；在断面 2 处断面面积为 dA_2，流速为 u_2。由于过水断面很小，断面上的流速可认为是相同的。在单位时间内，通过断面 1 流进的水体质量为 $\rho u_1 dA_1$，由断面 2 流出的水体质量为 $\rho u_2 dA_2$。由于一般情况下可以认为水是不可压缩和无空隙的。根据质量守恒原理，流进的水体质量应等于流出的水体质量。即

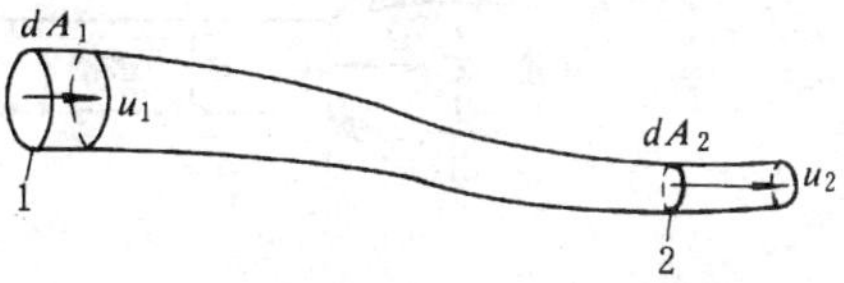

$$\rho u_1 dA_1 = \rho u_2 dA_2 \qquad (3\text{-}7)$$

ρ 为常数，于是

$$u_1 dA_1 = u_2 dA_2 = dQ \qquad (3\text{-}8)$$

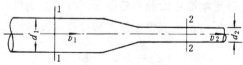

图 3-17

今将式（3-8）两边分别沿断面 1 和断面 2 进行积分

$$\int_{A_1} u_1 dA_1 = \int_{A_2} u_2 dA_2$$

参照式（3-4）可得

$$v_1 A_1 = v_2 A_2 = Q \qquad (3\text{-}9)$$

此式说明：在恒定流时，流经任一断面的流量保持不变。这就是**总流的连续性原理**。这说明，当液体密度 ρ 为常数时，在恒定流中沿流程各断面，其**平均流速与过水断面面积之乘积保持不变。**

式（3-9）亦可写为下式

$$\frac{v_1}{v_2} = \frac{A_2}{A_1} \qquad (3\text{-}10)$$

此式说明，恒定总流中任两断面，其**断面平均流速与过水断面积成反比。**即过水断面大的地方流速小，反之流速大。

图 3-18

例 3-1　有两圆管，大管直径 $d_1 = 200\text{mm}$，小管直径 $d_2 = 100\text{mm}$，管中水流恒定时测得，断面 2 的平均流速为 $v_2 = 1\text{m/s}$（图 3-18）。求断面 1 的平均流速 v_1。

解 此两断面的面积各为

$$A_1 = \frac{\pi}{4} d_1^2, \quad A_2 = \frac{\pi}{4} d_2^2$$

代入式（3-10），则得 $\dfrac{v_1}{v_2} = \dfrac{A_2}{A_1} = \dfrac{d_2^2}{d_1^2}$

于是

$$v_1 = v_2 \frac{d_2^2}{d_1^2}$$

将已知值 $v_2 = 1\text{m/s}$，$d_1 = 0.2\text{m}$，$d_2 = 0.1\text{m}$ 代入上式得

$$v_1 = 1 \times \frac{0.1^2}{0.2^2} = 0.25\text{m/s}$$

断面 1 的平均流速为 0.25m/s。

例 3-2 有一渡槽如图 3-19（a）所示。渠道断面为梯形：底宽 $b_1 = 10\text{m}$，边坡为 1:1.5 如图 3-19（b）。渡槽断面为矩形：底宽 $b_2 = 8\text{m}$。已测得渠道水深 $h_1 = 3\text{m}$，平均流速 $v_1 = 0.75\text{m/s}$，渡槽水深 $h_2 = 2.7\text{m}$，求渡槽断面平均流速 v_2。

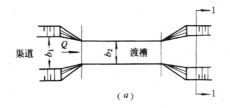 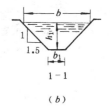

图 3-19

解 设渠道水面宽为 b，则渠道过水断面面积

$$A_1 = (b + b_1)\frac{h_1}{2} = \left[(2 \times 1.5 h_1 + b_1) + b_1 \right] \frac{h_1}{2}$$

$$= 1.5 h_1^2 + b_1 h_1 = 1.5 \times 3^2 + 10 \times 3 = 43.5\text{m}^2$$

渡槽过水断面面积

$$A_2 = b_2 h_2 = 8 \times 2.7 = 21.6\text{m}^2$$

由恒定总流连续性方程 $v_1 A_1 = v_2 A_2$，可得渡槽断面平均流速

$$v_2 = \frac{v_1 A_1}{A_2} = \frac{0.75 \times 43.5}{21.6} = 1.51\text{m/s}$$

第三节　恒定流的能量原理

研究水流中**动能和势能的转换规律**，以及确定水流中沿流程各断面，其位置高度、流速和压强之间关系的方程式称为能量方程。下面先讨论水流中能量的转换现象及微小流束的能量方程。然后再推广到总流上去。

一、水流中机械能的表现形式及其转换现象

首先从能量观点来研究一下水流中机械能的各种表现形式。由物理学已知，在重力作

用下，运动物体具有动能和势能两种机械能。质量为 m 的物体，当运动速度为 v 时具有的动能为 $\frac{1}{2}mv^2$，物体在设定基准面以上的位置高度为 z，重量为 $G = mg$，则它具有的位置势能为 mgz。在一定条件下，动能和势能可以互相转化。

另一方面，机械能也可转化为其它形式的能。例如，水流运动时由于摩擦阻力的作用，消耗一部分机械能而转变为热能。从机械能的角度来看是损失了能量，而从总能量来看则是机械能转变为热能，总的能量还是保持不变。这就是物体**能量转化和守恒原理**。下面讨论实际水流中动能和势能之间的转化现象。

图 3-20 表示水流从溢流坝上游经坝面和坝趾流向下游，在 1—1 断面处，如研究水面一点，该点在基准面以上的位置高度最大而流速较小，即势能占的比重很大而动能占的比重较小。当水流顺流而下，位置高度不断降低，速度不断增大，亦即势能不断减小而动能不断增大。至 2—2 断面处势能达到最小，动能达到最大。即 1—1 断面的一部分势能转化为 2—2 断面的动能。

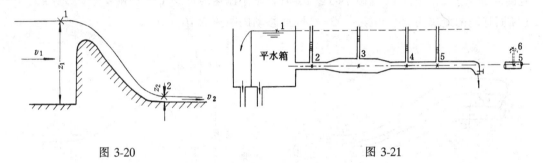

图 3-20   图 3-21

图 3-21 表示一根管径变化的水平管道，一端接上游平水箱，另一端装阀门以控制流量。在 2、3、4、5 各断面装测压管。对动能、位置势能和压力势能的转化作如下分析：

1）当阀门关闭管内为静水时，测压管水头 $\left(z + \dfrac{p}{\gamma}\right)$ 守恒，各测压管水面与平水箱水面位于同一高度。

2）阀门开至一定开度管中水流为恒定流时，保持上游平水箱中水位不变，此时管中水流各断面具有一定的速度，各测压管水面相应降低，但又各保持一定的高度。这说明动水中也存在压力，并且动水压强的大小正好和这段水柱的重量相平衡，即 $p = \gamma h$，因而测压管高度等于 $h = \dfrac{p}{\gamma}$。这说明，由于压力作功使 2 断面上中心点的液体质点上升至 h 的高度，如该质点的重量为 $G = mg$，则该质点由于压力对它作功所获得的势能为 $Gh = mg\dfrac{p}{\gamma}$，可称为**压力势能**。这样，水流的机械能就有**动能、位置势能**和**压力势能**三种形式。

3）从图中可知，粗细管水流各点的位置势能是相等的，没有变化。而细管的 2 断面测压管水面低，粗管的 3 断面测压管水面高。出现这种情况的原因是由于水流从细管流到粗管后流速减小了，因而动能也减小了。减小的动能转化为压力势能，使粗管的测压管水面高于细管的测压管水面。

4）同在细管上的 4、5 断面位置势能相等，两断面的流速也相等，因而动能也相等。

但 5 断面的测压管水面比 4 断面的稍低，这是由于 4 断面至 5 断面间管路中摩擦阻力引起能量损失所致。损失的能量转化为热能而散逸。

5）如把 5 断面的测压管去掉，则水流将从孔口以一定初速向上喷出，压能转化为动能，水流喷射至最高点 6 处，速度为零。这说明点 5 处的动能全部转化为点 6 处的势能。

以上这些水流现象表明，水流的机械能有三种表现形式，即**动能、位置势能和压力势能。这三种能量可以互相转化。由于存在摩擦阻力，能量有所损失。**

二、微小流束的能量方程

研究了动能、位置势能和压力势能的转化现象后，再来研究它们之间的变化规律。

在恒定总流中（如图 3-22 的变断面水管中）从 1—1 断面至 2—2 断面间取出一段微小流束来研究（图 3-23），这一微小流束两端的过水断面面积分别为 dA_1 及 dA_2，由于过水断面很小，可认为该断面上各点的流速均相等，分别以 u_1、u_2 表示。断面上的压强也是均匀分布的，分别以 p_1、p_2 表示。今以 0—0 为基准面，则断面中心在基准面以上的位置高度分别为 z_1、z_2。经过微小时段 dt 后，微小流速运动到 1′—1′ 和 2′—2′ 的位置。1—1 断面移动的距离为 $ds_1 = u_1 dt$，2—2 断面移动的距离为 $ds_2 = u_2 dt$。

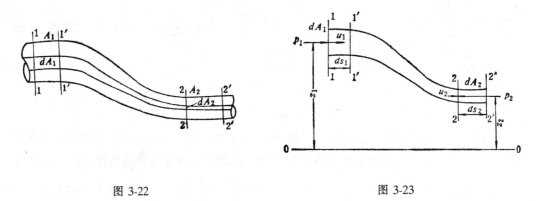

图 3-22   图 3-23

现从能量的观点来研究 1—1 断面和 2—2 断面在运动过程中所具有的能量。设在 dt 时段内通过 1—1 断面 dA_1 的水流质量为 m，流速为 u_1，则通过 1—1 断面的动能为 $E_k = \frac{1}{2} mu_1^2$，如在此 dt 时段内通过 1—1 断面的水流体积为 $dA_1 ds_1$，其重量为 $G = mg$，则单位重量液体所具有的动能为

$$\frac{E_k}{G} = \frac{\frac{1}{2} mu_1^2}{mg} = \frac{u_1^2}{2g} \tag{3-11}$$

简称为**单位动能**。$\frac{u^2}{2g}$ 的单位为 $\frac{N \cdot m}{N} = m$。

在 dt 时段内通过 1—1 断面的水流体积为 $dA_1 ds_1$，其中心在基准面以上的位置高度为 z_1，此水体的重量为 $G = mg$，则其位置势能为 mgz_1，而单位重量液体所具有的位置势能为

$$\frac{mgz_1}{mg} = z_1 \tag{3-12}$$

简称**单位位能**，z 的单位为 $\frac{N \cdot m}{N} = m$。

同样，在断面 1—1 处，重量为 G 的液体，其压力势能为 $G\frac{p_1}{\gamma}$，而单位重量液体所具有的压力势能为

$$\frac{G\frac{p_1}{\gamma}}{G} = \frac{p_1}{\gamma} \tag{3-13}$$

简称**单位压能**，$\frac{p_1}{\gamma}$ 的单位为 $\frac{N \cdot m}{N} = m$。

由于微小流束过水断面上各点的流速、位置高度和压强都可以认为是相同的。所以，断面 1—1 处微小水体 dA_1ds_1 所具有的单位能量 e_1 应为单位动能、单位位能和单位压能三项之和，即

$$e_1 = z_1 + \frac{p_1}{\gamma} + \frac{u_1^2}{2g}$$

同理，断面 2—2 处微小水体 dA_2ds_2 所具有的单位能量 e_2 应为

$$e_2 = z_2 + \frac{p_2}{\gamma} + \frac{u_2^2}{2g}$$

由连续性原理可知 $dA_1ds_1 = dA_2ds_2$，即在 dt 时段内，通过 1—1 断面和通过 2—2 断面的水流体积应该是相等的。

对于不考虑粘滞性的理想液体来说，由于沿流程没有发生能量损失，根据能量守恒原理，微小流束各断面上通过的单位能量是保持不变的。于是通过 1—1 断面的单位能量 e_1 和通过 2—2 断面的单位能量 e_2 应该是相等的，即

$$e_1 = e_2 = e = 常数 \tag{3-14}$$

但是，对于考虑粘滞性的实际水流来说，微小流束受摩擦阻力的作用，在沿流程方向上必然要发生能量损失。设 h'_w 为水流从 1—1 断面流至 2—2 断面单位重量液体所发生的能量损失，则根据能量守恒原理，1—1 断面的单位能量应等于 2—2 断面的单位能量再加上单位能量损失，即

$$e_1 = e_2 + h'_w$$

或写成

$$z_1 + \frac{p_1}{\gamma} + \frac{u_1^2}{2g} = z_2 + \frac{p_2}{\gamma} + \frac{u_2^2}{2g} + h_w' \tag{3-15}$$

这就是**微小流束的能量方程。它确定了微小流束各断面流速、压强以及位置高度之间的关系。**

微小流束的能量方程，也可按物理学中的动能定理来推导。动能定理：运动物体在某时段内的动能的增量等于同一时段内各外力对物体所做功的代数和。现在来分析微小流束的动能增量和外力所做的功。

如图 3-23，经过 dt 时段后，微小流束由 1—2 的位置运动到 1′—2′ 的位置。发生移动后动能也发生相应的变化。

先求微小流束动能的增量。

由图 3-23 可见，流段 $1'$—2 为移动前后的流段 1—2 和 $1'$—$2'$ 所共有，因水流为恒定流，各固定点的运动要素如流速不随时间变化，所以，流段 $1'$—2 内水流的流速和动能在 dt 时段开始和终了均保持不变，变化的只是 1—$1'$ 和 2—$2'$ 两流段内的动能。设 E_k 表示水流的动能，$E_{k1'-2'}$ 表示 dt 时段末的动能，E_{k1-2} 表示 dt 时段初的动能，则 dt 时段内动能的增量 dE_k 应为 $E_{k1'-2'}$ 和 E_{k1-2} 二者之差，即

$$dE_k = E_{k1'-2'} - E_{k1-2} = (E_{k1'-2} + E_{k2-2'}) - (E_{k1-1'} + E_{k1'-2}) = E_{k2-2'} - E_{k1-1'}$$

这就是说，动能的增量就等于从 2—2 断面流出的动能与从 1—1 断面流入的动能之差。而动能 $E_k = \frac{1}{2}mu^2$，由连续性原理可知，从 2—2 断面流出的质量和由 1—1 断面流入的质量是相等的，都等于 dm，即 $dm = \rho dV = \frac{\gamma}{g}dV$。应着重指出，流进和流出的液体质量虽然相等，但 1—1 断面和 2—2 断面的流速却不相等，因而其动能也不等。动能的增量为

$$dE_k = E_{k2-2'} - E_{k1-1'} = \frac{1}{2}dmu_2^2 - \frac{1}{2}dmu_1^2 = \frac{1}{2}dm(u_2^2 - u_1^2)$$

$$= \frac{1}{2}\frac{\gamma}{g}dV(u_2^2 - u_1^2) = \gamma dV\left(\frac{u_2^2}{2g} - \frac{u_1^2}{2g}\right) \qquad (a)$$

下面再分析外力所做的功。作用的力有压力、重力和阻力，现分述如下。

(1) 压力所做的功　力对物体所做的功就等于力乘物体沿力的方向移动的距离。作用于微小流束侧表面上的压力与运动方向垂直并不作功。只有两端断面上所受的压力 $p_1 dA_1$ 和 $p_2 dA_2$ 作功，$p_1 dA_1$ 与流动方向相同，它作的功 $p_1 dA_1 ds_1$ 是正值，$p_2 dA_2$ 与流动方向相反，它作的功 $p_2 dA_2 ds_2$ 是负值，于是压力所作的功为

$$p_1 dA_1 ds_1 - p_2 dA_2 ds_2 = p_1 dV - p_2 dV = (p_1 - p_2) dV \qquad (b)$$

因为，按连续性原理 $dA_1 ds_1 = dA_2 ds_2 = dV$。

(2) 重力所做的功　重力就等于 1—$1'$ 间或 2—$2'$ 间该段水体的重量 γdV，它所作的功就等于此重力与该小段水体重心下降高度的乘积。由于 ds_1 和 ds_2 都很小，重心下降的高度就等于 $z_1 - z_2$，所以，重力所作的功就是

$$\gamma dV (z_1 - z_2) \qquad (c)$$

(3) 阻力所做的功　四周的水作用于这段微小流束侧表面的摩擦阻力情况比较复杂。但不管阻力在侧面上的分布如何，它综合的作用力是反抗微小流束运动的，所作的功是负值。用 h'_w 表示摩擦阻力对每单位重量水体所作的功，则对于重量为 $dG = \gamma dV$ 这块水体由 1—$1'$ 位置移动到 2—$2'$ 位置，摩擦阻力所作的功为

$$- \gamma dV h'_w \qquad (d)$$

于是，所有外力做功的代数和就是 $(b) + (c) + (d)$

$$\gamma dV (z_1 - z_2) + dV (p_1 - p_2) - \gamma dV h'_w \qquad (e)$$

根据动能定理，动能的增量 (a) 就等于各外力所做功的和 (e)，于是

$$\gamma dV\left(\frac{u_2^2}{2g} - \frac{u_1^2}{2g}\right) = \gamma dV (z_1 - z_2) + dV (p_1 - p_2) - \gamma dV h'_w$$

将上式除以小段水体的重量 γdV，即得单位重量水体的功和能

$$\frac{u_2^2}{2g} - \frac{u_1^2}{2g} = z_1 - z_2 + \frac{p_1}{\gamma} - \frac{p_2}{\gamma} - h'_w$$

将断面 1—1 的各项与断面 2—2 的各项分别集中在一边，可得

$$z_1 + \frac{p_1}{\gamma} + \frac{u_1^2}{2g} = z_2 + \frac{p_2}{\gamma} + \frac{u_2^2}{2g} + h'_w$$

上式即为微小流束的能量方程，由于它是伯诺里在 1738 年首次求得，所以，也称为伯诺里方程。

三、总流的能量方程

只有在需要了解水流内部或边界上各点流速和压强的变化时，才应用微小流束的能量方程。大多数工程问题中一般只要了解总流断面上平均流速和平均压强的变化。因此，有必要把微小流束的能量方程推广到总流上去。研究微小流束的能量方程时，均假定微小流束断面上各点的流速大小相等方向相同。但这种假定对液体总流不能成立。可是，若假定总流断面上各点也象微小流束那样以等于平均流速的同一速度流动，则关于总流断面上各点的速度问题就可大为简化。下面只讨论渐变流断面上的总流能量方程。

总流包含许多微小流束，所以，在确定代表总流**某断面的单位势能、单位动能时，应取全断面上各微小流束单位势能的平均值及全断面各微小流束单位动能的平均值**。讨论如下：

1）总流断面上各微小流束单位势能的平均值　将总流断面取在渐变流断面上，则在同一过水断面上各点的测压管水头守恒，即 $z + \frac{p}{r} =$ 常数（根据渐变流特性）。所以断面上任一点的单位势能都可代表总流的单位势能。

2）总流断面上各微小流束单位动能的平均值，由于总流断面上各点流速不等，因而各点的单位动能 $\frac{u^2}{2g}$ 也不等。确定代表总流的单位动能时，必须取其平均值。今假设在某总流断面上，有 n 个微小流束，其相应的流速为 u_1、u_2、$\cdots$、u_n，则代表总流的单位动能应为 $\frac{1}{n}\left(\frac{u_1^2}{2g} + \frac{u_2^2}{2g} + \cdots + \frac{u_n^2}{2g}\right)$。现设想以断面平均流速 v 来计算其单位动能，则应为 $\frac{v^2}{2g}$，即 $\frac{1}{2g}\left(\frac{u_1 + u_2 + \cdots + u_n}{n}\right)^2$。由数学上可知：**一些数平方的平均值大于这些数平均值的平方**。即

$$\frac{1}{n}\left(\frac{u_1^2}{2g} + \frac{u_2^2}{2g} + \cdots + \frac{u_n^2}{2g}\right) > \frac{v^2}{2g}$$

所以
$$\frac{1}{n}\left(\frac{u_1^2}{2g} + \frac{u_2^2}{2g} + \cdots + \frac{u_n^2}{2g}\right) = \alpha \frac{v^2}{2g} \tag{3-16}$$

上式中的 α 为大于 1.0 的一个系数，称为**流速分布不均匀系数或动能改正系数**。一般约为 1.05～1.10，其值视流速分布均匀程度而定，流速分布愈不均匀则 α 值愈大，流速分布均匀时 $\alpha = 1.0$。为了简化计算，往往取 $\alpha = 1.0$。

综上所述，总流某断面的单位能量 E 应等于单位势能与单位动能之和。即

$$E = z + \frac{p}{r} + \frac{\alpha v^2}{2g} \tag{3-17}$$

以下我们来研究总流的能量方程式，图 3-24 是一恒定的管道水流，1—1 及 2—2 断面均取在渐变流段上，其断面平均流速分别为 v_1、v_2；动水压强分别为 p_1、p_2；两断面处

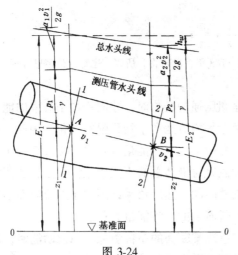

图 3-24

管轴在 0—0 基准面以上的位置高度分别为 z_1、z_2，则 1—1 及 2—2 断面的单位能量 E_1 及 E_2 如下：

$$E_1 = z_1 + \frac{p_1}{r} + \frac{\alpha_1 v_1^2}{2g} \qquad (3\text{-}18)$$

$$E_2 = z_2 + \frac{p_2}{r} + \frac{\alpha_2 v_2^2}{2g} \qquad (3\text{-}19)$$

由于水流有阻力，所以水流由 1 断面流至 2 断面时要损失能量。今以 h_w 表示总流单位重量的液体为了克服阻力所损失的能量，则根据能量守恒原理得

$$E_1 = E_2 + h_w$$

或表示为
$$z_1 + \frac{p_1}{r} + \frac{\alpha_1 v_1^2}{2g} = z_2 + \frac{p_2}{r} + \frac{\alpha_2 v_2^2}{2g} + h_w \qquad (3\text{-}20)$$

这就是恒定总流的能量方程，也称为伯诺里方程。

式（3-20）反映了在恒定流动过程中，水流各种机械能在一定条件下互相转化的共同规律。水从任一渐变流断面流到另一渐变流断面的过程中，它所具有的机械能的形式可以互相转化，但前一断面的单位能量应等于后一断面的单位能量再加上两断面间的能量损失。实质上，它就是能量转化和守恒原理在水力学中的表现形式。它是水力学中最基本最常用的公式之一。

四、能量方程的意义

（一）能量方程的物理意义

能量方程中的各项都是单位重量液体的能量，其中 z 是单位位能，$\frac{p}{r}$ 是单位压能，$\frac{\alpha v^2}{2g}$ 是单位动能，h_w 是单位能量损失，即单位重量液体由 1—1 断面流至 2—2 断面时的能量损失。$\left(z + \frac{p}{r}\right)$ 称为单位势能，$\left(z + \frac{p}{r} + \frac{\alpha v^2}{2g}\right)$ 称为单位总能量并以 E 表示。能量方程式表明液体遵循自然界能量转化和守恒定律。

能量方程左边三项之和为某总流 1—1 断面的单位总能量 E_1，且 $E_1 = z_1 + \frac{p_1}{r} + \frac{\alpha_1 v_1^2}{2g}$。

能量方程右边前三项之和为某总流 2—2 断面的单位总能量 E_2，且 $E_2 = z_2 + \frac{p_2}{r} + \frac{\alpha_2 v_2^2}{2g}$。能量方程右边最后一项 h_w 为单位能量损失。由式（3-20）可见，$E_1 > E_2$，即在水流中，**总能量沿流程总是逐渐减小的**。

（二）能量方程的几何意义

由于能量方程中各项都具有长度单位（m），在图形上都表示为一种高度，此种高度在水力学上就称"水头"。

z——位置高度，称为**位置水头**；

$\dfrac{p}{r}$——测压管高度，称为**压强水头**；

$z+\dfrac{p}{r}$——位置高度与测压管高度之和称为**测压管水头**；

$\dfrac{\alpha v^2}{2g}$——称为**流速水头**；

$z+\dfrac{p}{r}+\dfrac{\alpha v^2}{2g}$——称为**总水头**；

h_w——称为**水头损失**。

对管道或明渠水流，如以能量方程式为依据，将总流各断面的各项水头，按照一定的格式，用几何线段绘出，就可以形象地反映出水流能量沿程转化的情况。图 3-25 即为按上述原则绘出的一段管道水流的能量沿程转化的几何示意图。

图中管流各断面中心离基准面的高度就代表各断面的位置水头 z，所以管轴线就表示位置水头 z 沿流程的变化。

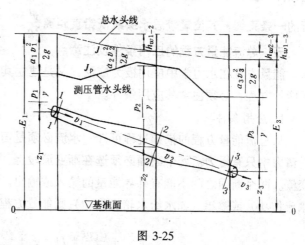

图 3-25

在各断面的中心向上作铅垂线，取长度等于该断面中心点的压强水头 $\dfrac{p}{r}$，得到各断面的测压管水头 $\left(z+\dfrac{p}{r}\right)$。连接各断面测压管水头得**测压管水头线**。测压管水头线至管轴线之间的铅直距离表示沿流程各断面的平均压强的变化，测压管水头线在管轴线以上，压强为正，反之为负。

在各断面测压管水头以上加上各断面的流速水头 $\dfrac{\alpha v^2}{2g}$，得到各断面的总水头 $E=z+\dfrac{p}{r}+\dfrac{\alpha v^2}{2g}$，连接各断面总水头即得**总水头线**。它反映总流单位能量沿程变化情况，也反映水头损失沿程变化情况。

由于实际水流沿程总有损失，所以**总水头线永远是沿程下降的**。总水头线的坡度叫**水力坡度**（也叫水力坡降），它表示单位长度流程上的水头损失。以 J 表示。如果某总流两断面间的流程为 l，在此流程上总水头线下降高度为 h_w（即两断面之间的水头损失），则其水力坡度为

$$J=\frac{h_w}{l} \tag{3-21}$$

测压管水头线的坡度叫**测压管坡度**以 J_p 表示，即

$$J_p = \frac{\left(z_1 + \dfrac{p_1}{r}\right) - \left(z_2 + \dfrac{p_2}{r}\right)}{l} \tag{3-22}$$

由于压能和动能可以互相转化，所以**测压管水头线可以沿程下降，也可以沿程上升**（图3-25）。在式（3-22）中，J_p 为正值，表示测压管水头线是沿程下降的；如 J_p 为负值，则表示测压管水头线是沿程上升的。

用图示法表示能量方程，可以清晰地描绘出水流中单位能量沿程变化的情况。在长距离有压输水管道的水力计算中，常常画出水头线帮助分析管道的受压情况。

最后要说明一下，在均匀流动中，因流速沿程保持不变，单位长度流程上的水头损失也保持不变，于是图形上的总水头线是一条下降的直线；测压管水头线则是与总水头线平行的一条直线，其位置较总水头线低铅直距离 $\dfrac{v^2}{2g}$。

五、总流能量方程的应用条件及注意点

能量方程在水力学中应用极为广泛，又是建立其他公式的基础，为了更好地理解和运用能量方程，必须注意其应用条件。

1．应用条件

从总流能量方程的推导过程可知，**水流必须是恒定的**。在受力条件上，与质量成正比的诸力中**只有重力**。**两个断面必须选在渐变流段上**，至于两个断面之间的水流可以不是渐变流。两个断面之间不能有外界能量的输入或输出。如果有**外界能量的输入**（如抽水机给水流作功）**或输出**（如水给水轮机作功）则能量方程应改为

$$z_1 + \frac{p_1}{\gamma} + \frac{\alpha_1 v_1^2}{2g} \pm H = z_2 + \frac{p_2}{\gamma} + \frac{\alpha_2 v_2^2}{2g} + h_w$$

其中 H 为两断面间输入(取正号)或输出(取负号)的单位能量。在遇到可以推广应用总流能量方程的其他情况时，必须注意该水流运动的特点并遵循其相应的应用条件和规定。

2．应注意的几点

（1）选择断面　首先两个断面**必须取在渐变流段上**，一般应取在边界比较平直的地方（可根据流线来判断）。其次应根据边界情况和需要解决的问题，选择已知条件较多的断面，和选择需要求解运动要素的断面，如管子的出口断面、表面为大气压的断面等。

（2）选择代表点　选好断面后，还要在断面上选一个代表点，由于在渐变流断面上各点的势能 $z + \dfrac{p}{\gamma}$ 是一常数，因此，在计算断面的平均势能时，可在断面上任选一点作为代表点，**对明渠流常选择水面上的一点，管流常选断面的中心点作为代表点**，由于这些点的 z 和 $\dfrac{p}{\gamma}$ 值往往是已知的或很容易求得的。

（3）选择基准面　势能的大小是相对的，分析时，要选定一个基准面，作为计算位置水头的起点。基准面可以任意选定，**以简化计算为原则**。为了避免位置水头出现负值，常把基准面选在最低断面以下，例如把基准面选在最低断面的代表点处。**压强一般采用相对压强。**

（4）注意与连续性方程式联合使用。

例 3-3 图3-26为某水库的溢流坝，水流由 1 断面过溢流坝流至 2 断面时的水头损失 $h_w = 0.1 \dfrac{v_2^2}{2g}$，上游水面及下游底板高程如图示，坝趾处 2—2 断面的水深 $h_2 = 1.2\text{m}$，求该断面的平均流速 v_2。

解 应用总流能量方程求 v_2 时，步骤如下：

（1）选择两个渐变流断面 因坝顶及转弯处水流为急变流，所以渐变流断面 1 应选在距坝上游一段距离的水库中，该处流线为近乎平行的直线，且水库过水断面很大（$v_1 \approx 0$），选择该断面可以减少未知数。渐变流断面 2 应选在收缩断面处，该处水流较平直，且该断面流速 v_2 是待求的。

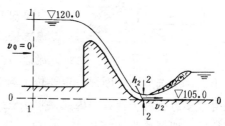

图 3-26

（2）选择代表点 在 1 及 2 断面上，水面均为大气压，且水流为明渠流，故代表点应选在 1、2 两断面的水面一点。此处相对压强为零。

（3）选择基准面 以计算方便为准，本例中以下游底板为基准面。

（4）列出 1、2 两断面的能量方程

$$z_1 + \frac{p_1}{\gamma} + \frac{\alpha_1 v_1^2}{2g} = z_2 + \frac{p_2}{\gamma} + \frac{\alpha_2 v_2^2}{2g} + h_w$$

上述基准面及代表点，则

$$z_1 = 15\text{m}, \ \frac{p_1}{\gamma} = 0, \ \frac{\alpha_1 v_1^2}{2g} = 0, \ z_2 = 1.2\text{m}, \ \frac{p_2}{\gamma} = 0, \ h_w = 0.1\frac{v_2^2}{2g}$$

取 $\alpha_2 = 1.1$，将上列各值代入能量方程得

$$15 + 0 + 0 = 1.2 + 0 + \frac{1.1 v_2^2}{2g} + 0.1 \frac{v_2^2}{2g}$$

解出 v_2 得

$$v_2 = \sqrt{\frac{2g(15-1.2)}{1.2}} = \sqrt{\frac{2 \times 9.8 \times 13.8}{1.2}} = 15\text{m/s}$$

于是求得坝趾处流速 v_2 等于 15m/s。

第四节 能量方程应用举例

如何利用能量方程来分析和解决水力学具体问题，可以孔口出流、文德里流量计和毕托管测流速为例加以讨论。

一、孔口出流

在水箱侧壁开一孔口，泄水流入大气中（图 3-27），水箱内水位保持不变，水流为恒定流，可应用能量方程来计算其泄流量。

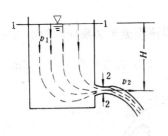

图 3-27

设孔口的断面面积为 A，孔口中心在箱中水面以下的垂直距离为 H。水质点是从水箱内向孔口汇流，然后由孔口射流入大气中。

从水面到出口，水流能量的转化过程比较复杂。但只要知道任一过水断面面积 A 及其平均流速 v 就可算得流量。问题在于选择什么样的断面来分析。为了确定流速 v，需根据能量转化关系，即应用总流的能量方程，于是，所选的两个断面一定要位于渐变流段上。同时，在这个断面上，方程中的各项知道得愈多愈有利于计算。因此，将 2—2 断面选在离孔口不远的水股上，该处流线基本是平行的，四周均为大气压力，所以，其断面平均压强可以认为是等于大气压强的，即 $p_2 = p_a$。另一个断面选在水箱内水面 1—1 处，因为该处全断面压强 $p_1 = p_a$。而且位置高度 H 是已知的。

今对 1—1 和 2—2 两断面写能量方程

$$z_1 + \frac{p_1}{\gamma} + \frac{\alpha_1 v_1^2}{2g} = z_2 + \frac{p_2}{\gamma} + \frac{\alpha_2 v_2^2}{2g} + h_w$$

以通过孔口中心的水平面为基准面，取断面 1—1 水面一点、断面 2—2 中心为代表点。则 $z_1 = H$；$z_2 = 0$；先忽略水头损失。同时因射出水股的断面积 A_2 比水箱断面积 A_1 小得多，所以，v_1 比 v_2 小得多。因此，$\frac{\alpha_1 v_1^2}{2g}$ 可以忽略不计。已知 $p_1 = p_2 = p_a$，将各项代入能量方程后，得

$$H = \frac{\alpha_2 v_2^2}{2g}$$

设 $\alpha_2 = 1.0$ 则

$$v_2 = \sqrt{2gH} \tag{3-23}$$

如果水股的断面面积等于孔口的断面面积，即 $A_2 = A$，则流量就等于

$$Q = A_2 v_2 = A\sqrt{2gH} \tag{3-24}$$

实际上，由势能转化为动能时，能量有一些损失。所以，断面 2—2 处的实际流速比由式 (3-23) 算出的要稍小。且水流由孔口到断面 2—2，断面面积有收缩。所以，从孔口泄出的实际流量，比由式 (3-24) 算出的要小得较多。因此，上式须乘以修正系数 μ，即

$$Q = \mu A\sqrt{2gH} \tag{3-25}$$

这就是计算**孔口出流的流量公式**。其中的 **μ** 称为流量系数。μ 值主要和孔口的形状以及孔边轮廓线型有关。完善收缩的薄壁小孔口，其 μ 值约为 0.62。

由上面的分析可见，对于小孔口大气中出流的过程来看，虽然三种机械能都在互相转化，但由于上游水面和下游水股都受大气压力这一条件的控制，因此，水从水面至出口，就归结为位能转化为动能的关系了。

以下举例说明其计算。在水箱侧壁有一圆形小孔，直径 $d = 1.0\text{cm}$，流量系数 $\mu = 0.62$，孔口中心以上水头 $H = 1.0\text{m}$，则泄入大气中的流量为

$$Q = \mu A \sqrt{2gH} = 0.62 \times \frac{3.14 \times (0.01)^2}{4} \times \sqrt{2 \times 9.8 \times 1.0}$$
$$= 0.000216 \text{m}^3/\text{s} = 0.216 \text{L/s}$$

二、文德里流量计

文德里流量计，是一种装置于管道中的**测流设备**。它的构造包括**上游收缩段**，中间断面最小的**喉管**及**下游扩散段**。两端断面的直径要求和管道的直径相等。在收缩段前的断面及喉管的断面上安装测压管（也可安置比压计），如图 3-28 所示。由于管径的收缩引起动能的增大，压能相应降低，只要用测压管测得该两断面的测压管水头差 h，应用能量方程，即可求得通过管道的流量。

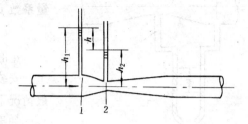

图 3-28

今设管道是水平放置的，取安装测压管的断面为 1—1 及 2—2，两断面的直径分别为 d_1 及 d_2，平均流速为 v_1 及 v_2。根据连续性方程

$$v_1 A_1 = v_2 A_2 \quad \text{或} \quad v_1 = v_2 \frac{A_2}{A_1} = v_2 \frac{d_2^2}{d_1^2}$$

断面 1—1 和 2—2 均在渐变流段上，因两断面相距很近，暂不计水头损失。以管道轴线为基准，列断面 1—1 及 2—2 的能量方程得

$$z_1 + \frac{p_1}{\gamma} + \frac{\alpha_1 v_1^2}{2g} = z_2 + \frac{p_2}{\gamma} + \frac{\alpha_2 v_2^2}{2g}$$

在计算断面的 z 和 $\frac{p}{\gamma}$ 时，两断面均取管心点为代表点，于是 $z_1 = z_2 = 0$，$\frac{p_1}{\gamma} = h$，$\frac{p_2}{\gamma} = h_2$，设 $\alpha_1 = \alpha_2 = 1$，将上列各值代入方程则得

$$h_1 - h_2 = \frac{v_2^2}{2g} - \frac{v_1^2}{2g}$$

式中 $h_1 - h_2$ 即为两断面的测压管水头差 h，于是

$$h = \frac{v_2^2}{2g} - \frac{1}{2g} \left(v_2 \frac{d_2^2}{d_1^2} \right)^2 = \frac{v_2^2}{2y} \left(1 - \frac{d_2^4}{d_1^4} \right)$$

解出 v_2，得

$$v_2 = \frac{1}{\sqrt{1 - \dfrac{d_2^4}{d_1^4}}} \sqrt{2gh}$$

因此，通过文德里流量计的流量为

$$Q = A_2 v_2 = \frac{\pi}{4} d_2^2 \frac{1}{\sqrt{1 - \dfrac{d_2^4}{d_1^4}}} \sqrt{2gh} = \frac{\pi d_1^2 d_2^2}{4 \sqrt{d_1^4 - d_2^4}} \sqrt{2gh} \tag{3-26}$$

令

$$K = \frac{\pi d_1^2 d_2^2}{4 \sqrt{d_1^4 - d_2^4}} \sqrt{2g}$$

47

则
$$Q = K\sqrt{h} \tag{3-27}$$

式（3-27）中，**K 为文德里流量计固定常数**，当管道直径 d_1 及喉管直径 d_2 确定后，可预先算出，测得测压管水头差 h，即可算出通过的流量 Q。

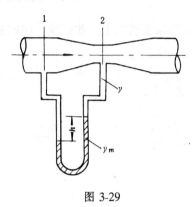

图 3-29

但实际水流中总会有水头损失，管道的实际流量没有由上式算出的那样大，通常给上式乘一个**流量系数 μ**，则得

$$Q = \mu k\sqrt{h} \tag{3-28}$$

μ 值随流动情况和管道的收缩几何形状以及加工、安装工艺水平而定，需直接量测加以率定。一般情况下，μ 值约在 0.98 左右。

如果文德里流量计安装的是水银比压计，如图 3-29 所示。由比压计原理可知

$$\frac{p_1}{\gamma} - \frac{p_2}{\gamma} = \frac{\gamma_m - \gamma}{\gamma}h = 12.6h$$

其中 γ_m 为水银的容重，h 为水银比压计中两水银面的读数差。此时文德里流量计的流量按下式计算

$$Q = \mu K\sqrt{12.6h} \tag{3-29}$$

例如，有一自来水管装有文德里流量计，已知管径 $d_1 = 100$mm，喉管直径 $d_2 = 50$mm，测得两测压管的读数差 $h = 0.50$m，$\mu = 0.98$，求管内通过的流量。先求 K 值，

$K = \dfrac{\pi d_1^2 d_2^2}{4\sqrt{d_1^4 - d_2^4}}\sqrt{2g} = \dfrac{3.14 \times 0.1^2 \times 0.05^2}{4 \times \sqrt{0.1^4 - 0.05^4}} \times 4.43 = 0.009m^{5/2}$/s。管中流量为 $Q = \mu K\sqrt{h} =$ $0.98 \times 0.009 \times \sqrt{0.50} = 0.00625$m^3/s $= 6.25$L/s。

三、毕托管测流速

毕托管是量测水中任一点流速的仪器。它的原理是：当水流受到迎面物体的阻碍，被迫向两边（或四周）分流时（图 3-30），在物体表面上受水流顶冲的 A 点处，水流的速度变为零，称为水流的**驻点**。在驻点上，水流的动能全部转化为压能。

简单的毕托管就是一头弯成 90°，两端开口的一根细管。测量水流中 A 点的流速时，将弯曲一端的管口放在 A 点，正对水流的方向，如图 3-31 所示。管口受水流的顶冲，使管内水面上升至 H 的高度为止。因为 A 点成为一个驻点，在该点水流的动能全

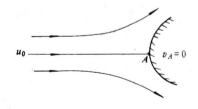

图 3-30

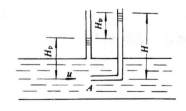

图 3-31

部转化为压能，故 H 的高度应大于原来水流中（即不受毕托管阻碍时）A 点的压强水头 $\dfrac{p_A}{\gamma} = H_p$，**超过的数值 $(H - H_p) = h_v$，正好等于由单位动能转化而来的能量，即流速水头** $\dfrac{u^2}{2g}$。

由此，可求出 A 点流速

$$u_A = \sqrt{2gh_v} \tag{3-30}$$

H_p 可在 A 点的断面上安装测压管来量测，如图 3-31 所示。但通常都是在上述测流速的小管旁边或上面并排一根细管，并把测压孔开在侧面，使孔口平行于水流方向，如图 3-32 所示。这个侧孔的测压管测出的压强水头，即为 H_p 值。两根细管并装在一起，接到比压计上，只要测得比压计的读数差 h_v，就可求得该点的流速 u。

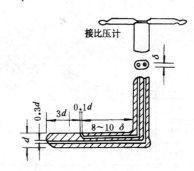

图 3-32

实际的毕托管，由于两个小孔的位置不在同一断面上，因而测得的不是同一点的，再加上毕托管放入水流中所产生的扰动影响。所以在应用式（3-30）计算流速时，应乘一个**校正系数** c，即

$$u = c\sqrt{2gh_v} \tag{3-31}$$

c 值的大小应由试验率定，一般约为 $0.98 \sim 1.0$。图 3-32 所示的毕托管尺寸，可使 $c = 1.0$，使用较方便。毕托管的构造形式不一，图 3-32 只是比较普遍的一种。例如，用毕托管测某点流速时，测出比压计读数差为 $h_v = 10 \text{cm}$，已知 $c = 1.0$，则

$$u = c\sqrt{2gh_v} = 1.0 \times 4.43 \times \sqrt{0.1} = 1.04 \text{m/s}$$

应当指出，式（3-30）是微小流束的能量方程式在实际中的应用。

第五节　恒定流的动量原理

水利水电工程中，往往需要求解急变流段的水流作用力问题，如管道转弯处，管道迫使水流改变方向，水流对弯管便有一个作用力，此作用力是设计镇墩的依据（图 3-33），又如水流对冲击式水电站水轮机转轮叶片的冲击力（图 3-34）等，都需要计算。如采用能量方程式求解，由于阻力所造成的水头损失不能确定而受到限制。这时如采用水流的**动量方程**求解，则比较方便。水流的动量方程可由物理学中的动量定理推导得出。

由物理学已知，运动物体的动量是指物体的质量与其速度的乘积 mv。动量是一个有大小也有方向的矢量，速度的方向就是动量的方向。物理学中的**动量定理为：运动物体在单位时间内动量的变化量等于物体所受各外力的合力。** 下面就根据动量定理导出水流的动量方程。

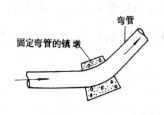

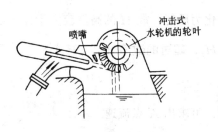

图 3-33 图 3-34

应用动量原理时，通常把需要研究的一段水流取作隔离体，对此段水流运动的过程和内部的变化，不必详究，只需知道其两端断面上的运动状态即可。

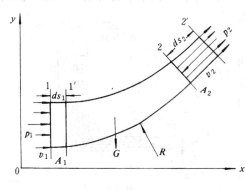

图 3-35

今在恒定总流中（如管道的弯管）取出一段水流作为隔离体来研究，如图 3-35，1—1 断面的面积为 A_1，流速为 v_1，并假定断面上各点具有相同的流速；2—2 断面的面积为 A_2，流速为 v_2。取坐标如图，来研究其动量变化和外力之间的关系。

经 dt 时段后，原在 1—1 断面与 2—2 断面间的水体运动至 1′—1′ 和 2′—2′ 位置。该水体的动量就发生相应的变化。动量的变化量 dK，就应等于 dt 时段之末 1′—2′ 段水体的动量 $K_{1'-2'}$ 与 dt 时段之初 1—2 段水体的动量 K_{1-2} 之差。$K_{1'-2'}$ 可看作是 K_{1-2} 和 $K_{2-2'}$ 两部分之和，而 K_{1-2} 可看作是 $K_{1-1'}$ 和 $K_{1'-2}$ 两部分之和。亦即

$$K_{1'-2'} = K_{1-2} + K_{2-2'} \qquad K_{1-2} = K_{1-1'} + K_{1'-2}$$

其中 $K_{1'-2}$ 为移动前后所共有，由于水流是恒定的、不可压缩的，所以质量和速度均保持不变，因而这一段水体的动量也保持不变，变化的只是 $K_{1-1'}$ 和 $K_{2-2'}$，即

$$dK = K_{1'-2'} - K_{1-2} = （K_{1'-2} + K_{2-2'}） - （K_{1-1'} + K_{1'-2}）$$

$$= K_{2-2'} - K_{1-1'}$$

因 $K_{1-1'}$ 和 $K_{2-2'}$ 分别为 dt 时段内通过 1—1 断面和 2—2 断面的动量，所以上式说明，dt 时段内 1—2 流段水体动量的变化量 dK，等于同一时段内由 2—2 断面流出的动量和由 1—1 断面流入的动量之差。

由任一断面流过的动量，如按平均流速计算，就等于质量 ρQ 乘以平均流速 v，即 $\rho Q v$。但断面上的流速分布实际上是不均匀的，而按实际流速计算通过断面的动量较 $\rho Q v$ 大，须乘以改正系数 α' 才能相等，α' 称为**动量改正系数**，其值约为 $1.02 \sim 1.05$，视流速分布不均匀程度而定。为简便计算，亦可采用 $\alpha_1' = \alpha_2' = \alpha'$，且通常取 $\alpha' = 1.0$，也不会有多大误差。

根据以上分析可得，通过断面 1 及断面 2 的动量各为

50

$$K_{1-1'} = \alpha'\rho\, Qv_1 dt$$

$$K_{2-2'} = \alpha'\rho\, Qv_2 dt$$

于是动量的变化量为

$$dK = K_{2-2'} - K_{1-1'} = \alpha_2'\rho\, Qv_2 dt - \alpha_1'\rho\, Qv_1 dt$$

$$= \rho\, Q\, (v_2 - v_1)\, dt \qquad (\alpha_2' = \alpha_1' = \alpha' = 1.0)$$

$$单位时间内动量的变化量 = \alpha'\rho\, Q\, (v_2 - v_1)$$

根据动量原理，单位时间内动量的变化量应等于物体所受各外力的合力 $\sum F$，即

$$\sum \overline{F} = \rho Q\, (\overline{v_2} - \overline{v_1}) \tag{3-32}$$

这就是所求的**动量方程**。

其中 $\sum F$ 包括隔离体所受的一切外力，它包括上游水流作用在 1—1 断面上的动水总压力 P_1 及下游水流作用在 2—2 断面上的动水总压力 P_2，隔离体的水重 G，边界对水流的反作用力 R。R 和水流对边界的作用力，大小相等方向相反。应特别指出，$\sum F$ 是所受各种力的合力，在求合力时，不是求各力的代数和，而是求各力的矢量和。其次，在求动量的变化量时，$(v_2 - v_1)$ 也是矢量差。为了便于计算，可按力学中求合力的办法，建立直角坐标系，先把各力分解到 x、y 轴方向上，求出 x、y 轴方向各分解力的代数和 $\sum F_x$ 及 $\sum F_y$。同时将两端断面的平均流速也向 x、y 轴投影，再求出各轴上流速的投影。这样，就把求矢量和变成求代数和的问题，因而可将式(3-32)写成各坐标轴上的投影式

$$\sum F_x = \rho\, Q\, (v_{2x} - v_{1x}) \tag{3-33a}$$

$$\sum F_y = \rho\, Q\, (v_{2y} - v_{1y}) \tag{3-33b}$$

这就是常用的恒定总流的动量方程。用此方程就可求解外力，不需要知道流段间能量损失为多少，而只需知道两端断面上的速度和压强即可。这也是动量方程的特点和优越性。

用断面平均流速 v 计算动量，要平均流速的方向与断面上各点的流速方向相同，这只有在渐变流段上才可能。所以在应用动量方程时，断面 1—1 和 2—2 都要取在渐变流段上。这样，也便于计算两端断面上的压力。

为了更好地理解和运用动量方程，应注意以下几点：

1）将所研究的两个渐变流断面之间的水体取作**隔离体**，分析其受力情况，把力和流速按方向画在隔离体图上。

2）选定坐标轴 x、y 的方向，然后把力和流速投影在坐标轴上。计算时要注意各投影分量的正负号，与坐标轴指向相同的为正，反之为负。

3）计算动量的变化量(即动量的增量)时，一定是流出的动量 mv_2 减去流入的动量 mv_1。

4）边界对水流的反作用力 R 与水流对边界的作用力大小相等、方向相反。R 可先设定 R_x，R_y 的方向。求出的结果为正，说明假设的方向正确，否则说明所设方向反了。

5）注意与能量方程式及连续性方程联合使用。

下面举几个实例，说明动量方程的应用。

（一）水流对弯管段的作用力

例 3-4　抽水机的压力水管（图 3-36），直径 $D = 50\text{cm}$，弯管与水平线的夹角为 45°，

水流经过弯管时将有一推力。为了使弯管不致移动，做一混凝土镇墩使管道固定。若通过管道的流量为 $0.5\mathrm{m^3/s}$，断面 1—1 和 2—2 中心点的压强为 $p_1 = 107.8\mathrm{kPa}$，$p_2 = 104.9\mathrm{kPa}$，两断面间的距离为 2m。试求水流对弯管段的作用力，作为设计镇墩的依据。取 $\alpha' = 1.0$。

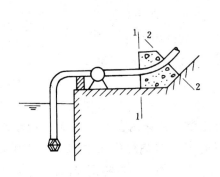

图 3-36　　　　　　　　　　　　　　　　　图 3-37

解　取坐标如图 3-37 所示。并取断面 1—1 与 2—2 间水体为隔离体，分析各方向的外力及动量变化。

x 轴方向：

外力有压力 $P_1 = p_1 A$；$P_{2x} = P_2\cos45° = p_2 A\cos45°$；管壁对水体的反作用力 R_x；管道断面面积 $A = \dfrac{\pi D^2}{4} = \dfrac{3.14 \times 0.5^2}{4} = 0.196\mathrm{m^2}$。

由于管径没有变化，当水流为恒定流时，1—1 及 2—2 两断面流速的大小没有变化，但方向发生变化，所以其动量仍有变化。x 轴方向的动量的变化量为

$$\rho Q\,(v\cos45° - v)$$

应用动量方程式（3-33a），有

$$p_1 A - R_x - p_2 A\cos45° = \rho Q\,(v\cos45° - v)$$

式中，$v = \dfrac{Q}{A} = \dfrac{0.5}{0.196} = 2.55\mathrm{m/s}$；将已知值代入上式得

$$107.8 \times 0.196 - R_x - 104.9 \times 0.196 \times \frac{\sqrt{2}}{2} = 1 \times 0.5 \times \left(2.55 \times \frac{\sqrt{2}}{2} - 2.55\right)$$

$$21.17 - R_x - 14.48 = -0.3724$$

所以　　　　　　　　　　　　　　　　$R_x = 7.06\mathrm{kN}$

水流对弯管作用力的水平分力 P_x 与 R_x 大小相等，方向相反。

y 轴方向：

外力有 $P_{2y} = p_2\sin45° = p_2 A\sin45°$，$P_1$ 在 y 轴上无投影，管壁对水体的反作用力为 R_y，水体的重量为 G。

因断面 1—1 的流速在 y 轴上无投影，故动量为零。断面 2—2 的流速在 y 轴上的投影为 $v\sin45°$。应用动量方程在 y 轴方向的投影式（3-33b），得

$$-p_2 A\sin45° - G + R_y = \rho Q\,(v\sin45° - 0)$$

故
$$R_y = p_2 A \sin 45° + G + \rho Q \, (v \sin 45°)$$
已知 $G = \gamma l A = 9.8 \times 2 \times 0.196 = 3.84$ 千牛，将已知值代入上式得

$$R_y = 104.9 \times 0.196 \times \frac{\sqrt{2}}{2} + 3.84 + 1 \times 0.5 \times 2.55 \times \frac{\sqrt{2}}{2}$$

$$= 14.48 + 3.84 + 0.902 = 19.22 \text{kN}$$

所以，水流对弯管作用力的垂直分力 $P_y = 19.22 \text{kN}$。方向与 R_y 相反。

因此，水流对弯管的作用力 P 为

$$P = \sqrt{P_x^2 + P_y^2} = \sqrt{7.06^2 + 19.22^2} = 20.48 \text{kN}$$

反作用力 R 与水平线的夹角 α 为

$$\text{tg}\alpha = \frac{R_y}{R_x} = \frac{19.22}{7.06} = 2.722$$

$$\alpha = 69.8° \text{ 或 } \alpha = 69.8 \times \frac{\pi}{180} = 1.2182 \text{rad}$$

（二）水流对渐变段的冲击力

例 3-5　水电站压力水管的渐变段如图 3-38（a）所示。直径 $d_1 = 1.5\text{m}$，$d_2 = 1\text{m}$，渐变段起点处压强 $p_1 = 392 \text{kPa}$，管中通过的流量为 $1.8\text{m}^3/\text{s}$。设 $\alpha = \alpha' = 1.0$。求渐变段支座承受的轴向力（不计渐变段能量损失）。

解　先以渐变段的水体为隔离体，并将力及速度标在隔离体图上，如图 3-38（b）所示。$p_1 A_1$ 和 $p_2 A_2$表示隔离体上、下游水流对隔离体的压力。R_x 表示渐变段对隔离体的反

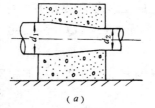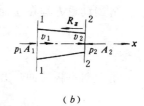

（a）　　　　　　　　　　　（b）

图 3-38

作用力在 x 方向的分力。支座承受的轴向力和 R_x 大小相等方向相反。由于只求轴向力，所以只用式（3-33a）来解。

$$\sum F_x = p_1 A_1 - p_2 A_2 - R_x = \rho Q \, (v_2 - v_1)$$

先求 p_2

$$A_1 = \frac{\pi}{4} \, (1.5)^2 = 1.767 \text{m}^2, \quad A_2 = \frac{\pi}{4} \, (1.0)^2 = 0.785 \text{m}^2$$

$$v_1 = \frac{1.8}{1.767} = 1.019 \text{m/s}, \quad v_2 = \frac{1.8}{0.785} = 2.293 \text{m/s}$$

今列 1—1 及 2—2 两断面能量方程，求 p_2（以管轴线为基准面）

$$\frac{p_1}{\gamma} + \frac{v_1^2}{2g} = \frac{p_2}{\gamma} + \frac{v_2^2}{2g}$$

$$\frac{p_2}{\gamma} = \frac{p_1}{\gamma} + \frac{v_1^2}{2g} - \frac{v_2^2}{2g} = \frac{392}{9.8} + \frac{(1.019)^2}{19.6} - \frac{(2.293)^2}{19.6}$$

$$= 40 + 0.053 - 0.268 = 39.785 \text{m}$$

所以
$$p_2 = 389.893 \text{kPa}$$
$$R_x = p_1 A_1 - p_2 A_2 - \rho Q (v_2 - v_1)$$
$$= 392 \times 1.767 - 389.893 \times 0.785 - 1 \times 1.8 (2.293 - 1.019)$$
$$= 692.66 - 306.07 - 2.29 = 384.3 \text{kN}$$

这就是所求轴向力的大小，轴向力的方向与 R_x 相反。

（三）射流对固定表面的作用力

1. 作用在固定平面板上的冲击力

射流垂直地冲击平面板后，沿板面向四周散开，转了一个 90° 的方向，如图 3-39 所示。在射流进入冲击区以前取断面 1—1，在冲击区以后取断面 2—2。应注意，这个断面是个圆环。它应截断全部散射的水流。以断面 1—1 和 2—2 之间的水流为隔离体，取射流轴线为 x 轴。

分析作用于隔离体的外力：射流四周及散射后的水流表面都受有大气压力，**断面 1—1 和 2—2 上的相对压强都为零。板的表面是光滑的，可不计板面阻力和空气阻力；射流的方向是水平的，可以不考虑重力作用**；只有平板的反作用力 R（事实上是板上各处对水流反作用力的合力）见图 3-39（b），并取 $\alpha' = 1.0$。

x 轴向的动量变化为 $\rho Q (v_2 \cos 90° - v_1)$

应用动量方程在 x 轴上的投影式（3-33a）可得
$$-R = \rho Q (v_2 \cos 90° - v_1)$$
于是
$$R = \rho Q v_1 \qquad (3-34)$$

射流对平板的冲击力 F 与 R 大小相等、方向相反。

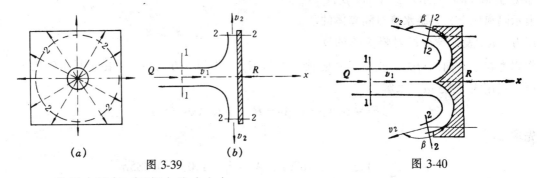

图 3-39   图 3-40

2. 作用在固定凹面板上的冲击力

射流冲击凹面板散开后转了一个 β 角，如图 3-40 所示。同样，取射流转向以前的断面 1—1 和完全转向后的断面 2—2，断面 2—2 截断全部散射的水流。以断面 1—1 至 2—2 间的水流为隔离体。并**忽略空气阻力、板面阻力和水体的重力**，应用 x 轴向的动量方程投影式（3-33a）可得（取 $\alpha' = 1.0$）

$$-R = \rho Q (v_2 \cos \beta - v_1)$$

由于忽略阻力，能量不变，所以 $v_2 = v_1$，于是
$$R = \rho Q v_1 (1 - \cos \beta) \qquad (3-35)$$

冲击力 F 与 R 大小相等方向相反。

水力采煤和水力施工，就是利用水枪在高压下喷射出来的水流冲击煤和土壤。冲击力的计算可应用式（3-34）。射流作用力的分析，也是冲击式水轮机转动的理论基础。从式（3-35）可以看出，射流对凹面板的作用力大于对平面板的作用力。冲击后转角 β 愈大时，作用力也愈大（应注意：$\angle\beta > 90°$，故 $\cos\beta$ 为负值）。因此，冲击式水轮机的叶片（水斗）形成一个凹面，以增大水流的作用力。

习　题

3-1　设有一压力管中的水流。已知管的各段直径，$d_1 = 200\text{mm}$，$d_2 = 150\text{mm}$，$d_3 = 100\text{mm}$。第三段管中的平均流速 $v_3 = 2\text{m/s}$（图 3-41）。试求管中的流量与第一、第二两段管中的平均流速。

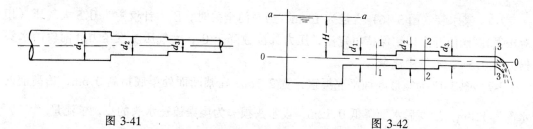

图 3-41　　　　　　　　　　　　　　图 3-42

3-2　水从侧壁孔口沿着一条变断面的水平管道流出。设容器中的水位保持不变，忽略水头损失，试按下列数据推求管中流量 Q 及管子断面 1 与 2 处的平均流速和动水压强（图 3-42）。已知 $H = 2\text{m}$，$d_1 = 7.5\text{cm}$，$d_2 = 25\text{cm}$，$d_3 = 10\text{cm}$，$p_3 = p_a$，$v_a = 0$。

3-3　图 3-43 表示连通的两段水管，小管直径 $d_A = 0.2\text{m}$，A 点压强 $p_A = 6.86 \times 10^{-4}$ Pa；大管直径 $d_B = 0.4\text{m}$，B 点压强 $p_B = 3.92 \times 10^4\text{Pa}$，大管断面平均流速 $v_B = 1\text{m/s}$。B 点比 A 点高 1m。求 A、B 两断面的总水头差及水流方向。

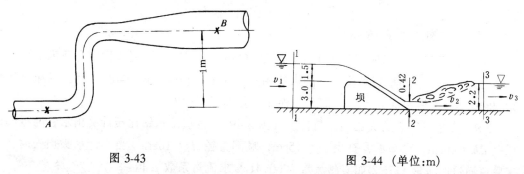

图 3-43　　　　　　　　　　　　　图 3-44（单位:m）

3-4　图 3-44 为水流经溢流坝前后的水流纵断面图。设坝的溢水段较长，上下游每米宽的流量相等。当坝顶水头为 1.5m 时，上游断面 1—1 的流速 $v_1 = 0.8\text{m/s}$，坝趾断面 2—2 处水深为 0.42m，下游断面 3—3 处水深为 2.2m。①分别求断面 1—1、2—2、3—3 处单位重量水流的势能、动能和总机械能；②求断面 1—1 至 2—2 的水头损失和断面 2—

2至3—3的水头损失；③绘出总水头线。

3-5 图3-45的管道通过流量 $Q=3L/s$，直径 $d_1=5cm$，$d_2=2.5cm$，测得收缩段上游断面的相对压强 $p_1=0.98\times10^4Pa$，1—2断面间的水头损失较小可不计。问：联接在该管收缩断面2上的小管，可将水自容器内吸上多大的高度 h？如用阀门调节流量，当流量加大或减小时，小管中水面将如何变化？会否发生流动现象？为什么？

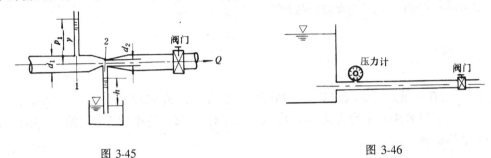

图 3-45   图 3-46

3-6 某水管（图3-46）直径为10cm，当阀门全关时，压力计读数为0.5大气压（相对压强）。阀门开启后，保持恒定流，压力计读数降至0.2大气压。设压力计前段的水头损失为0.5m，求管中流量。

3-7 图3-47为矩形断面平底渠道，宽2.7m。在某断面处渠底抬高0.3m，抬高前的水深为1.8m，抬高后水面降低0.12m，设水头损失为尾渠流速水头的 $\frac{1}{3}$，求流量。

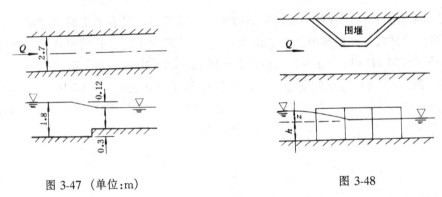

图 3-47 （单位:m）   图 3-48

3-8 某河段过水断面近似为矩形，河宽100m，施工时，用围堰将原有河床缩窄到过水宽度为50m。设缩窄处水位与下游水位相同，并不计损失（图3-48）。问：当通过流量为300m³/s（下游水深 $h=3m$）时，上游水位抬高了多少？

3-9 在水平安装的文德里流量计上（图3-49），直接用水银比压计测出水管与喉部的压差 $\Delta h=20cm$，已知水管直径 $d_1=15cm$，喉部直径 $d_2=10cm$，当不计水头损失时，①求管道通过的流量 Q；②如实测流量为60.4L/s求流量系数 μ 值。

3-10 已知离心式抽水机（图3-50）的流量 $Q=30L/s$，吸水管的直径 $d=150mm$，抽水机所产生的真空值 $p_v=0.68$ 大气压。吸水管内的水头损失 $h_w=1.0m$，池中水面的流速忽略不计。试求此抽水机在池中水面以上的安装高度 h_s。

3-11 图3-51表示一水轮机的直锥形尾水管。设已知 $A—A$ 断面的直径为0.6m，流

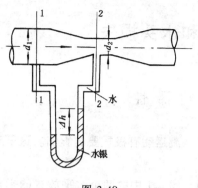

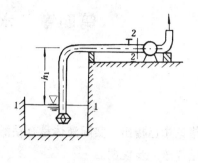

图 3-49　　　　　　　　　　　　　　　图 3-50

速为 6m/s，B—B 断面的直径为 0.9m，A 至 B 的水头损失为 $0.15\dfrac{v_A^2}{2g}$。计算：①当 $z=$ 5m 时，A—A 断面处的真空度；②当允许的真空度为 5m 时，A—A 断面允许的最高位置 z 为多少？

3-12　有一带胸墙的闸孔，泄水时水流的情况如图 3-52 所示。孔宽 3m、高 2m，流量 $Q=45\text{m}^3/\text{s}$，上游水深 $H=4.5$m，闸孔出流后水深 2m。忽略水流和底部的摩擦阻力，求水流对闸孔顶上胸墙的水平推力。并和按静水总压力计算的结果比较。

3-13　某引水管的渐缩弯段（图 3-53）入口直径 $d_1=25$cm，出口直径 $d_2=20$cm，流量 $Q=150$L/s，断面 1—1 的相对压强为 196kPa。管子中心线位于水平面内，转角 90°。求固定此弯管所需的力。不计弯段的水头损失。

3-14　管道出口针阀全部开启泄水时的位置如图 3-54 所示。如出口水股直径 $d_2=$ 16cm，流速 $v_2=30$m/s，管径 $d_1=35$cm，当时测得针阀的拉杆受拉力 $F=4900$N。若不考虑水头损失，问连接管道出口段的螺栓所受的水平总力为若干？

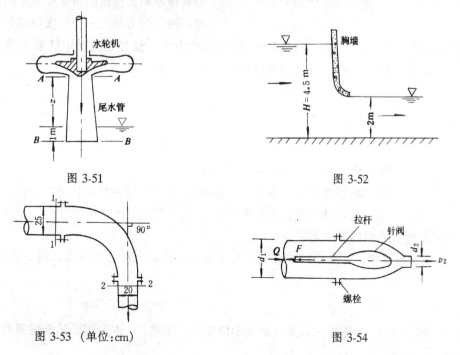

图 3-51　　　　　　　　　　　　　　　图 3-52

图 3-53（单位：cm）　　　　　　　　　图 3-54

第四章　水流型态和水头损失

第一节　液体的粘滞性

绪论中已指出：实际液体是有粘滞性的，它对水流运动有极重要的影响。这里对粘滞性问题作进一步说明。

液体的粘滞性可以通过一个简单的实验来说明。图 4-1 中的两个水平放置的平板用液体隔开。上平板以匀速 u_a 向右移动，下平板是静止的。**液体是贴附于固体表面上的，没有滑动**。上层液体与上平板一齐以速度 u_a 向右移动，与下平板接触的液层仍处于静止状态。若板速 u_a 与板距 h 均较小时，则两板间液体的流速呈直线分布，上部流速大，下部流速小。在图 4-1 中任取一小块液体 abefcd 来考虑。由于上部速度大、下部速度小，经过微小时段后，这块液体必然发生剪切变形，如图 4-1 中的 a'b'e'f'c'd' 所示。上部流动较

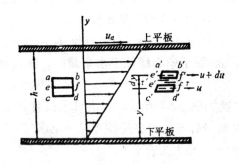

图 4-1

快的液体，有拖动下部流动较慢液体的作用，而下部流动较慢的液体，则有阻滞上部流动较快液体的作用。这说明各层液体之间存在剪切力（或内摩擦力）以反抗剪切变形，即阻止液层间的相对运动。**液体具有的抵抗剪切变形的特性称为粘滞性**。

实验证明：液体内摩擦规律与固体外摩擦规律不同，流层间单位面积上的内摩擦力即粘滞切应力的大小，与接触面的正压力无关，它与液体的性质以及液流流层间速度的变化有关。设想在流动中任取两流层相隔为 dy，两层水体的速度差为 du。则粘滞切应力 τ 可写为

$$\tau = \mu \frac{du}{dy} \tag{4-1}$$

式中　$\dfrac{du}{dy}$——**流速梯度**，为沿垂直流动方向上各流层间流速的相对改变率（显然，流速梯度较大的地方切应力也较大）；

　　　　μ——**动力粘滞性系数**（亦称动力粘度），它表示液体粘滞性的大小，μ 值愈大液体的粘滞性愈强，单位为 N·s/m²，即帕秒（Pa·s）。

式（4-1）称为**牛顿内摩擦定律**。

在实际计算中，粘滞性系数 μ 常以与密度 ρ 之比 μ/ρ 的形式出现，用 ν 表示，即

$$\nu = \frac{\mu}{\rho} \tag{4-2}$$

ν 的单位是 m²/s。由于单位只具有运动学的要素，因此，ν 称为**运动粘滞性系数**，它表示

液体粘滞性的大小。

　　不同种类的液体，粘滞性系数不同。即使同一种液体，粘滞性随温度的升高而减少。不同温度下水的粘滞性系数由表4-1查。

表 4-1   水 的 粘 滞 性 系 数 值

温　度	粘 滞 性 系 数		温　度	粘 滞 性 系 数	
(℃)	μ (10^{-3}N·s/m²)	ν (10^{-6}m²/s)	(℃)	μ (10^{-3}N·s/m²)	ν (10^{-6}m²/s)
0	1.781	1.785	40	0.653	0.658
5	1.518	1.519	50	0.547	0.553
10	1.307	1.306	60	0.466	0.474
15	1.139	1.139	70	0.404	0.413
20	1.002	1.003	80	0.354	0.364
25	0.890	0.893	90	0.315	0.326
30	0.798	0.800	100	0.282	0.294

　　粘滞性对液体运动的影响极为重要，它是产生水流阻力的根源，是水流机械能损失的原因。因此，在分析和研究水流运动中占有很重要的地位。

第二节　运动液体的两种基本流态

　　经过长期观测和实践，早在19世纪初便发现：在自然界各种不同的条件下，运动液体的内部表现为两种截然不同的流态。在不同的流态下，液流运动方式、断面流速分布、阻力损失的大小等都不同。后在1883年，英国的雷诺通过实验使这一问题得到了科学的说明。

　　图4-2为流态实验装置的示意图。在水箱侧面安装一根水平的带嗽叭口的玻璃管，管下游端装阀门A以调节管内流量的大小。在嗽叭口外安有注入颜色水的针形小管。水箱设有溢流板，以保持实验时水箱水面高度不变，管内水流保持恒定流动。

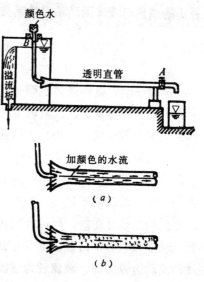

图 4-2

　　实验时，将阀门A微微开启，管中水体以很小速度流动，然后将颜色水开关B打开，使颜色水流入玻璃管内。这时，可以看到玻璃管的水流中出现一条明显的着色的直线水流，其位置基本固定不变。这说明水流沿一定的路线前进，在流动过程中，上、下层各部分水流互不相混（图4-2，a），这种流动型态叫做**层流**。

　　如逐渐开大阀门A，玻璃管中的流速随着加大。起初带色直线没有变化，待流速增大到某一数值后带色直线开始颤动，发生弯曲，线条逐渐加粗，最后颜色水四向扩散，不再是一条线形，而使全部水流染色（图4-2，b）。这说明管中内、外层各部分水流在沿管向前流动的同时，还互相混掺。对每一液体质点来说，它运动经过的路线是曲曲折折很不规则，似乎没有什么规律性，但从总体上还是沿管轴线运动的，这种流动型态叫做**紊流**。

若以相反的程序进行试验，即开始管中流速很大，紊流业已发生。再逐渐关闭管阀A，当流速减小到某一定数值时，紊流则转变为层流。

大量试验证明：任何实际液体以及气体在任何形状的边界范围内流动都具有两种流动型态，即层流和紊流。

层流和紊流中质点运动的规律不同，因而，流动的内在结构（包括断面上的流速和切应力分布等）和水头损失规律皆不相同。所以，在分析实际液流时，必须首先区分流动型态，这是分析流动的前提。

在上述实验中，为了鉴别这两种水流型态，便把两类水流型态转换时的流速称为临界流速。实验表明，层流转变为紊流和紊流转变为层流时，其临界流速不等，层流变紊流的临界流速较大，称上临界流速，而紊流变层流的临界流速较小，称下临界流速。

当流速大于上临界流速时，水流为紊流状态。当流速小于下临界流速时，水流为层流状态。当流速介于上、下两临界流速之间时，水流可为紊流，也可为层流，应视初始条件和受扰动的程度而定。

以上是对处于一定温度下的水，流经同一直径玻璃管时进行实验的。当实验的水温、玻璃管直径或实验液体不同时，临界流速的数值也不相同。根据对不同液体、在不同温度下、流过不同管径的大量实验结果表明，液体流动型态的转变，取决于**液体流速 v 和管子直径 d 的乘积与液体运动粘滞性系数 v 的比值$\frac{vd}{v}$称为雷诺数，以 Re 表示**

$$\mathrm{Re} = \frac{vd}{\dfrac{\mu}{\rho}} = \frac{vd}{v} \tag{4-3}$$

多次试验表明，**各种液体在同一形状的边界中流动，液体流动型态转变时的雷诺数是一个常数，称为临界雷诺数**。紊流变层流时的雷诺数称为下临界雷诺数。层流变紊流的雷诺数称为上临界雷诺数。下临界雷诺数比较稳定，而上临界雷诺数的数值极不稳定，视水流受干扰的程度而定。若实验维持高度的平衡条件，上临界雷诺数可达100000。但是，位于较高雷诺数下的层流是极不稳定的，只要有轻微的扰动，则迅速地转化为紊流。

由于上临界雷诺数不稳定，同时，自然界的实际情况不可能有象实验室中的平静条件，外界扰动总是存在的，所以在实践中，只根据下临界雷诺数判别流态。因此，下临界雷诺数也通称为临界雷诺数，以 Re临表示。这样，**当液流的雷诺数 Re＜Re临时，不论液体的性质和流动边界如何，液流皆为层流；当液流的雷诺数 Re＞Re临时，不论液体的性质和流动边界如何，一般都认为液流属于紊流状态**。

对于圆管流动，根据实验测得临界雷诺数为

$$\mathrm{Re}_{临} = \left(\frac{vd}{v}\right)_{临} = 2320$$

即当圆管流动的实际雷诺数 Re＞2320 时，不论其管径大小和液体性质如何，一般即认为属于紊流。

对于明槽流动，雷诺数 Re 写为

$$\text{Re} = \left(\frac{\upsilon R}{\nu} \right) \tag{4-4}$$

式中 R——过水断面的水力半径。

通常，**过水断面上水与周围固体边壁接触的周长叫做湿周，以 χ 表示。水力半径 R 则为过水断面面积 A 与湿周 χ 之比，即**

$$R = \frac{A}{\chi} \tag{4-5}$$

对于明槽流动，由于槽身形状有差异，$\text{Re}_{临}$ 也略有差异，根据实验测得临界雷诺数为 $300 \sim 500$。

综上所述，**无论在圆管流动或在明槽流动中，当 $\text{Re} < \text{Re}_{临}$ 时，液流必为层流运动，反之为紊流。**

于是得到以下结论：**雷诺数是判别流动型态的判别数，对于同一边界形状的流动，临界雷诺数是一个常数。不同边界形状下流动的临界雷诺数的大小，需要由实验测定。**

雷诺数为什么能够作为判别流态的标准呢？

我们知道，水流运动中每个水流质点都受到重力、粘滞力的作用，这些力是企图改变水流运动状态的。同时，水流具有惯性，是反抗或阻止运动状态改变的，这便形成一对矛盾，水流运动状态就是这对矛盾的双方相互作用的结果。

因为惯性的大小是用质量 m 或密度 ρ 度量的，而液体粘滞性的大小则是用粘滞性系数 μ 或 ν 来反映，雷诺数为

$$\text{Re} = \frac{\upsilon d}{\nu} = \frac{\upsilon d}{\frac{\mu}{\rho}} = \frac{\rho \upsilon d}{\mu}$$

从物理意义上看，雷诺数表明液体惯性和粘滞性大小的对比关系。Re 数表示液体粘滞性对流动的作用大小，Re 数小反映粘滞力作用大，粘滞力对质点起着控制作用，所以质点互不混掺，表现为层流运动。当流动的 Re 数逐渐加大，粘滞力作用相对地逐渐削弱，对流动的控制也随之减小。当削弱到一定程度并对质点运动失去控制时，层流就失去稳定。这时，在水流上、下两层具有相对运动的分界面（图 4-3，a）上，很容易由于外界的原因造成微弱波动（图 4-3，b）。由于粘滞性已不再能抑制这种扰动，那么惯性作用将使微小的扰动发展扩大（图 4-3，c、d），最后在交界面上造成一系列大小不等的漩涡，形成紊流运动。

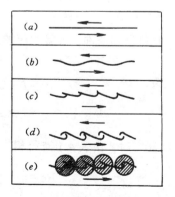

图 4-3

水利工程中所遇到的流动绝大多数属于紊流。即使流速和管径皆较小的自来水,通常也是紊流。例如直径 $d=2.5\text{cm}$ 的水管,当流速 $v=50\text{cm/s}$,水温为10℃时(相应的粘滞性系数 $\nu=1.31\times10^{-6}\text{m}^2\text{/s}$)。此时的雷诺数为

$$\text{Re}=\frac{vd}{\nu}=\frac{0.5\times2.5\times10^{-2}}{1.31\times10^{-6}}=9540>\text{Re}_{临}=2320$$

由于实际水管中的水流不可能保持十分平静的状态,因而水流必然为紊流。至于在一般河渠中,流速 v 和水力半径 R 都较大,相应的水流雷诺数 Re 也较大,因而都属于紊流。水利工程中层流是很少发生的,只有在地下水流动及水库、沉砂池和高含沙的浑水中,或在泥沙颗粒分析和其他实验中,才可能遇到层流。

例 4-1　试判别下述液流的流动型态。①输水管管径 $d=0.1\text{m}$,通过流量 $Q=5\text{L/s}$,水温 20℃,②输油管管径 $d=0.1\text{m}$,通过流量 $Q=3\text{L/s}$,已知油的运动粘滞性系数 $\nu=4\times10^{-5}\text{m}^2\text{/s}$。

解　(1) 输水管 $d=0.1\text{m}$

$$\omega=\frac{\pi}{4}d^2=0.785\times0.1^2=7.85\times10^{-3}\text{m}^2$$

$$v=\frac{Q}{A}=\frac{5\times10^{-3}}{7.85\times10^{-3}}=0.637\text{m/s}$$

由表 4-1 查得当水温为 20℃时,$\nu=1.00\times10^{-6}\text{m}^2\text{/s}$

则
$$\text{Re}=\frac{vd}{\nu}=\frac{0.637\times0.1}{1.00\times10^{-6}}=63700>\text{Re}_{临}=2320$$
因此,输水管内水流为紊流。

(2) 输油管　$d=0.1\text{m}$,$A=7.85\times10^{-3}\text{m}^2$

$$v=\frac{Q}{A}=\frac{3\times10^{-3}}{7.85\times10^{-3}}=0.382\text{m/s}$$

$$\text{Re}=\frac{vd}{\nu}=\frac{0.382\times0.1}{4\times10^{-5}}=955<\text{Re}_{临}=2320$$

因此,输油管内液流为层流。

例 4-2　某试验中的矩形明槽水流,底宽 $b=0.2\text{m}$,水深 $h=0.1\text{m}$,流速 $v=0.12\text{m/s}$,水温为 20℃,试判别水流流态。

解　根据已知条件,计算水流的运动要素:
$$A=bh=0.2\times0.1=0.02\text{m}^2$$
$$\chi=b+2h=0.2+2\times0.1=0.4\text{m}$$
$$R=\frac{A}{\chi}=\frac{0.02}{0.4}=0.05\text{m}$$

当水温为 20℃时,由表 4-1 查得相应的 $\nu=1.00\times10^{-6}\text{m}^2\text{/s}$

则
$$\text{Re}=\frac{vR}{\nu}=\frac{0.12\times0.05}{1.00\times10^{-6}}=6000>\text{Re}_{临}$$
因此,该明槽水流为紊流。

第三节 紊 流 运 动

一、紊流基本特征

前节说过，紊流内部是由许多大小不等的漩涡组成的。这些漩涡除了随水流的总趋势向某一方向运动外，还有旋转、震荡。水的各质点便随着这些漩涡运动、旋转、震荡，不断地相互混掺，没有规则的几何迹线可寻。即使在恒定流中，某一点的流速（或压强等其它要素）的数值也不是常数，而是以某一常数值为中心，随时间不断地跳动（图4-4），这种现象叫做**脉动现象**，混掺和脉动是紊流的重要特征。

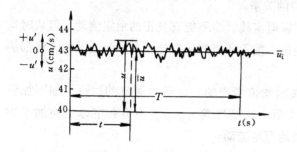

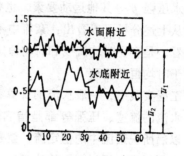

图 4-4   图 4-5

脉动现象是个复杂的现象。从图4-4和图4-5可以看出，脉动量 u' 有大有小，频率（每秒钟脉动的次数）有高有低。例如图4-5表明，河渠中水面附近的水流脉动频率较高，但振幅 u' 值较小；而河底附近，脉动的频率较低、振幅 u' 值较大。从实测资料知，瞬时流速的变化似乎是很不规则的，然而只要仔细分析，就会发现恒定流时的紊流瞬时流速的变化，总是围绕着一个平均值上、下跳动。

由于不同时刻的脉动是围绕某一平均值急剧波动，水流的性质显然与这个平均值有密切关系，水流的特性在很大程度上可由时间平均值来表征。因此，**采用时间平均法，即把紊流运动看作是时均运动和脉动运动叠加而成**，这样，把脉动运动分出来，就便于处理和研究。

例如，图4-6为明渠均匀紊流的垂线流速分布示意图。图中实线代表某一瞬时流速分布的情况，虚线代表某一时段平均的流速分布情况。若取明渠垂线上某一固定点来分析，令 u 代表这一固定点处的水流在流动方向上的瞬时流速，u 随时间变化的情况如图4-4所示。若将 u 对某一时段 T 平均，即

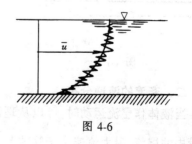

图 4-6

$$\overline{u} = \frac{1}{T}\int_0^T u\,dt \qquad (4\text{-}6)$$

式中 $\overline{u}$——该固定点在流向上的瞬时流速在 T 时段的平均值，简称**时均流速**。

从图4-4看，所取的平均值 $\bar{u}$，应使此值以上的 $u = f(t)$ 曲线的面积和此值以下的 $u = f(t)$ 曲线面积相等。不难看出：如果时段 T 取得太短，则 $\bar{u}$ 的数值不稳定。只要所取时段 T 不过短，对恒定紊流而言，$\bar{u}$ 才是不随时间变化的常数。水文测验中用流速仪测速，一般要求流速仪在测点停留的时间不得少于100s，就是这个道理。

有了时均值的概念后，可以把瞬时流速看作时均流速 $\bar{u}$ 和脉动流速 u' 两部分组成，即

$$u = \bar{u} \pm u' \qquad (4-7)$$

脉动流速 u' 随时间变化，时正时负、时大时小，在较长的时段 T 中，脉动流速的时均值为零，即

$$\bar{u}' = 0 \qquad (4-8)$$

对动水压强 p 等其他运动要素，也有类似的关系。

从上述分析可以看出：紊流中不存在瞬时流线，也不能有真正的恒定流动。但从时均运动看，是存在时均流线和时均恒定流动的。前面所讲的一些概念和水流运动的方程都能适用于时均恒定流动。

工程实践中，一般水流的计算都是按时均值考虑的。以后对紊流的讨论，如不加说明，水流的流速、压强等都是指它的时均值，直接写成 u、p，不再在字母上面加平均号。**以后所说紊流中的恒定流，就是指时均恒定流动。**

必须指出，用时间平均法描述运动只表明水流总体的运动情况，而不能反映脉动运动的影响。如图4-7所示的两组频率、振幅显然不同的脉动值，其时均值却可以相等。

压强的脉动增大了建筑物的瞬时荷载，可能引起建筑物的振动，增加了空蚀的可能性等。水流脉动也是水流掺气和挟带泥沙的原因。因此仅仅研究时均值是不够的。目前，我国已广泛地开展了对水工建筑物和河渠水流的脉动运动的实测和研究，并已取得许多成果。

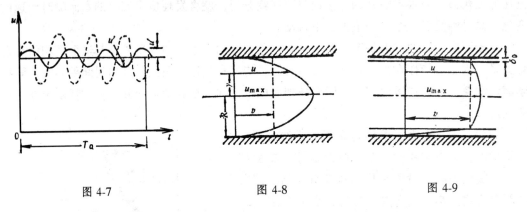

图 4-7   图 4-8   图 4-9

二、紊流的流速分布

当液体作层流运动时，可以从理论上推证出其断面流速分布呈抛物线型（图4-8）。对圆管中的层流，最大流速位于管轴上，断面平均流速为最大流速的一半，即 $v = \frac{1}{2} u_{max}$。

当液流发展到紊流运动。由于质点混掺的结果，使时均点流速在断面上的分布，与作层流时比较是大大均匀化了（图4-9）。但在水流边壁处，由于水流贴附在边界面上以及固体边壁对质点横向运动的限制，质点不能发生混掺，而是沿着稍微弯曲的、几乎平行于

边壁的迹线缓慢地运动着。近代的精密实验证明，这一厚度很小的薄层主要受粘性控制。因此，液体作紊流运动时，整个有效断面基本上可分两个区域：

（1）粘性底层　其厚度 δ_0 随雷诺数 Re 的增大而减小，通常 δ_0 只有几分之一毫米，其数值虽小，但对水流阻力和水头损失的影响是很大的，绝不能忽视。

（2）紊流流核区　是紊流的主体。

粘性底层内流速梯度很大，流速呈抛物线分布，由于粘性底层厚度很小，流速分布可近似地当成直线分布。

在紊流流核部分，流速分布远较层流时均匀（图 4-9）。Re 愈大，则分布愈均匀。实测资料表明：在紊流流核区很大的范围内，各点流速与断面平均流速相差很小，断面平均流速与断面上最大点流速的比值 $\dfrac{v}{u_{max}}=0.8\sim0.85$，甚至更大一些。也就是说，紊流的断面流速分布较层流时均匀得多，一般可认为呈对数型流速分布。

液体在运动中，由于断面上流速分布不均匀，流层间必然存在切应力。显然，这种切应力的性质和大小，对水流阻力和水流的能量损失等很多问题都有重要的意义。

已知液体作层流运动时，由于液体的粘滞性，液层之间单位面积上产生的内摩擦力，即粘滞切应力 $\tau_1=\mu\dfrac{du}{dy}$。

当液体作紊流运动时，由于紊流的流速、压强等具有脉动的特性，因此水流内的切应力就与层流不同。质点相对运动所引起的粘滞切应力依然存在。同时，质点在互相混掺过程中，各质点沿流向的速度不同，由于横向碰撞的结果，使水流内部在流动方向上产生了另一种内摩擦力，单位面积上的这种内摩擦力通常称为紊流附加切应力或紊流混掺阻力 τ_2。

根据勃朗特动量传递和掺长理论，紊流附加切应力的大小，可表示为

$$\tau_2=\rho l^2\left(\frac{du}{dy}\right)^2 \tag{4-9}$$

式中　ρ——液体的密度；

$\dfrac{du}{dy}$——流速梯度；

　l——掺长，相当于混掺层间的距离。

因此，紊流内部的全部切应力为粘滞切应力和紊流附加切应力之和，即

$$\tau=\mu\frac{du}{dy}+\rho l^2\left(\frac{du}{dy}\right)^2 \tag{4-10}$$

上式中两部分切应力的大小随着流动情况有所不同。在 Re 较小时，紊动较弱，粘滞切应力占主要地位。随着 Re 的增加，紊动程度加剧，后者逐渐加大。在一般河渠水流中 Re 足够大，紊动充分发展，除粘性底层外，紊流流核区由于混掺引起的附加切应力较粘滞切应力大几百倍。这时，粘滞切应力可忽略不计，即

$$\tau=\rho l^2\left(\frac{du}{dy}\right)^2 \tag{4-11}$$

显然，当 Re 足够大时，紊流的切应力是和液体的密度 ρ 和流速梯度 $\dfrac{du}{dy}$ 的平方成正比的。

勃朗特根据忽略粘滞切应力的公式（4-11），并依据实验资料假定：

1）在距边壁不远处，因受边壁限制，掺长 l 与距边壁距离 y 成正比，即

$$l = ky \tag{4-12}$$

式中 k——卡曼常数，根据实验结果，$k = 0.4$。

2) 在距边壁不远处的流动，可近似地认为切应力等于边界面上的切应力 τ_0，即 $\tau = \tau_0 = $ 常数，这样

$$\tau_0 = \rho k^2 y^2 \left(\frac{du}{dy} \right)^2$$

$$\frac{du}{dy} = \frac{1}{ky} \sqrt{\frac{\tau_0}{\rho}}$$

令 $\sqrt{\dfrac{\tau_0}{\rho}} = u_*$ 称摩阻流速。它具有流速的单位，反映边壁摩阻力 τ_0 等因素，在分析和计算中是常遇的。

$$du = \frac{u_*}{k} = \frac{dy}{y}$$

积分可得对数流速分布公式

$$u = \frac{u_*}{k} \ln y + C \tag{4-13}$$

此式按推导过程中的假定，虽限用于粘性底层外部且距壁面不远处的流动，但实验结果表明该式可用于全部紊流流核区。

第四节　水头损失及其分类

实际水流在流动过程中，机械能的消耗是不可避免的，这从下述实验可明显地得到证实。

若对一段水平安放直径不变的水管（图 4-10）进行观测实验，实验时流量保持稳定

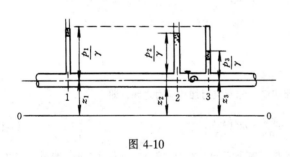

图 4-10

不变，则可看到在直管段相距一定距离的 1、2 两断面上，测压管测出的水面高度有下降现象。

现对比这两个断面上单位能量的变化。由于管径 d、过水断面 ω 不变，则恒定流的流速 v 和流速水头 $\dfrac{v^2}{2g}$ 不变；同时因管轴水平，位置高度 z 不变；但压强水头减小。由此可见，单位位能、单位动能未发生变化，而单位压能沿程减小，显然，只能是在流动中损耗掉了。如果在阀门的下游断面上也装置测压管，同样可以看到阀门前断面 2 和阀门后断面 3 之间也出现压强水头的下降，说明水流过阀门也有水头损失。而且断面 2、3 之间距离虽短，水头的损失却往往比断面 1—2 之间的水头损失还要大。

产生水头损失的根源是什么呢？在水流运动时，流层间就会产生阻止相对运动的内摩擦力，即水流切应力。液体为保持流动，必须克服这种阻力而作功，因而就消耗了机械能。具体地说，机械能的消耗，即能量损失的大小，取决于水流切应力的大小和流层间相

对运动（用流速梯度 $\dfrac{du}{dy}$ 表示）的情况。

关于液流的切应力，在层流中就是粘滞切应力 $\tau = \mu \dfrac{du}{dy}$；在紊流中，还有紊流附加切应力，这种紊流混掺阻力甚至比粘滞阻力大几百倍，因而紊流的水头损失比层流时大得多。

流层之间的相对运动是受边界条件决定的。由于在边界处液体贴附于壁面，在壁面以上（如管子内部）的液体却以一定的速度运动，因此，就出现流速梯度 $\dfrac{du}{dy}$，其大小是与边界条件有关的。如图 4-10 阀门关闭一半的情况，水流通过这种边界时，断面先收缩后放大，水流过闸门就发生"脱离"现象，形成漩涡区，流速横向变化剧烈，流速梯度增加，水流的切应力增大，这便加剧了水流能量的消耗。不同的边界条件，水流内部各处的切应力和流速梯度不同，因而，从理论上研究水流的能量损失是极复杂的。

为了便于分析和计算，根据边界条件的不同，把水头损失 h_w 分为两类：

（1）**沿程水头损失** 在均匀的和渐变的流动中，由于沿全部流程的摩擦阻力即沿程阻力而损失的水头，叫做沿程水头损失，用 h_f 表示。它随流动长度的增加而增加，在较长的输水管道和河渠中的流动，都是以沿程水头损失为主的流动。

（2）**局部水头损失** 在流动的局部地区，如管道的扩大、缩小、转弯和阀门等处，由边界形状的急剧变化，在局部区段内使水流运动状态发生急剧变化，形成较大的局部水流阻力，消耗较大的水流能量，这叫做局部水头损失，用 h_j 表示。虽然局部水头损失是在一段，甚至是在相当长的一段流程上完成的，但在水力学中，为了方便起见，一般是把它作为一个断面上的集中的水头损失来处理。

引起沿程水头损失和局部水头损失的外因虽有差别，但内因是一样的。**当各局部阻力间有足够的距离时，某一流段中的全部水头损失 h_w，即可认为等于该流段中各种局部水头损失与各分段中沿程水头损失的总和，即**

$$h_w = \sum h_f + \sum h_j \tag{4-14}$$

工程设计中有时需要尽量减小水头损失。例如，设计水电站的引水隧洞时，应考虑不增加隧洞的水头损失，以保证电站出力的要求；为了尽量减小局部漩涡等损失，水泵和水轮机的过流部分应尽量做得符合流线形状，以提高机械效率。但在有些情况下，又需要设法增加水头损失，如溢流坝下泄的水流具有很大的动能，必须采取消能措施以消杀水流的动能，防止冲刷河床、河岸和危及建筑物的安全。因此，必须很好地掌握水头损失的规律。

第五节 沿程水头损失的分析和计算

一、沿程水头损失的计算公式

由于实际水流非常复杂，当前无法根据各流层的流速梯度 $\dfrac{du}{dy}$ 和切应力 τ 来推求水头损失，实用中是借助于实验和经验公式求算的。

根据对各种不同管、槽，通过不同条件进行实验的结果表明：沿程水头损失 h_f 与流速水头 $\frac{v^2}{2g}$、水力半径 R、计算长度 l 以及边界粗糙程度和水流的型态有关，一般采用**达西—魏斯巴哈公式**计算

$$h_f = \lambda \frac{l}{4R} \cdot \frac{v^2}{2g} \tag{4-15}$$

式中　λ——沿程阻力系数，它是反映水流型态和边界粗糙度对沿程水头损失 h_f 影响的无单位纯数；

　　　R——水力半径。

圆管流动的水力半径为

$$R = \frac{A}{\chi} = \frac{\frac{\pi}{4}d^2}{\pi d} = \frac{d}{4} \tag{4-16}$$

也就是说，对圆管流动，式（4-19）可写成

$$h_f = \lambda \frac{l}{d} \cdot \frac{v^2}{2g} \tag{4-17}$$

式（4-15）、式（4-17）说明：**沿程水头损失与计算长度 l、流速水头 $\frac{v^2}{2g}$ 成正比，与水力半径 R（或管径 d）成反比**。计算沿程水头损失的关键是确定系数 λ 值。目前 λ 值一般通过实验测定。

下面具体推证沿程水头损失的计算公式。

首先，在恒定均匀流条件下，导出沿程水头损失 h_f 与边界切应力 τ_0 的关系，然后再根据 τ_0 与流速 v 的实验关系进一步导出沿程水头损失的计算公式。

为了避免涉及内部切力和流速分布等复杂问题，把水流作为与边壁作相对运动的整体来考虑。现以底坡 θ 很小的明槽恒定均匀流为例进行推导。在图 4-11 中，任取长度为 l 的一流段，分析沿水流方向的作用力：

若作用于槽壁处的边界切应力平均值为 τ_0，湿周为 χ，则作用在该水体上总的边界切力（即边壁对水流的阻力）为 $\tau_0 \chi l$，重力沿流向的分力为 $\gamma A l \sin\theta$，作用于两端断面上的压力大小相等，方向相反，相互平衡。

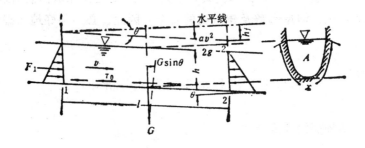

图 4-11

68

在均匀流中，沿流向无加速度，故

$$\tau_0 \chi l = \gamma A l \sin\theta$$

从图 4-11 看出：在明槽均匀流中，$J = \dfrac{h_f}{l} = \sin\theta$，故得

$$\tau_0 = \gamma \frac{A}{\chi} \sin\theta = \gamma R J \tag{4-18}$$

此式表明了水力坡降与边界平均切应力的关系。因在推导过程中未涉及流态，故对层流、紊流都适用。这里是由明槽恒定均匀流导出的，在管道恒定均匀流中也可导出同样的方程。

若以 ρg 代替上式中的 γ，并加以整理和开方，可得

$$u_* = \sqrt{\frac{\tau_0}{\rho}} = \sqrt{gRJ} \tag{4-19}$$

根据对水流阻力的理论分析和实验研究，边界切应力

$$\tau_0 = \frac{\lambda}{8} \rho v^2 \tag{4-20}$$

这样，从式（4-18）和式（4-20）可得

$$J = \frac{\lambda}{4R} \frac{v^2}{2g}$$

即

$$h_f = \frac{\lambda l}{4R} \frac{v^2}{2g}$$

由于此式最早是由达西和魏斯巴哈根据实验提出的，因此常称为达西—魏斯巴哈公式。

二、沿程阻力系数 λ 值的测定

以圆管流动为例，由式（4-17）得

$$\lambda = \frac{h_f}{\dfrac{l}{d} \dfrac{v^2}{2g}} \tag{4-21}$$

因此，对管径为 d、测段长度为 l 的圆管，只要量测出流量和水头损失，就能计算出相应于某一流量的沿程水头损失系数 λ 值。

实验装置如图 4-12 所示。实验时，水箱内应保持稳定水位，量测段 AB 离开管道进口有一定距离，两端设置测压孔并与比压计相连。用管道末端阀门来调节流量，并设法量测流量。

实验时，先打开阀门调节流量，当水流稳定后，可由比压计读出相应于某一流量的两断面间的测压管水头差。

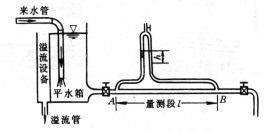

图 4-12

根据能量方程

$$z_A + \frac{p_A}{\gamma} + \frac{v_A^2}{2g} = z_B + \frac{p_B}{\gamma} + \frac{v_B^2}{2g} + h_{wA-B}$$

因为 AB 段管径不变，而且没有局部水头损失，即

$$\frac{v_A^2}{2g} = \frac{v_B^2}{2g} \quad h_w = h_f$$

所以，能量方程可写为

$$z_A + \frac{p_A}{\gamma} = z_B + \frac{p_B}{\gamma} + h_f$$

$$h_f = \left(z_A + \frac{p_A}{\gamma}\right) - \left(z_B + \frac{p_B}{\gamma}\right)$$

上式说明，两断面间的沿程水头损失 h_f 在数值上就等于两断面间的测压管水头差。对于管轴水平的情况，两断面间的 h_f 就等于两断面间的压强差。

根据实测的 d、l、h_f 和 $v = \frac{Q}{A}$ 值，代入式（4-21），即可算出系数 λ 值。对不同粗糙度和不同管径的管道，在不同流量下进行大量实验的结果发现，λ 的变化与 Re 数和边界粗糙度有关。

三、沿程阻力系数的分析

如前所述，水流流经边壁时，边界粗糙和粘性底层总是存在的。边壁凸出的高度称绝对粗糙度，它的数值 Δ 决定于边壁材料。对于确定的边壁来说，绝对粗糙度 Δ 可认为是不变的。粘性底层厚度 δ_0 虽然很小而且随雷诺数 Re 增大、紊动加剧而减小，但对沿程水头损失却有重大的影响。

关于沿程阻力系数 λ，前人做过大量的实验。1933 年尼库拉兹对人工均匀粗糙管做了范围广阔的实验，并以不同的 $\frac{\Delta}{d}$ 为参数点绘了 $\lambda \sim$ Re 关系图，后来蔡格士达对人工渠槽也做了类似的实验。1944 年摩迪根据前人对工业管道的实验绘制了系数 λ 与 Re、$\frac{\Delta}{d}$ 的关系曲线，简称摩迪图。这些实验和其它人对管道和明槽实验的结果都表明：在管道（或明槽）中流动的液体随着 Re 和相对粗糙度 $\frac{\Delta}{d}\left(\text{或}\frac{\Delta}{R}\right)$ 的不同，出现层流区、紊流水力光滑

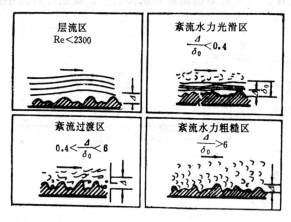

图 4-13

区、紊流过渡区和紊流粗糙区等四个不同的流区（图 4-13）。在不同的流区中，系数 λ 遵循着不同的规律。现以圆管流动为例、结合摩迪图（图 4-14）加以说明。

1. 层流区（Re＜2320）

不同相对粗糙的实验点都集中在同一条直线上，这时整个断面水流都是层流，壁面凸起高度完全掩盖在层流中，λ 与 Δ 无关、而仅是 Re 的函数，即 $\lambda = f$（Re）。这时

$$\lambda = \frac{64}{\text{Re}} \tag{4-22}$$

由于 $\text{Re} = \frac{vd}{\nu}$，显然水头损失为

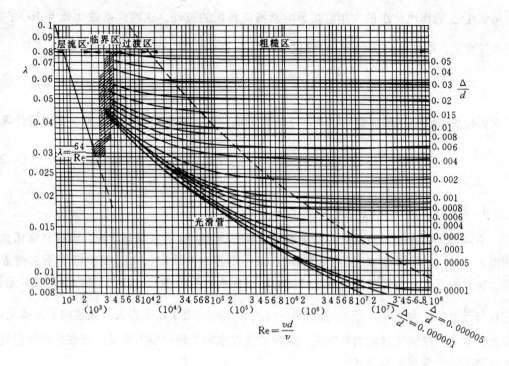

图 4-14

$$h_f = \lambda \frac{l}{d} \frac{v^2}{2g} \propto v^{1.0}$$

即在层流中，水头损失与断面平均流速的一次方成正比。

2. 紊流水力光滑区 $\left(\dfrac{\Delta}{\delta_0} < 0.4\right)$

相对粗糙较小的一些实验点都聚集在一条线上，这时水流虽属紊流，但流速不够大，粘性底层厚度 δ_0 比边壁粗糙度 Δ 大得多，边壁凸出高度 Δ 仍被粘性底层掩盖，对紊流流核区不发生影响，这时的管称**水力光滑管**（相应情况的明槽称**水力光滑槽**）。这时，系数 λ 与 Δ 无关，而仅是 Re 的函数，即 $\lambda = f$ (Re)。可以看出，相对粗糙较大的管道不出现此流区，相对粗糙较小的管道，在 Re 数较高时才离开此区。这时

$$h_f = \lambda \frac{l}{d} \frac{v^2}{2g} \propto v^{1.75}$$

即水头损失与断面平均流速的 1.75 次方成比例。通常根据实验公式进行计算

$$\frac{1}{\sqrt{\lambda}} = 2\lg\ (\text{Re}\sqrt{\lambda})\ -0.8 \tag{4-23}$$

当 $\text{Re} < 10^5$ 时，常用

$$\lambda = \frac{0.3164}{\text{Re}^{1/4}} \tag{4-24}$$

3. 紊流过渡区 $\left(0.4 < \dfrac{\Delta}{\delta_0} < 6\right)$

不同相对粗糙的实验点分属各自的曲线，这时水流是紊流，流速较大，δ_0 已不能完

71

全掩盖住 Δ 的作用，Δ 的大小直接影响紊流流核区的流动。这时，系数 λ 既与 Re 有关，又与 $\frac{\Delta}{d}$ 有关，即 $\lambda = f\left(\mathrm{Re}、\frac{\Delta}{d}\right)$。这时

$$h_f = \lambda \frac{l}{d}\frac{v^2}{2g} \propto v^{1.75 \sim 2.0}$$

即水头损失与断面平均流速的 $1.75 \sim 2.0$ 次方成比例。通常根据下列实验公式进行计算

$$\frac{1}{\sqrt{\lambda}} = -2\lg\left(\frac{\Delta}{3.7d} + \frac{2.51}{\mathrm{Re}\sqrt{\lambda}}\right) \tag{4-25}$$

4. 紊流水力粗糙区 $\left(\frac{\Delta}{\delta_0} > 6\right)$

不同相对粗糙的实验点分别位于不同的水平线上，这时水流是紊流，流速和雷诺数都相当大，粘性底层厚度 δ_0 比绝对粗糙度 Δ 小得多，粘性底层对边壁粗糙度不起掩盖作用，这时的管称**水力粗糙管**（相应情况的明槽称**水力粗糙槽**）。这时，系数 λ 与 Re 无关，它仅与 $\frac{\Delta}{d}$ 有关，即 $\lambda = f\left(\frac{\Delta}{d}\right)$。这样 $h_f = \lambda \frac{l}{d}\frac{v^2}{2g} \propto v^2$ 由于水头损失与流速的平方成正比，因此，水力粗糙区又称**阻力平方区**，这种水流在水利工程中最为常见。若根据边壁粗糙度 Δ 计算 λ 时，常用实验公式

$$\lambda = \frac{1}{\left(2\lg\dfrac{r_0}{\Delta} + 1.74\right)^2} \tag{4-26}$$

式中 r_0——圆管半径。

总之，无论在管流或明槽流动中，都存在两种流态，即层流与紊流，而紊流中又分为三个不同的流区。不同流区中，流动特征、切应力、流速分布和影响 λ 值的因素等亦不相同。现以圆管流动为例，总结如表 4-2。

表 4-2   层 流 紊 流 总 结 对 照 表

流动型态	流态判别	流区判别	流动特征	起主要作用的物性	应 力	流速分布	影响 λ 值的因素	h_f 与 v 的关系
层流	$\mathrm{Re} < 2320$	不分区	质点运动互不混掺，作线状运动	粘滞性	粘滞切应力	较不均匀 $v = \dfrac{u_{\max}}{2}$	$\lambda = f(\mathrm{Re})$ λ 与 $\dfrac{\Delta}{d}$ 无关	$h_f \propto v^{1.0}$
紊流	$\mathrm{Re} > 2320$	水力光滑区	质点互相混掺，作不规则运动，产生脉动现象	惯性	粘滞切应力加紊流混掺切应力，以紊流混掺切应力为主	较均匀 $\dfrac{v}{u_{\max}} = 0.8$ ~ 0.85	$\lambda = f(\mathrm{Re})$ λ 与 $\dfrac{\Delta}{d}$ 无关	$h_f \propto v^{1.75}$
		过渡区					$\lambda = f\left(\mathrm{Re}\dfrac{\Delta}{d}\right)$	$h_f \propto v^{1.75 \sim 2.0}$
		水力粗糙区					$\lambda = f\left(\dfrac{\Delta}{d}\right)$ λ 与 Re 无关	$h_f \propto v^{2.0}$

由于在不同流区中系数 λ 遵循着不同的规律，因此，要正确计算 λ 值，必须先区分流态和紊流的流区。区分紊流流区需要根据粗糙度 Δ 与粘性底层厚度 δ_0 的比值确定。

对于确定的某种边壁绝对粗糙度 Δ 可认为不变，但由于粘性底层厚度 δ_0 是随水流变化的，因而 $\frac{\Delta}{\delta_0}$ 也是随水流变化的。在一种水流条件下，若判明它属于水力光滑壁，但当水流的 Re 加大，δ_0 减小时，原属水力光滑的壁面又可能转变成水力粗糙壁或过渡区。可见，水流条件改变，需要重新判定流区。

在具体判定时，粘性底层厚度根据经验公式 $\delta_0 = 32.8 \dfrac{d}{Re\sqrt{\lambda}}$ 计算，由于此时 λ 值尚不知，必须进行试算，这在实用上是很不方便的。若利用摩迪图，可较简便地划分流区并进行一般管道的阻力计算。

由于实际管道壁面粗糙是不均匀的，无法直接量测绝对粗糙度 Δ 值。因而，在计算实际管道的 λ 值时，其绝对粗糙度 Δ 是用当量粗糙衡量的，它是将工业管道的实验成果与同直径的人工均匀粗糙管的实验结果相比较，把具有同一 λ 值的人工均匀粗糙管的 Δ 值作为工业管道的当量粗糙值。表 4-3 是基谢列夫提供的当量粗糙值可供参考。

表 4-3   **当 量 粗 糙 Δ 值**

序号	边 界 条 件	当量粗糙值 Δ (mm)	序号	边 界 条 件	当量粗糙值 Δ (mm)
1	铜或玻璃的无缝管	0.0015~0.01	8	磨光的水泥管	0.33
2	涂有沥青的钢管	0.12~0.24	9	未刨光的木槽	0.35~0.7
3	白铁皮管	0.15	10	旧的生锈金属管	0.60
4	一般状况的钢管	0.19	11	污秽的金属管	0.75~0.97
5	清洁的镀锌铁管	0.25	12	混凝土衬砌渠道	0.8~9.0
6	新的生铁管	0.25~0.4	13	土 渠	4~11
7	木管或清洁的水泥面	0.25~1.25	14	卵石河床($d=70\sim80mm$)	30~60

由于目前在水利工程中自然状态下管道和河渠的绝对粗糙度 Δ 的实测资料很少，故在实际计算中，一般仍沿用过去的经验公式来确定沿程水头损失。

四、计算沿程水头损失的经验公式

以上关于沿程水头损失的分析和计算公式是近几十年以来人们通过系统实验研究和分析取得的。但早在一、两个世纪以前，生产实践就要求能对沿程水头损失 h_f 进行计算。人们在长期生产实践中不断总结经验，早就提出了计算方法，这些方法由于建立在大量实际资料的基础上，虽然理论上存在不少缺陷，但在生产实践中却一直起作用，一定程度上满足了工程设计的需要。

下面介绍目前最常用的计算沿程水头损失的经验公式，叫**谢才公式**

$$v = C\sqrt{RJ} \tag{4-27}$$

式中　v——断面平均流速，m/s；

　　　R——水力半径，m；

J——水力坡度，$J = \dfrac{h_w}{l} = \dfrac{h_f}{l}$；

C——谢才系数，$\mathrm{m^{1/2}/s}$。

式（4-27）与 $h_f = \lambda \dfrac{l}{4R} \dfrac{v^2}{2g}$ 实质上是相同的，通过下述数学推导可说明这一点。从式（4-27）得

$$J = \frac{h_f}{l} = \frac{v^2}{C^2 R} \quad \text{或} \quad h_f = \frac{v^2}{C^2 R} l \tag{4-28}$$

所以

$$h_f = \frac{8g}{C^2} \frac{l}{4R} \frac{v^2}{2g}$$

令

$$\lambda = \frac{8g}{C^2} \quad \text{或} \quad C = \sqrt{\frac{8g}{\lambda}} \tag{4-29}$$

则上式变成式（4-15）的形式。这样，在应用式（4-15）和式（4-17）计算时，系数 λ 不易求得，可先求系数 C 值，再借助式（4-29）间接求得 λ 值。可以看出：无论是用式（4-28）或是用式（4-15）及式（4-17）计算 h_f 时，其关键在于确定 C 值。

从理论上讲，C 值象 λ 值一样，在不同流态和流区有不同的计算式。但在早先没有认识这个问题，C 值是根据实测资料得出的经验公式确定的。由于这些资料大都来自紊动充分的紊流水力粗糙区，因此，下列公式的应用，严格地说也只限于紊流水力粗糙区。另外，还要特别注意，谢才公式和下述确定 C 值的经验公式要求在计算中，长度的单位一律用"米"。

1. 曼宁公式

$$C = \frac{1}{n} R^{1/6} \tag{4-30}$$

式中　n——糙率，是衡量边壁粗糙影响的一个综合性系数。目前对 n 值已积累了较多的资料，并为工程界所习用。不同输水边壁的 n 值可查表 4-4。

表 4-4　　　　　　　　　　输水道表面各种材料的糙率 n 值

输水道表面性质	表面粗糙程度		
	较光滑	中　等	较粗糙
玻璃管、有机玻璃管	0.0075~0.0083	—	—
铸铁管、钢管	0.011	0.0125	0.014
木质管道、木槽	0.011	0.013	0.015
陶土管（缸瓦管）	0.012	0.013	—
混凝土管道或渠道			
抹灰的混凝土或钢筋混凝土护面	0.011	0.012	0.013
不抹灰的混凝土	0.013	0.014~0.015	0.017
喷浆面	0.016	0.018	0.021

根据水力半径 R 和查得的糙率 n 值，就可按曼宁公式算出 C 值。也可由附录Ⅱ查出 C 值。

2. 巴甫洛夫斯基公式

$$C = \frac{1}{n} R^y \qquad (4\text{-}31)$$

式中的 y 为变数，其数值可按下式确定

$$y = 2.5\sqrt{n} - 0.13 - 0.75\sqrt{R}\ (\sqrt{n} - 0.10)$$

或可近似地用下式求

当 $R < 1.0$m，$y = 1.5\sqrt{n}$

当 $R > 1.0$m，$y = 1.3\sqrt{n}$

确定了糙率 n 值后，就可根据 n 和 R 按式（4-31）计算 C 值。

例 4-3 已知某钢管直径 $d = 0.2$m，长度 $l = 100$m，壁面状况一般，管内水温为 5℃，流量 $Q = 2.4 \times 10^{-2}$m³/s，试计算沿程水头损失 h_f。

解 按摩迪图查算：

$$A = \frac{\pi}{4} d^2 = 0.785 \times 0.2^2 = 0.0314\text{m}^2$$

$$v = \frac{Q}{A} = \frac{2.4 \times 10^{-2}}{3.14 \times 10^{-2}} = 0.765\text{m/s}$$

根据水温由表 4-1 查得 $\nu = 1.52 \times 10^{-6}$m²/s

$$\text{Re} = \frac{vd}{\nu} = \frac{0.765 \times 0.2}{1.52 \times 10^{-6}} = 1.01 \times 10^5$$

由表 4-3 知，对于一般状况的钢管，$\Delta = 0.19$mm，得

$$\frac{\Delta}{d} = \frac{0.19}{200} \approx 0.001$$

由图 4-14，从右方找到 $\Delta/d = 0.001$ 这一条曲线，从横坐标 $\text{Re} = 1.01 \times 10^5$ 引垂线和该曲线相交于一点（由摩迪图可看出该点位于紊流过渡区），从交点引水平线和纵轴相交得 $\lambda = 0.0222$。

沿程水头损失为

$$h_f = \lambda \frac{l}{d} \frac{v^2}{2g} = 0.0222 \times \frac{100}{0.2} \times \frac{0.765^2}{19.6} = 0.331\text{m}$$

例 4-4 有一混凝土衬砌的矩形渠道，水流作均匀流动，水深 $h = 2$m，底宽 $b = 6$m，如流动属紊流水力粗糙区，试用各经验公式求谢才系数 C 值。

解 先根据已知条件计算各水力要素：

过水断面面积 $\qquad A = bh = 6 \times 2 = 12\text{m}^2$

湿周 $\qquad\qquad \chi = b + 2h = 6 + 2 \times 2 = 10\text{m}$

水力半径 $\qquad\qquad R = \frac{A}{\chi} = \frac{12}{10} = 1.2\text{m}$

根据中等的、没抹灰的混凝土渠道查表 4-4，选 $n = 0.014$

（1）按曼宁公式

$$C = \frac{1}{n} R^{1/6} = \frac{1}{0.014} \times 1.2^{1/6} = 73.6\text{m}^{1/2}/\text{s}$$

根据 $R=1.2\mathrm{m}$ 和 $n=0.014$，由附录Ⅱ亦可查得 $C=73.6\mathrm{m}^{1/2}/\mathrm{s}$

（2）按巴甫洛夫斯基公式

$$C=\frac{1}{n}R^y$$

而

$$y=2.5\sqrt{n}-0.13-0.75\sqrt{R}\ (\sqrt{n}-0.1)$$
$$=2.5\sqrt{0.014}-0.13-0.75\sqrt{1.2}\ (\sqrt{0.014}-0.10)=0.151$$

因而

$$C=\frac{1}{n}R^y=\frac{1}{0.014}\times1.2^{0.151}=73.4\mathrm{m}^{1/2}/\mathrm{s}$$

例 4-5 试求直径 $d=200\mathrm{mm}$，长度 $l=1000\mathrm{m}$ 的铸铁管，在流量 $Q=50\mathrm{L/s}$ 时的水头损失。

解 已知管直径 $d=200\mathrm{mm}=0.2\mathrm{m}$，流量 $Q=50\mathrm{L/s}=0.050\mathrm{m}^3/\mathrm{s}$，则可求水力要素：

$$A=\frac{\pi}{4}d^2=0.785\times0.2^2=0.0314\mathrm{m}^2$$

$$v=\frac{Q}{A}=\frac{0.050}{0.0314}=1.60\mathrm{m/s}$$

$$R=\frac{d}{4}=\frac{0.2}{4}=0.05\mathrm{m}$$

根据中等粗糙程度的铸铁管，由表 4-4 查得 $n=0.0125$。所以

$$C=\frac{1}{n}R^{1/6}=\frac{1}{0.0125}\times0.05^{1/6}=48.5\mathrm{m}^{1/2}/\mathrm{s}$$

$$\lambda=\frac{8g}{C^2}=\frac{8\times9.8}{48.5^2}=0.0333$$

$$h_f=\lambda\frac{l}{d}\frac{v^2}{2g}=0.0333\times\frac{1000}{0.2}\times\frac{1.6^2}{19.6}=21.8\mathrm{m}$$

若不求 λ 值，在求得 C 值后，根据式（4-28），则

$$h_f=\frac{v^2}{C^2R}l=\frac{1.6^2}{48.5^2\times0.05}\times1000=21.8\mathrm{m}$$

第六节　局部水头损失的分析和计算

局部水头损失是由于水流边界突然改变、水流随着发生剧烈变化而引起的水头损失。边界突然变化的形式是多种多样的，但在水流结构上都具有两个特点：

1）凡有局部水头损失的地方，往往有主流脱离边界，在主流与边界之间产生漩涡现象。漩涡的形成和运动都要消耗机械能，漩涡的分裂和互相摩擦所消耗的能量更大。因此，漩涡区的大小和漩涡的强度直接影响局部水头损失的大小。

2）流速分布的急剧改变。由于主流脱离边界形成漩涡区，主流受到压缩，随着主流沿流程不断扩散，流速分布急剧改变。如图 4-15（a）中断面 1—1 的流速分布图，经过

不断改变，最后在断面2—2上接近于下游正常水流的流速分布图。在流速改变的过程中，质点内部相对运动加强，碰撞、摩擦作用加剧，从而造成较大的能量损失。

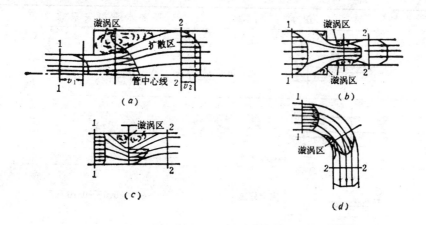

图 4-15

局部水头损失一般都用一个流速水头与一个局部水头损失系数的乘积来表示，即

$$h_j = \zeta \frac{v^2}{2g} \tag{4-32}$$

其中，局部水头损失系数 ζ 由试验测定，现列于表 4-5 中，必须指出，ζ 是对应于某一流速水头而言的。因此，在选用时，应注意二者的关系，不要用错了流速水头，与 ζ 相应的流速水头在表 4-5 中已标明，若不加特殊标明者，该 ζ 值皆是相应于局部阻力后的流速水头而言。

边界层概念与脱离现象

为了阐明在局部水头损失发生处常拌有的主流与边壁的脱离现象，这里简略介绍有关边界层概念。

设想在各点流速均为 u_0 的无限空间的均匀流中，沿流动方向安设置一块厚度可以忽略的无限宽的平板（图 4-16）。下面分析这块平板对水流运动的影响。

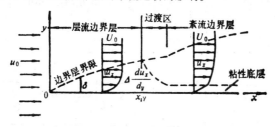

图 4-16

当水流流经平板时，平板附近过水断面上流速发生剧烈变化。在壁面上，水质点贴附壁面，水流流速降为零。通过粘性作用，平板附近的水质点，流速都有不同程度的降低，距壁愈远，流速降低愈小，当距壁面一定距离处，其流速即接近原来的流速 u_0，也就是说，固体表面对水流的影响仅限于此层以内，在此层以外，流速即不受影响。水流受平板影响的区域称为边界层。一般以流速 $u_x = 0.99u_0$ 处的厚度 δ 作为边界层厚度。

表 4-5　　　　　　　　　　　　**管路各种局部水头损失系数表** *

计算局部水头损失公式：$h_j = \zeta \dfrac{v^2}{2g}$，式中 v 如图说明

名　　称	简　　图		局部水头损失系数 ζ 值
断面突然扩大			$\zeta' = \left(1 - \dfrac{A_1}{A_2}\right)^2$ （应用公式 $h_j = \zeta' \dfrac{v_1^2}{2g}$）
			$\zeta'' = \left(\dfrac{A_2}{A_1} - 1\right)^2$ （应用公式 $h_j = \zeta'' \dfrac{v_2^2}{2g}$）
断面突然缩小			$\zeta = 0.5\left(1 - \dfrac{A_2}{A_1}\right)$
进　　口	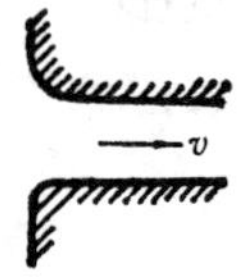	完全修圆	0.05～0.10
		稍微修圆	0.20～0.25
		没有修圆	0.50
出　　口	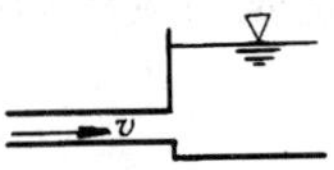	流入水库（池）	1.0
		流入明渠	见下表

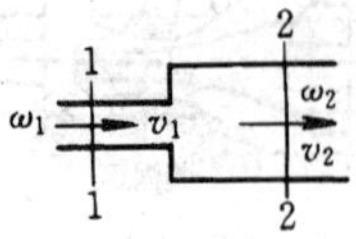

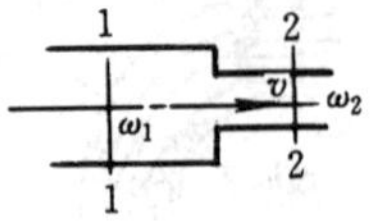

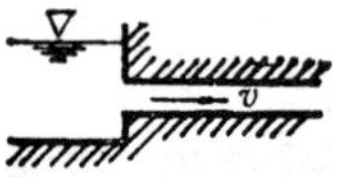

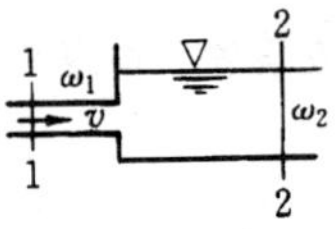

A_1/A_2	0.1	0.2	0.3	0.4	0.5	0.6	0.7	0.8	0.9
ζ	0.81	0.64	0.49	0.36	0.25	0.16	0.09	0.04	0.01

急转弯管	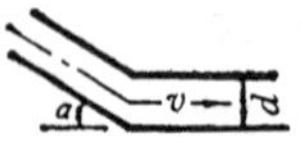	圆　　形	见下表

$\alpha°$	30	40	50	60	70	80	90
ζ	0.20	0.30	0.40	0.55	0.70	0.90	1.10

短　　形

$\alpha°$	15	30	45	60	90
ζ	0.025	0.11	0.26	0.49	1.20

* 本表主要资料来源：《管渠水力计算表》，中国建筑工业出版社，1973 年 5 月；基谢列夫，《水力计算手册》，俄文第四版，1972 年。

名 称	简 图		局 部 水 头 损 失 系 数 ζ 值							
弯 管		90°	R/d	0.5	1.0	1.5	2.0	3.0	4.0	5.0
			$\zeta_{90°}$	1.2	0.80	0.60	0.48	0.36	0.30	0.29
		任意角度	$\zeta_{a°}=a\zeta_{90°}$	$\alpha°$	20	30	40	50	60	70
				a	0.40	0.55	0.65	0.75	0.83	0.88
					80	90	100	120	140	160	180
					0.95	1.00	1.05	1.13	1.20	1.27	1.33

			当全开时（$a/d=1$）						
闸 阀		圆形管道	$\dfrac{d}{(mm)}$	15	20～50	80	100	150	200～250
			ζ	1.5	0.5	0.4	0.2	0.1	0.08
			$\dfrac{d}{(mm)}$	300～450		500～800		900～1000	
			ζ	0.07		0.06		0.05	

当 各 种 开 启 度 时

a/d	7/8	6/8	5/8	4/8	3/8	2/8	1/8
$\omega_{开启}/\omega_{总}$	0.948	0.856	0.740	0.609	0.466	0.315	0.159
ζ	0.15	0.26	0.81	2.06	5.52	17.0	97.8

名 称	简 图		局部水头损失系数 ζ 值
截 止 阀		全 开	4.3～6.1
莲蓬头 （滤水网）		无 底 阀	2～3

				$\dfrac{d}{(mm)}$	40	50	75	100	150	200	250	300	350	400	500	750
		有 底 阀		ζ	12	10	8.5	7.0	6.0	5.2	4.4	3.7	3.4	3.1	2.5	1.6

平板门槽		0.05～0.20

名　称	简　图	局部水头损失系数 ζ 值
拦污栅		$$\zeta = \beta \left(\frac{s}{b}\right)^{4/3} \sin\alpha$$ 式中　s——栅条宽度 　　　b——栅条间距 　　　α——倾角 　　　β——栅条形状系数，用下表确定

栅条形状	1	2	3	4	5	6	7
β	2.42	1.83	1.67	1.035	0.92	0.76	1.79

边界层厚度 δ 沿流动方向逐渐加厚，因为边界的影响是随着边界的长度逐渐向流区内延伸的，水在边界层内的流动状态可能是层流，也可能前一部分是层流后一部分是紊流，视来水流速、物体形状、边界表面粗糙等因素而定。

总之，流体流过的空间可以分为两个区域，一是边界层，当流动的雷诺数很大时，此层较薄，流速梯度相当大，即使 μ 很小，其摩阻作用也非常显著；二是边界层外的外部区域，认为 u_0 不变，且流速梯度为零，可视为无粘性的理想流体。这样，就使问题的研究大为简化。

边界层的概念和理论是现代流体力学的重要发展，特别在航空、船舶和流体机械等方面的研究中有着极重要的意义。水利工程中常遇的管渠流动，除进口部分外，几乎都已发展到全部流动属于边界层流动。因而，也不再划分边界层与外部区域。但在分析脱离现象和深入研究过坝水流及其阻力损失等问题时，仍需要应用边界层概念。

下面简要说明边界层的脱离现象。当水流沿弯曲壁面流动并产生相应的边界层（图 4-17）。在 A 点以下，边壁沿流向外逐渐扩大，水流处于减速增压区。根据边界层性质知，边界层外的水质点，由于具有较大的动能，可克服与流动方向相反的压强差，继续向前流动；边界层内的水流，一方面要克服与流向相反的压强差，而且要克服较大的阻力损失，由于靠近壁面处水质点自身具有的动能很小，以致流到某一点 B 处，因动能耗尽而停止，上游来水被迫脱离固体边壁前进，出现边界层的脱离现象。B 点称为脱离点，在脱离点的下游靠近边壁的水质点，在反向压强差的作用下，形

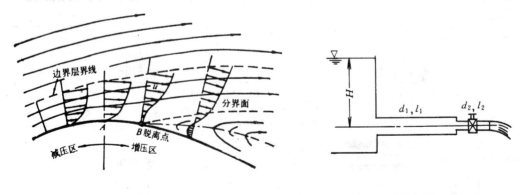

图 4-17　　　　　　　　　　　　　图 4-18

成回流，即在主流与边壁间形成漩涡区。

当边界形状发生不连续的突然改变时，由于水流的惯性作用也将导致主流与边壁的脱离。

例 4-6 从水箱接出一管路，布置如图 4-18。若已知：$d_1 = 150\text{mm}$，$l_1 = 25\text{m}$，$\lambda_1 = 0.037$，$d_2 = 125\text{mm}$，$l_2 = 10\text{m}$，$\lambda_2 = 0.039$，闸阀开度 $a/d_2 = 0.5$，需要输送流量 $Q = 25\text{L/s}$，求：沿程水头损失 h_f；局部水头损失 h_j；水箱的水面高 H 的大小。

解 （1）沿程水头损失

第一管
$$Q = 25\text{L/s} = 0.025\text{m}^3/\text{s}$$

$$v_1 = \frac{Q}{A_1} = \frac{Q}{\frac{\pi}{4}d_1^2} = \frac{4 \times 0.025}{3.14 \times 0.15^2} = 1.42\text{m/s}$$

$$h_{f1} = \lambda_1 \frac{l_1}{d_1}\frac{v_1^2}{2g}$$

$$= 0.037 \times \frac{25}{0.15} \times \frac{1.42^2}{19.6} = 0.63\text{m}$$

第二管
$$v_2 = \frac{Q}{A_2} = \frac{Q}{\frac{\pi}{4}d_2^2} = \frac{4 \times 0.025}{3.14 \times 0.125^2} = 2.04\text{m/s}$$

$$h_{f2} = \lambda_2 \frac{l_2}{d_2}\frac{v_2^2}{2g} = 0.039 \times \frac{10}{0.125} \times \frac{2.04^2}{19.6} = 0.66\text{m}$$

（2）局部水头损失

进口损失 由于进口没有修圆，由表 4-5 查得 $\zeta_{进口} = 0.5$，故

$$h_{j1} = \zeta_{进口}\frac{v_1^2}{2g} = 0.5 \times \frac{1.42^2}{19.6} = 0.051\text{m}$$

缩小损失 根据 $\left(\frac{A_2}{A_1}\right) = \left(\frac{d_2}{d_1}\right)^2 = \left(\frac{0.125}{0.15}\right)^2 = 0.695$，查表 4-5 知

$$\zeta_{缩小} = 0.5\left(1 - \frac{A_2}{A_1}\right) = 0.15$$

$$h_{j2} = \zeta_{缩小}\frac{v_2^2}{2g} = 0.15 \times \frac{2.04^2}{19.6} = 0.032\text{m}$$

闸阀损失 由于闸阀半开即 $a/d_2 = 0.5$，由表 4-5 查得 $\zeta_{阀} = 2.06$，故

$$h_{j3} = \zeta_{阀}\frac{v_2^2}{2g} = 2.06 \times \frac{2.04^2}{19.6} = 0.436\text{m}$$

因此，总的沿程水头损失为

$$\Sigma h_f = h_{f1} + h_{f2} = 0.63 + 0.66 = 1.29\text{m}$$

总的局部水头损失为

$$\Sigma h_j = h_{j1} + h_{j2} + h_{j3} = 0.051 + 0.032 + 0.436 = 0.519\text{m}$$

输水所需要的水头，根据大水箱与管出口列能量方程得

$$H = \Sigma h_f + \Sigma h_j + \frac{v_2^2}{2g} = 1.29 + 0.519 + 0.212 = 2.02\text{m}$$

习　　题

4-1　如图 4-1 所示的两平板，上平板运动速度 $u=1\text{m/s}$，下平板静止。平板间距 $\delta=1\text{mm}$，板间为油，其动力粘滞性系数 $\mu=0.172\text{N·s/m}^2$，由平板所带动的油的速度呈直线分布，求作用在平板单位面积上的内摩擦力。

4-2　有一圆形输水管的直径为 1.0cm，管中水流的断面平均流速 $v=0.25\text{m/s}$，水温为 10℃，试判别水流的流态。若直径改为 2.5cm，水温仍为 10℃，断面平均流速不变，管中的流态又怎样？

4-3　水管直径为 0.1m，管中流速为 1m/s，水温 10℃，试判别流态？并求流态变化时的流速。

4-4　某矩形水槽，底宽 $b=0.2\text{m}$，水深 $h=0.15\text{m}$，流速 $v=0.5\text{m/s}$，水温为 20℃，试判别流态。

4-5　做沿程水头损失实验用的旧钢管，直径 $d=1.5\text{cm}$，量测段长度 $l=4.0\text{m}$，水温为 4℃，问：①当流量为 0.02L/s 时，管道中为层流还是紊流？②此时管道中的沿程水头损失系数为多少？③此时量测段两端断面间的沿程水头损失为多少？④为保持管中为层流，量测段两端断面间的最大测压管水头差为多少？

4-6　有一压力输水管，若管壁当量粗糙度 $\Delta=0.4\text{mm}$，水温为 20℃，管长为 5m。问：①管直径为 4cm，通过流量 $Q=0.05\text{L/s}$ 时，沿程水头损失为多少？②如果管径不变，通过流量 $Q=0.20\text{L/s}$ 时，沿程水头损失为多少？③如果管径不变，通过流量 $Q=6\text{L/s}$ 时，沿程水头损失为多少？④试比较上述三种情况下所求的 λ 值及沿程水头损失的大小，并分析其影响因素。

4-7　工地生活用水，用直径 $d=15\text{cm}$ 的铸铁圆管引水，长 $l=500\text{m}$，当水温为 20℃时，通过流量 $Q=35\text{L/s}$，试计算该管的沿程水头损失。

4-8　混凝土衬砌的压力隧洞，直径 $d=5\text{m}$，通过流量 $Q=200\text{m}^3/\text{s}$，长度 $l=500\text{m}$，试计算其沿程水头损失。

4-9　某浆砌块石护面的矩形渠道，糙率 $n=0.014$，底宽 $b=6\text{m}$，水深 $h=3.2\text{m}$，水力坡降 $J=1/4000$，试计算该渠道的流速和流量。

4-10　为测定 90°弯管的局部水头损失系数 ζ，可采用如图 4-19 所示的装置。已知 AB 段管长为 10m，管径 $d=50\text{mm}$，弯管曲率半径 $R=d$，该管段的沿程水头损失系数 $\lambda=0.03$，今测得实验数据：①A、B 两端测压管水头差为 0.629m；②经 2 分钟流入水箱的水量为 0.329m³。试求弯管的局部水头损失系数 ζ 值。

4-11　水由水塔 A 经管道流出，管路长度 $l=250\text{m}$，输水用管为直径 $d=100\text{mm}$ 的铸铁管转弯处局部水头损失系数 $\zeta_\text{弯}=1.2$。若要求在闸阀全开时，出口流速 $v=1.6\text{m/s}$，问水塔水面（图 4-20）需要多高？

4-12　试计算图 4-21 所示的管段 AB 的水头损失。水自 A 点流至 B 点，管内流量

$Q = 0.02\text{m}^3/\text{s}$,管端 A 点的压强水头 $\dfrac{p_A}{\gamma} = 30\text{m}$。初步计算管路沿程水头损失系数 $\lambda =$ 0.025，局部阻力有：C 处阀门（$\zeta = 2.9$）、D 处管道突然缩小。试算出各段水头损失后，绘出此段的总水头线。

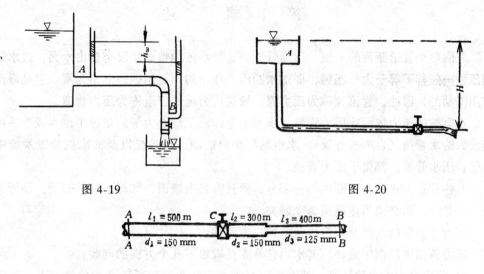

图 4-19   图 4-20

图 4-21

第五章 管 流

第一节 概 述

充满整个管道断面的水流，称为**管流**。这种水流的**特点是没有自由水面，过水断面上的压强一般都不等于大气压强**，即过水断面上作用的相对压强一般不为零。它是靠压力的作用流动的，因此，管流又称为**压力流**。输送压力流的管道称为**压力管道**。

水电站的压力隧洞或压力钢管，水利水电建设工地上为了满足施工用水或生活用水而铺设的给水管道（自来水管道），水电站厂房内的油、水系统以及抽水机装置系统中的吸水管、压水管等，都属于压力管道。

有些管道，水只占有断面的一部分，而且有自由液面，如污水管，暗沟，涵管等就不能当作管流，而必须当作明渠流来研究。

压力管道中的水流有恒定流及非恒定流两种。

压力管道中的恒定流动，其水力计算主要有以下几个方面的问题：

1）管道输水能力的计算。即在给定水头、管线布置和断面尺寸的情况下，确定它输送的流量。

2）当管线布置、管道尺寸和流量一定时，要求确定管路的水头损失，即输送一定流量所必需的水头。

3）在管线布置、作用水头及输送的流量已知时，计算管道的断面尺寸（对于圆形断面的管道则是计算所需要的直径）。

4）给定流量、作用水头和断面尺寸，要求确定沿管道各断面的压强。

压力管道中的非恒定流，主要讨论当压力管道中流量和流速发生突然变化时，压力管道内水流压强大幅度波动和相应的压强增值的问题。

根据管道中水流的沿程水头损失、局部水头损失及流速水头所占的比重不同，管流可分为长管和短管。

长管即管道中水流的沿程损失较大，而局部水头损失和流速水头很小，此两项之和只占沿程水头损失的 5% 以下，以致可以忽略不计。

短管即管道中局部水头损失与流速水头两项之和约占沿程损失的 5% 以上，不能忽略，必须一起计算在内。

必须注意，长管和短管绝不是从管的长短来区分的。如果没有忽略局部水头损失及流速水头的充分依据时，应按短管计算，以免造成被动。

一般自来水管可视为长管。虹吸管、倒虹吸管、坝内泄水管、抽水机的吸水管等，可按短管计算。

另外，根据管道的布设情况，压力管道又可分为**简单管路**和**复杂管路**。

简单管路是指管径不变、没有分支的管路。而且，流量在管路的全长上保持不变，如

图 5-1 所示。

复杂管路则是指由两根以上的管道所组成的管路，主要有各种不同直径组成的**串联管道、并联管道、支状**和**环状管网**，如图 5-2（*a*）、（*b*）、（*c*）、（*d*）所示。自来水或水电站的油、水系统都是复杂管路。

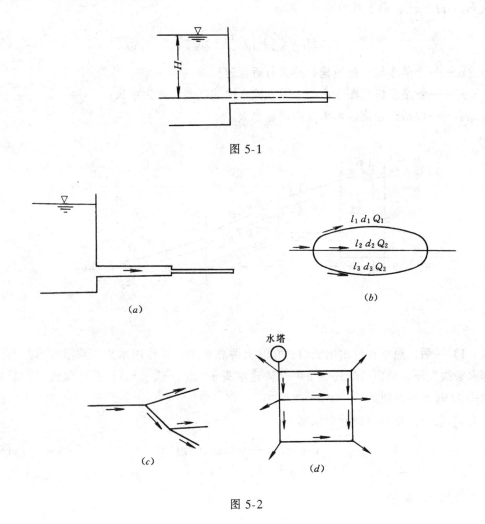

图 5-1

图 5-2

第二节 短管的水力计算

在工程实践中，当压力管道内水流的局部水头损失和流速水头较大，不能忽略不计时，则必须按短管计算。

短管的水力计算可分为两种情形，一种是管道出口水流流入大气中的**自由出流**；另一种是管道出口在下游水面以下的**淹没出流**。下面对这两种情形分别进行讨论。

一、自由出流

自由出流短管，如图 5-3 所示。以通过管道出口断面中心点的水平面作为**基准面**，对断面 1—1 和断面 2—2 列能量方程式

$$H + \frac{p_1}{\gamma} + \frac{\alpha_1 v_0^2}{2g} = 0 + \frac{p_2}{\gamma} + \frac{\alpha_2 v_2^2}{2g} + h_{w1-2}$$

上式中 $p_1 = p_2 = p_a$，令 $\alpha_1 = \alpha_2 = 1$，$v_2 = v$，$h_{w1-2} = \left(\lambda \dfrac{l}{d} + \Sigma \zeta \right) \dfrac{v^2}{2g}$

并令 $H_0 = H + \dfrac{v_0^2}{2g}$，则上式可写成

$$H_0 = \frac{v^2}{2g} + \left(\lambda \frac{l}{d} + \Sigma \zeta \right) \frac{v^2}{2g} \qquad (5-1)$$

式中　v_0——上游水池中的流速，称为行近流速；

　　　H——管路出口断面中心与上游水池水面的高差，称为水头；

　　　H_0——包括行近流速水头在内的总水头。

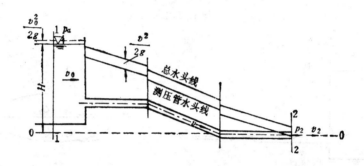

图 5-3

式（5-1）说明，短管在自由出流时，它的上游总水头，即作用水头，除沿程水头损失和局部水头损失外，到出口处还剩下一个流速水头 $v^2/2g$。式（5-1）在已知流量和管径而求水头 H 时比较方便。

将式（5-1）整理可得管中流速

$$v = \frac{1}{\sqrt{1 + \lambda \dfrac{l}{d} + \Sigma \zeta}} \sqrt{2gH_0} \qquad (5-2)$$

设管道过水断面面积为 A，则通过管道的流量为

$$Q = Av = \frac{1}{\sqrt{1 + \lambda \dfrac{l}{d} + \Sigma \zeta}} A \sqrt{2gH_0}$$

上式又可写为

$$Q = \mu_c A \sqrt{2gH_0} \qquad (5-3)$$

式中　μ_c——短管自由出流的**流量系数**，$\mu_c = \dfrac{1}{\sqrt{1 + \lambda \dfrac{l}{d} + \Sigma \zeta}}$。

式（5-3）就是**短管自由出流的计算公式**，它表达了短管的过水能力、作用水头和阻力的相互关系。

行近流速如很小，$v_0^2/2g$ 可忽略不计，则式 (5-3) 可写为

$$Q = \mu_c A \sqrt{2gH} \tag{5-4}$$

二、淹没出流

当下游水位较高，水管出口淹没在水面以下时，便成为淹没出流。如图 5-4 所示。今以下游水面为基准，对断面 1—1 和 2—2 列能量方程，得

$$z + \frac{p_1}{\gamma} + \frac{\alpha_1 v_0^2}{2g} = 0 + \frac{p_2}{\gamma} + \frac{\alpha_2 v_2^2}{2g} + h_{w1-2}$$

其中 $$p_1 = p_2 = p_a$$

令 $z_0 = z + \dfrac{\alpha_1 v_0^2}{2g}$，并设 2—2 断面面积很大，于是 $\dfrac{\alpha_2 v_2^2}{2g}$ 可以忽略。若管中流速为 v，则 $h_{w1-2} = \left(\lambda \dfrac{l}{d} + \Sigma\zeta \right) \dfrac{v^2}{2g}$。将上述各项代入能量方程，可得

$$z_0 = \left(\lambda \frac{l}{d} + \Sigma\zeta \right) \frac{v^2}{2g} \tag{5-5}$$

上式说明，短管在淹没出流时，它的上下游水头差 z_0 **全部消耗在沿程水头损失和局部水头损失上**。用式 (5-5) 来计算上下游水位差 z 时比较方便。

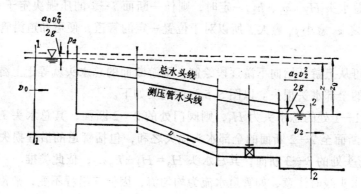

图 5-4

经整理后可得管中流速

$$v = \frac{1}{\sqrt{\lambda \dfrac{l}{d} + \Sigma\zeta}} \sqrt{2gz_0} \tag{5-6}$$

故流量就等于

$$Q = \mu_c A \sqrt{2gz_0} \tag{5-7}$$

式中 μ_c ——短管淹没出流的流量系数，$\mu_c = \dfrac{1}{\sqrt{\lambda \dfrac{l}{d} + \Sigma\zeta}}$。

当行近流速水头很小可忽略不计时，则式 (5-7) 可写成

$$Q = \mu_c A \sqrt{2gz} \tag{5-8}$$

式（5-7）和式（5-8）就是**短管淹没出流的流量计算公式**。淹没出流和自由出流不同之处在于：自由出流的作用水头为 H_0；而淹没出流的作用水头为 z_0。它们的计算公式，形式上都是一样的。

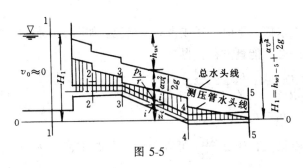

图 5-5

三、管流压强的沿程变化

压力管道在输水过程中，一般情况下管内水流不应出现真空，以避免空蚀破坏危及管道安全。因此，设计管道时，应注意**了解并控制各断面上的压强大小**。

图 5-5 为一泄水短管。以通过出口断面中心的水平面为基准面，入口前断面 1—1 总水头为 H_1。若通过管道的流量和管径皆为已知，各断面的平均流速即可求出；由入口至任一断面 i—i 之间的全部水头损失 h_{wi} 也可算出。该断面的压强水头为

$$\frac{p_i}{r} = H_1 - z_i - \frac{\alpha_i v_i^2}{2g} - h_{wi} \tag{5-9}$$

上式表明：当总水头 H_1、v_i、h_{wi} 一定时，则任一断面 i—i 的压强决定于 z_i 之值。z_i 愈大 p_i 愈小；反之 z_i 愈小 p_i 愈大。所以对于位置一定的管道，便可知道沿管道各断面压强的变化。

总水头线可从上游开始向下游逐段绘制。下游断面的总水头就等于上游断面总水头减去两断面之间的全部水头损失。以图 5-5 为例说明如下。

上游断面 1—1 处的总水头为 H_1，则阀门处的 2—2 断面，其总水头 $H_2 = H_1 - h_{w1-2}$（h_{w1-2} 为 1—1 断面至 2—2 断面的全部水头损失之和，包括管道的沿程损失和进口的局部损失）。同理弯头处的 3—3 断面，其总水头 $H_3 = H_2 - h_{w2-3}$，依此类推。

在绘制总水头线时注意，如管道水流为均匀流，因流速沿程不变，故沿程水头损失与管段长度成正比，水力坡度为一常数，其总水头线应为向下游倾斜的直线；管段局部水头损失可以假定集中地发生在引起局部损失的所在断面上，总水头线为一竖直下降的直线。这样，即可绘出总水头线。在有了总水头线后，减去流速水头，即可得出测压管水头线。当管径不变水流为均匀流时，各断面流速水头相等，则测压管水头线和总水头线平行。各断面测压管水头线与该断面中心的距离即为该断面中心点的压强水头。如测压管水头线在某断面中心的上方，则该断面中心的压强为**正值**；测压管水头线在某断面中心的下方，则该断面中心点的平均压强为**负值**。

管道测压管水头线末段位置，与管道出口下游的流动条件有关。如果管道**出口为自由出流，测压管水头线的末端与出口断面的中心重合**（见图 5-5）。如果管道出口为淹没出流，**在下游流速 $v_2 \approx 0$ 时，测压管水头线末端与下游水面齐平**图 5-6（a）；**在下游流速 $v_2 \neq 0$ 时，测压管水头线末端在一般情况下低于下游水面**图 5-6（b）。

例 5-1 有一简单管路（图 5-7）。水管为铸铁管，水管直径 $d = 100\text{mm}$，管长 $l = 100\text{m}$，作用水头 $H = 15\text{m}$，中间有两个弯头，每个弯头的局部水头损失系数为 $\zeta_{\text{弯}} = 0.2$，

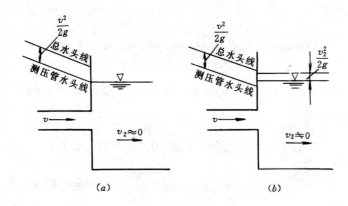

图 5-6

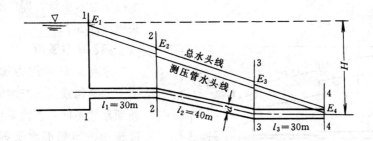

图 5-7

进口水头损失系数 $\zeta_{进口}=0.5$，沿程水头损失系数 $\lambda=0.03$，要求：①计算管子通过的流量；②绘制管路的测压管水头线和总水头线。

解 （1）按短管计算　忽略行近流速的影响，则 $H_0=H$，由式（5-4）知

$$Q=\mu_C A\sqrt{2gH}$$

其中

$$\mu_C=\frac{1}{\sqrt{1+\lambda\dfrac{L}{d}+\Sigma\zeta}}=\frac{1}{\sqrt{1+0.03\dfrac{100}{0.1}+(0.5+2\times0.2)}}=0.177$$

$$A=\frac{\pi}{4}d^2=\frac{1}{4}\times3.14\times0.1^2=0.00785\text{m}^2$$

所以

$$Q=0.177\times0.00785\sqrt{2\times9.8\times15}=0.024\text{m}^3/\text{s}$$

（2）绘制总水头线及测压管水头线　各有关断面的总水头计算如下：

1—1 断面

$$H_1=H-\zeta_{进口}\frac{v^2}{2g}$$

其中

$$v=\frac{Q}{A}=\frac{0.024}{0.00785}=3.03\text{m/s}$$

$$\frac{v^2}{2g}=\frac{3.03^2}{2\times9.8}=0.47\text{m}$$

所以

$$H_1=15-0.5\times0.47=14.76\text{m}$$

2—2 断面　$H_2=H_1-\lambda\dfrac{l_1}{d}\dfrac{v^2}{2g}=14.76-0.03\times\dfrac{30}{0.1}\times0.47=10.53\text{m}$

弯头损失之后的水头

$$H'_2 = H_2 - \zeta_弯 \frac{v^2}{2g} = 10.53 - 0.2 \times 0.47 = 10.44\text{m}$$

3—3 断面 $H_3 = H'_2 - \lambda \frac{l_2}{d} \frac{v^2}{2g} = 10.44 - 0.03 \times \frac{40}{0.1} \times 0.47 = 4.8\text{m}$

弯头损失之后的水头

$$H'_3 = H_3 - \zeta_弯 \frac{v^2}{2g} = 4.8 - 0.2 \times 0.47 = 4.7\text{m}$$

4—4 断面 $H_4 = H'_3 - \lambda \frac{l_3}{d} \frac{v^2}{2g} = 4.7 - 0.03 \times \frac{30}{0.1} \times 0.47 = 0.47\text{m}$

根据计算结果，即可绘出总水头线。将各断面总水头降低一个流速水头 $\frac{v^2}{2g} = 0.47\text{m}$，平行于总水头线，即可绘出测压管水头线（图5-7）。

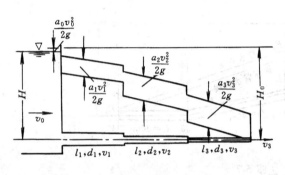

图 5-8

四、串联管道

水利工程的压力输水隧洞或管道，因结构或其它方面的要求，各段断面尺寸不同，但流量仍不变，**谓串联管道**，当局部水头损失不能略去时，应按短管计算。

如图5-8即为一串联管道。以通过出口断面中心的水平面作基准面，对进口上游及出口断面列能量方程并应用连续性方程，可求得变断面串联管恒定自由出流流量公式为

$$Q = \mu_c A \sqrt{2gH_0} \tag{5-10}$$

其中流量系数

$$\mu_c = \frac{1}{\sqrt{1 + \Sigma\lambda_i \frac{l_i}{d_i}\left(\frac{A}{A_i}\right)^2 + \Sigma\zeta_i\left(\frac{A}{A_i}\right)^2}} \tag{5-11}$$

式中 A——出口断面面积；

l_i、d_i、A_i——第 i 段管道的长度、直径及横断面面积。

变断面串联管恒定淹没出流流量公式为

$$Q = \mu_c A \sqrt{2gz} \tag{5-12}$$

式中流量系数

$$\mu_c = \frac{1}{\sqrt{\Sigma\lambda_i \frac{l_i}{d_i}\left(\frac{A}{A_i}\right)^2 + \Sigma\zeta_i\left(\frac{A}{A_i}\right)^2}} \tag{5-13}$$

z 为上下游水位差。

第三节　长管的水力计算

长管情况下局部水头损失和流速水头可忽略不计。则能量方程式（5-1）可简化为

$$H = h_f \qquad (5\text{-}14)$$

即

$$H = \lambda \frac{l}{d} \frac{v^2}{2g}$$

由谢才公式　$Q = AC\sqrt{RJ}$ 中求出沿程水头损失的表达式。令 $K = AC\sqrt{R}$，则谢才公式为

$$Q = K\sqrt{J}$$

其中 **K 称为流量模数**。它是在水力坡度 $J = 1$ 时所具有的流量，其单位和流量的单位相同。它反映了管道断面尺寸及管壁粗糙程度对过水能力的影响。

由

$$Q = K\sqrt{J} = K\sqrt{\frac{h_f}{l}}$$

可得

$$h_f = \frac{Q^2 l}{K^2}$$

代入式（5-14）得

$$H = \frac{Q^2 l}{K^2} \qquad (5\text{-}15)$$

这就是**长管水力计算的基本公式**。用此式可求解流量 Q 或水头 H 或在流量及水头已定时求解管径。在 Q、H、l 已知，求管径 d 时，用式（5-15）可求得 K。在粗糙系数一定时，$K = AC\sqrt{R}$ 是管径 d 的函数。为便于计算，流量模数 K 和相应的管径 d 可由表 5-1 查出。要注意的是，由流量模数查管径 d 时，管径不能内插，只能取用表 5-1 中所列的标准管径。

对于一般给水管道，当平均流速 $v < 1.2\text{m/s}$ 时，管子可能在过渡区工作，h_f 近似与流速 v 的 1.8 次方成正比，计算水头损失时，可在公式（5-15）中乘**一修正系数 k**，即

$$h_f = k \frac{Q^2 l}{K^2}$$

式中

$$k = \frac{1}{v^{0.2}} \qquad (5\text{-}16)$$

对钢管和铸铁管，修正系数 k 值可参考表 5-2。

对新管道的计算，需要根据其不同用途，对管中允许流速、施工条件以及使用可靠性作全面的经济技术比较。例如，水管中的流速过大，就容易产生较大的水击压强。而流速过小，又容易使管中水流挟带的泥沙沉积下来。又如，一般自来水管，若管径选得较小，所用管道费用就小，安装也容易；但由于管径小，水头损失就较大，输送一定流量所需水塔就较高，同时抽水机的功率也较大，因而又增加了设备费用和电能消耗。反之，若选用较大的管径，则管道费用就大，安装也较困难；但由于管径大，水头损失就较小，输送一定流量所需水塔就较低，且抽水机的功率也可小些，因而电能消耗也少些。

表 5-1

给水管道的流量模数 $k = AC\sqrt{R}$ 数值

$$\left(\text{按 } C = \frac{1}{n}R^y, \; y = \frac{1}{6} \text{ 计算}\right)$$

直 径 d (mm)	K (L/s)		
	清 洁 管 $\frac{1}{n} = 90$ ($n = 0.011$)	正 常 管 $\frac{1}{n} = 80$ ($n = 0.0125$)	污 秽 管 $\frac{1}{n} = 70$ ($n = 0.0143$)
50	9.624	8.460	7.403
75	28.37	24.94	21.83
100	61.11	53.72	47.01
125	110.80	97.40	85.23
150	180.20	158.40	138.60
175	271.80	238.90	209.00
200	388.00	341.10	298.50
225	531.20	467.00	408.60
250	703.50	618.50	541.20
300	1.144×10^3	1.006×10^3	880.00
350	1.726×10^3	1.517×10^3	1.327×10^3
400	2.464×10^3	2.166×10^3	1.895×10^3
450	3.373×10^3	2.965×10^3	2.594×10^3
500	4.467×10^3	3.927×10^3	3.436×10^3
600	7.264×10^3	6.386×10^3	5.587×10^3
700	10.96×10^3	9.632×10^3	8.428×10^3
750	13.17×10^3	11.58×10^3	10.13×10^3
800	15.64×10^3	13.57×10^3	12.03×10^3
900	21.42×10^3	18.83×10^3	16.47×10^3
1000	28.36×10^3	24.93×10^3	21.82×10^3
1200	46.12×10^3	40.55×10^3	35.48×10^3
1400	69.57×10^3	61.16×10^3	53.52×10^3
1600	99.33×10^3	87.32×10^3	76.41×10^3
1800	136.00×10^3	119.50×10^3	104.60×10^3
2000	180.10×10^3	158.30×10^3	138.50×10^3

表 5-2

钢管及铸铁管修正系数 k 值

v (m/s)	k	v (m/s)	k	v (m/s)	k	v (m/s)	k
0.20	1.41	0.45	1.175	0.70	1.085	1.00	1.03
0.25	1.33	0.50	1.15	0.75	1.07	1.10	1.015
0.30	1.28	0.55	1.13	0.80	1.06	1.20	1.00
0.35	1.24	0.60	1.115	0.85	1.05		
0.40	1.20	0.65	1.10	0.90	1.04		

因此，输水管道管径的正确选择，是一个比较复杂的经济技术比较问题。对一般的压力管道，直径的选择，可根据允许流速的经验值来确定。

通常水电站引水管中的流速不宜超过 5～6m/s。一般的给水管道，流速大都为 0.75

~2.5m/s。

例 5-2 有一条需要通过流量为 $Q=237\text{L/s}$ 的管路，该管路长度 $l=2500\text{m}$，作用水头 $H=30\text{m}$，拟采用新铸铁管，求管径。

解 由于管路在使用过程中将逐渐沉积一些污垢，故通常按正常管计算，即取 $n=0.0125$。

前面已经提到，对于一定的 K 值，就有相应的水管直径。因此，首先利用公式（5-15）计算流量模数 K。即由

$$H=\frac{Q^2 l}{K^2}$$

得

$$K=\frac{Q}{\sqrt{\dfrac{H}{l}}}=\frac{237}{\sqrt{\dfrac{30}{2500}}}=2164\text{L/s}$$

根据粗糙系数 $n=0.0125$，在表 5-1 中查得，当 $d=400\text{mm}$ 时 $K=2166\text{L/s}$。这个流量模数虽比计算的 K 值（2164L/s）稍大，但为了采用工厂生产的标准管径的水管，最后仍决定选用 $d=400\text{mm}$。这个直径对于保证水管的输水能力是有利的。

在实际应用中，长管的计算主要用在给水管道上。为了给更多的地方供水，往往需要由许多简单管路组成管网。这类管网有如前面介绍的分支管网和环状管网。下面举一个分支管网的例子。一般说来，对于新建的分支管网，水力计算的主要任务往往是已知管线布置、各段管长 l、各管段中通过的流量 Q 和供水端点所需要的自由水头 $h_{端}$（考虑到给水工程扩建的需要以及消防的要求），要求确定各段管路的直径和所需的水塔高度。

例 5-3 有一供水的分支管网（图 5-9）。水管为铸铁管，各段水管长度、流量及各用水单位的相对高程，均已标在图上。由于消防要求，在每条支线的终点应保留的自由水头为 $h_{端}=5\text{m}$。从水塔 A 沿干线 A—1 向二支线供水，求各管段直径和所需水塔高度。

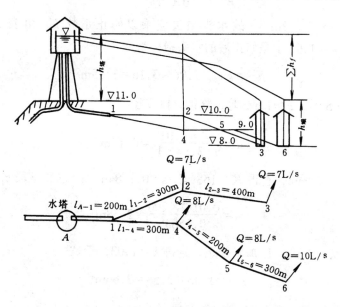

图 5-9（高程单位：m）

解 水塔高度与管网供水末端的自由水头及各段管路中的水头损失有关。在计算管径时，管径在 350mm 以下的，采用允许流速范围为 $v=0.75\sim1.25$m/s（平均用 $v\approx1.0$m/s）。水头损失按长管公式（5-15）来确定。先计算右侧支线。为方便计，列表进行计算（见表 5-3）。

表 5-3   分 支 管 网 水 力 计 算 表

管　　段		Q (L/s)	l (m)	d (mm)	v (m/s)	K (m^3/s)	h_f (m)	h'_f (m)
右侧支线	5—6	10	300	125	0.815	0.097	3.16	3.35
	4—5	18	200	150	1.0	0.158	2.58	2.66
	1—4	26	300	200	0.83	0.341	1.74	1.84
左侧支线	2—3	7	400	100	0.89	0.053	6.98	7.26
	1—2	14	300	150	0.79	0.158	2.35	2.49
干　　线	A—1	40	200	250	0.815	0.619	0.84	0.89

（1）管段 5—6　采用 $v\approx1.0$m/s，当 $Q=10$L/s$=0.01m^3$/s 时，可求得管径

$$d=\sqrt{\frac{4Q}{\pi v}}=\sqrt{\frac{4\times0.01}{3.14\times1}}=0.11\text{m}$$

采用 $d=125$mm 的标准管径，此时，管中流速为

$$v=\frac{Q}{0.785d^2}=\frac{0.01}{0.785\times0.125^2}=0.815\text{m/s}$$

在允许流速范围内。

又在 $d=125$mm 时，由表 5-1 查得 $K=97.4$L/s$=0.0974m^3$/s

按式（5-15）求该管段的水头损失 h_f

$$h_f=\frac{Q^2l}{K^2}=\frac{0.01^2\times300}{0.0974^2}=3.16\text{m}$$

由于管中流速 v 小于 1.2m/s，故水头损失应乘以修正系数 k，由表 5-2，根据 $v=0.815$m/s，查得 $k=1.06$ 于是修正后的水头损失为

$$h'_f=kh_f=1.06\times3.16=3.35\text{m}$$

（2）管段 4—5　在 $v\approx1$m/s 时，算得管段直径

$$d=\sqrt{\frac{4\times0.018}{3.14\times1}}=0.15\text{m}$$

采用标准管径 $d=150$mm，查得 $K=158.4$L/s$=0.1584m^3$/s，求得该段水头损失为

$$h_f=\frac{0.018^2\times200}{0.1584^2}=2.58\text{m}$$

由于管中流速 $v<1.2$m/s，应加以修正，查得 $k=1.03$，于是

$$h'_f=1.03\times2.58=2.66\text{m}$$

（3）管段 1—4　在 $v\approx1$m/s 时，算得管径

94

$$d = \sqrt{\frac{4 \times 0.026}{3.14 \times 1}} = 0.18\text{m}$$

采用标准管径 $d = 200\text{mm} = 0.2\text{m}$。

此时，流速 $v = \dfrac{0.026}{0.785 \times 0.2^2} = 0.83\text{m/s} < 1.25$，在允许范围内。

又在 $d = 200\text{mm}$ 时，查得 $K = 341.1\text{L/s} = 0.3411\text{m}^3/\text{s}$，求得该段水头损失为

$$h_f = \frac{Q^2 l}{K^2} = \frac{0.026^2 \times 300}{0.3411^2} = 1.74\text{m}$$

修正系数 $k = 1.06$，于是

$$h'_f = 1.06 \times 1.74 = 1.84\text{m}$$

同理，可求得左侧支线各管段及干管 A—1 的各值，列于表 5-3。

从水塔 A 沿右侧支线至最远点 6 的水头损失共计为

$$A—1—4—5—6 \quad \Sigma h'_f = 3.35 + 2.66 + 1.84 + 0.89 = 8.74\text{m}$$

从水塔 A 沿左侧支线至最远点 3 的水头损失共计为

$$A—1—2—3 \quad \Sigma h'_f = 7.26 + 2.49 + 0.89 = 10.64\text{m}$$

采用较大的左侧支线水头损失 $\Sigma h'_f = 10.64\text{m}$ 及自由水头 $h_端 = 5\text{m}$，则可算得水塔高度为

$$h_塔 = \Sigma h'_f + h_端 + 8 - 11 = 10.64 + 5 + 8 - 11 = 12.64\text{m}$$

可近似采用 13m 高的水塔。

第四节 管流水力计算举例

一、虹吸管的水力计算

虹吸管是这样一种压力管道，它在布置上有一段管道高出其进口水面，如图 5-9 所示。我国黄河沿岸，利用虹吸管引黄河水进行灌溉的例子很多。

虹吸管的工作原理是：先对管内进行抽气，使管内形成一定的真空值。由于虹吸管进口处水面的压强为大气压强。因此，管内管外形成压强差，迫使水流由压强大的地方流向压强小的地方。只要虹吸管内的真空不被破坏，而且保持上、下游有一定的水位差，水就会不断的由上游通过虹吸管流向下游。为了保证虹吸管能正常工作，管内真空值也不能太大，一般不宜超过 $6 \sim 8\text{m}$ 水柱高。因此，虹吸管顶部的安装高度受到一定的限制。综上所述，虹吸管水力计算的主要任务有以下两项：

1）计算虹吸管的泄流量；

2）确定虹吸管顶部的安装高度，或校核虹吸管顶部的真空值。

例 5-4 为了引水灌溉，利用虹吸管向渠道里引水，如图 5-10 所示。虹吸管为新铸铁

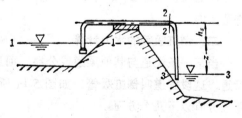

图 5-10

管，总长 19.5m，管子进口装有无底阀的滤水网。沿程水头损失系数 $\lambda = 0.028$，直径 $d = 200mm$，由进口至断面 2—2 管段长 $l_1 = 12m$，上、下游水位差 $z = 4m$，虹吸管顶部安装高度 $h_s = 3m$，弯头局部水头损失系数 $\zeta_弯 = 0.3$，试计算虹吸管通过的流量，并校核 2—2 断面的真空值。

解 (1) 虹吸管流量计算

因虹吸管不太长，局部水头损失及流速水头均不可忽略，故应按短管计算。若不计行近流速的影响，则流量为

$$Q = \mu_c A \sqrt{2gz}$$

$$A = \frac{\pi d^2}{4} = \frac{1}{4} \times 3.14 \times 0.2^2 = 0.0314m^2$$

查表 4-5 得无底阀滤水网的局部水头损失系数为 $\zeta_网 = 3.0$，$\zeta_{出口} = 1$，得

$$\Sigma \zeta = 3.0 + 2 \times 0.3 + 1 = 4.6$$

吸水管全长为 19.5m，算得流量系数及流量为

$$\mu_c = \frac{1}{\sqrt{\lambda \dfrac{l}{d} + \Sigma \zeta}} = \frac{1}{\sqrt{0.028 \times \dfrac{19.5}{0.2} + 4.6}} = 0.369$$

$$Q = 0.369 \times 0.0314 \sqrt{2 \times 9.8 \times 4} = 0.103m^3/s$$

(2) 虹吸管顶部 2—2 断面真空高度计算

选上游水面为基准面，列上游渠道自由水面与 2—2 断面的能量方程式

$$0 + \frac{p_a}{\gamma} + 0 = h_s + \frac{p_2}{\gamma} + \frac{v_2^2}{2g} + h_w$$

$$\frac{p_a}{\gamma} - \frac{p_2}{\gamma} = h_s + \frac{v_2^2}{2g} + \left(\lambda \frac{l_1}{d} + \Sigma \zeta \right) \frac{v_2^2}{2g}$$

式中　　　　　　　　$\dfrac{p_a}{\gamma} - \dfrac{p_2}{\gamma} = h_真$（为 2—2 断面的真空高度）

所以　　　　　　　　$h_真 = h_s + \left(1 + \lambda \dfrac{l_1}{d} + \Sigma \zeta \right) \dfrac{v_2^2}{2g}$

$$v_2 = \frac{Q}{\omega} = \frac{0.103}{0.0314} = 3.28m/s$$

代入上式得　　$h_真 = 3.0 + \left(1 + 0.028 \times \dfrac{12}{0.2} + 3.0 + 1 \times 0.3 \right) \times \dfrac{3.28^2}{19.6} = 6.28m$

该虹吸管顶部 2—2 断面的真空高度为 6.28m，允许真空高度为 6～8m 水柱高，在允许范围内。

二、倒虹吸管的水力计算

当某一条渠道与其他渠道或公路、河道相交叉时，常常在公路或河道的下面设置一段管道，这段管道叫**倒虹吸管**，如图 5-11 所示。倒虹吸管为一压力短管，其水力计算的主要任务有以下几个方面：

1) 已知渠道的设计流量 Q，管径 d 及管道布置，要求确定倒虹吸管上、下游水位差 z；

2）根据地形条件，倒虹吸管上下游水位差 z 值已定，并已知通过的流量 Q，要求确定管径 d；

3）倒虹吸管上、下游水位差 z、管径 d 及倒虹吸管的布置已确定，要求校核通过的流量 Q。

根据工程实践的经验，倒虹吸管为避免泥沙淤积，及不使水头损失过大，流速宜选用 $1.5\sim2.5\text{m/s}$。

例 5-5 一横穿公路的钢筋混凝土倒虹吸管，如图 5-11 所示。已知管中通过流量 $Q=2\text{m}^3/\text{s}$，倒虹吸管全长 $l=30\text{m}$，中间有两个弯道，每个弯道的局部水头损失系数为 $\zeta_{弯}=0.21$，钢筋混凝土粗糙系数 $n=0.014$，若不计上、下游渠道中流速的影响，试确定倒虹吸管上、下游水位差 z。

解 首先选定倒虹吸管的允许流速为 2m/s，则管径为

$$d=\sqrt{\frac{4Q}{\pi v}}=\sqrt{\frac{4\times2}{3.14\times2}}=1.13\text{m}$$

为了便于施工，采用直径 $d=1.1\text{m}$，则管中实际流速为

$$v=\frac{Q}{\omega}=\frac{2}{0.785\times1.1^2}=2.11\text{m/s}$$

再计算沿程阻力系数 λ 值，因

$$C=\frac{1}{n}R^{1/6}=\frac{1}{0.014}\left(\frac{1.1}{4}\right)^{1/6}=57.6\text{m}^{1/2}/\text{s}$$

$$\lambda=\frac{8g}{C^2}=\frac{8\times9.8}{57.6^2}=0.0236$$

根据短管淹没出流 $z=h_w$，于是

$$z=\left(\lambda\frac{l}{d}+\Sigma\zeta\right)\frac{v^2}{2g}=\left(0.0236\times\frac{30}{1.1}+0.5+2\times0.21+1\right)\frac{2.11^2}{19.6}=0.58\text{m}$$

倒虹吸管上、下游的水位差是 0.58m。

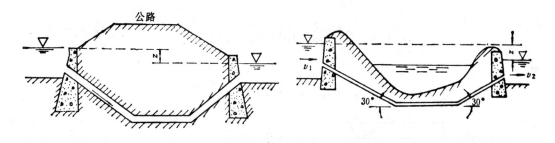

图 5-11　　　　　　　　　　　　　　　图 5-12

例 5-6 一横穿河道的钢筋混凝土倒虹吸管，如图 5-12 所示。已知通过的流量 Q 为 $3\text{m}^3/\text{s}$，倒虹吸上、下游水位差 z 为 3m，倒虹吸管长 l 为 50m，其中经过两个 $30°$ 的折角转弯，其局部水头损失系数 $\zeta_{弯}$ 为 0.20；进口局部水头损失系数 $\zeta_{进}$ 为 0.5，出口局部水头损失系数为 1.0，上、下游渠中流速 v_1 及 v_2 为 1.5m/s，管壁粗糙系数 $n=0.014$。试确

定倒虹吸管直径 d。

解 因 $Q = \mu_c A \sqrt{2gz} = \mu_c \dfrac{\pi d^2}{4} \sqrt{2gz}$

所以
$$d = \sqrt{\frac{4Q}{\mu_c \pi \sqrt{2gz}}}$$

$$\mu_c = \frac{1}{\sqrt{\lambda \dfrac{l}{d} + \Sigma \zeta}}$$

求 d 值需知 μ_c，而求 μ_c 又需要知道 d，故应采用试算法计算。

先假设 $d = 0.8$m，计算沿程阻力系数：

$$C = \frac{1}{n} R^{1/6} = \frac{1}{0.014} \left(\frac{0.8}{4} \right)^{1/6} = 54.62 \text{m}^{1/2}/\text{s}$$

故
$$\lambda = \frac{8g}{c^2} = \frac{8 \times 9.8}{54.62^2} = 0.0263$$

又因
$$\mu_c = \frac{1}{\sqrt{\lambda \dfrac{l}{d} + \zeta_{进} + 2\zeta_{弯} + \zeta_{出}}} = \frac{1}{\sqrt{0.0263 \times \dfrac{50}{0.8} + 0.5 + 2 \times 0.12 + 1.0}}$$

$$= \frac{1}{\sqrt{3.54}} = 0.531$$

可求得

$$d = \sqrt{\frac{4 \times 3}{0.531 \times 3.14 \sqrt{2 \times 9.8 \times 3}}} = 0.97 \text{m}$$

与假设不符。故再设 $d = 0.95$m，重新计算：

$$C = \frac{1}{0.014} \left(\frac{0.95}{4} \right)^{1/6} = 56.21 \text{m}^{1/2}/\text{s}$$

$$\lambda = \frac{8 \times 9.8}{56.21^2} = 0.0248$$

得
$$\mu_c = \frac{1}{\sqrt{0.0248 \times \dfrac{50}{0.95} + 0.5 + 2 \times 0.2 + 1}} = \frac{1}{\sqrt{3.20}} = 0.558$$

$$d = \sqrt{\frac{4 \times 3}{0.558 \times 3.14 \sqrt{2 \times 9.8 \times 3}}} = 0.945 \text{m}$$

因算出的直径已和所设值非常接近，故采用管径 d 为 0.95m。

三、抽水机装置的水力计算

图 5-13 为一抽水装置。由真空泵使抽水机吸水管内形成真空，水源的水在大气压强作用下，从吸水管进入泵壳，再经压水管流入水塔。从能量观点来看，电动机及抽水机给水做功，将外面输入的电能转化为水的机械能，使水提升一定的高度。

抽水机的吸水管（由水源至抽水机入口的一段管道），允许流速可采用 $v = 2 \sim 2.5 \mathrm{m/s}$。抽水机的压水管（由抽水机出口至水塔的一段管道），允许流速可采用 $3 \sim 3.5 \mathrm{m/s}$。

抽水机装置的水力计算，主要是确定抽水机的安装高度和抽水机的扬程。具体计算方法举例说明如下。

例 5-7 一抽水机装置如图 5-13 所示。已知抽水机的流量为 $Q = 40 \mathrm{m^3/h}$，吸水管长度 $l_{吸} = 6 \mathrm{m}$，压水管长度 $l_{压} = 20 \mathrm{m}$，提水高度 $z = 16 \mathrm{m}$。

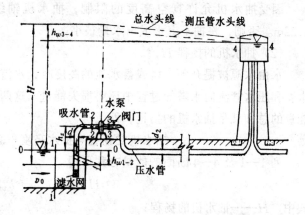

图 5-13

水管沿程水头损失系数 $\lambda = 0.046$，局部水头损失系数为 $\zeta_{弯} = 0.17$，$\zeta_{网} = 10$，$\zeta_{阀} = 0.15$。若抽水机最大允许真空高度为 6m 水柱。试确定：①抽水机的安装高度；②抽水机的扬程。

解 （1）抽水机的安装高度 h_s

首先选取吸水管和压水管的允许流速，各为 $v_{吸} = 2.5 \mathrm{m/s}$，$v_{压} = 3 \mathrm{m/s}$，则相应的管径为

$$d_{吸} = \sqrt{\frac{4Q}{\pi v_{吸}}} = \sqrt{\frac{4 \times 40}{3.14 \times 2.5 \times 3600}} = 0.075 \mathrm{m}$$

$$d_{压} = \sqrt{\frac{4Q}{\pi v_{压}}} = \sqrt{\frac{4 \times 40}{3.14 \times 3 \times 3600}} = 0.065 \mathrm{m}$$

按以上初步计算结果，选用吸水管直径 $d_{吸} = 75 \mathrm{mm}$，压水管直径 $d_{压} = 75 \mathrm{mm}$。

为了求抽水机的安装高度，今以 0—0 为基准面，对 1—1 和 2—2 断面列能量方程，并取 $\alpha = 1$

$$0 + \frac{p_a}{\gamma} + 0 = h_s + \frac{p_2}{\gamma} + \frac{v^2}{2g} + h_{w吸}$$

$$h_s = \left(\frac{p_a}{\gamma} - \frac{p_2}{\gamma} \right) - \frac{v^2}{2g} - h_{w吸}$$

式中，$\left(\dfrac{p_a}{\gamma} - \dfrac{p_2}{\gamma} \right)$ 是抽水机的允许真空高度 $h_{真}$，经整理后得

$$h_s = h_{真} - \left(1 + \lambda \frac{l}{d} + \Sigma \zeta \right) \frac{v^2}{2g}$$

因为

$$v = \frac{Q}{A} = \frac{\frac{40}{3600}}{\frac{1}{4} \times 3.14 \times 0.075^2} = 2.51 \mathrm{m/s}$$

所以，抽水机的安装高度为

$$h_s = 6 - (1 + 13.85) \frac{2.51^2}{19.6} = 1.22 \mathrm{m}$$

因受抽水机允许真空高度的限制，抽水机轴线在水源水面以上的高度不得超过1.22m。否则，将抽不上水或出水量很小。

（2）抽水机的扬程 H

水由水源被提升到水塔或蓄水池的高度时，水流增加了势能。同时，水从水源经过吸水管和压水管流向水塔的过程中还要损失能量。这两部分能量都由抽水机提供。这两部分能量的总和就是抽水机的扬程，即

$$抽水机的扬程 = 提水高度 + 总的水头损失$$

列1—1及4—4断面的能量方程可得

$$H = z + h_{w吸} + h_{w压}$$

式中　H——抽水机的扬程；

　　　z——提水高度。

因

$$h_{w压} = \left(\lambda \frac{l_压}{d_压} + \Sigma\zeta\right)\frac{v^2}{2g}$$

$$= \left(0.046 \times \frac{20}{0.075} + 0.15 + 3 \times 0.17 + 1\right)\frac{v^2}{2g}$$

$$= 13.93\frac{v^2}{2g}$$

$$h_{w吸} = 13.85\frac{v^2}{2g}$$

故抽水机的扬程为

$$H = 16 + 13.85\frac{v^2}{2g} + 13.93\frac{v^2}{2g} = 16 + (13.85 + 13.93)\frac{2.51^2}{2 \times 9.8}$$

$$= 24.93\text{m}$$

根据算出的扬程 H 和流量 Q，即可在产品目录中选用适当型号的抽水机。

第五节　压力管中的水击简介

一、一般概念

压力管道中，由于管中流速突然变化，引起管中压强急剧增高（或降低），从而使管道断面上发生压强交替升降的现象，称为**水击**。

当压力管路上阀门迅速关闭或水轮机、水泵等突然停止运转时，管中流速迅速减小，压强急剧升高，这种以压强升高为特征的水击，称为**正水击**。正水击时的压强升高可以超过管中正常压强很多倍，甚至可使管壁破裂。

当压力管路上阀门突然打开时，管中流速迅速加大，压强急剧减小，这种以压强降低为特征的水击，称为**负水击**。负水击时的压强降低，可能使管中发生不利的真空。

由于水击对压力管道危害很大，因此，对水击必须加以研究。在前面各章的讨论中，均把液体看作是不可压缩的。但在水击问题研究中，由于水击压强相当大，所以必须考虑**液体的压缩性**及**管壁的弹性**，否则将导致错误的结论。

二、水击波的传播

设有一压力水管，长为 l，直径为 d，上游端连接水库，下游端装有阀门，水头为 H，如图 5-14 所示。在许多情况下，压力管道中的水头损失及流速水头均较压强水头小得多，所以在水击的分析和计算中，常可忽略不计，即认为在恒定流动时，管路的测压管水头线与静水头线 $X—X$ 相重合。

我们首先考虑突然完全关闭阀门时水击情况，当然要在一瞬间立即完全关闭阀门，虽然实际上是不可能的，但这一概念作为研究实际情况的入门还是有用的。为便于研究，假定水平管中起初为恒定流，流速为 v_0，压强为 p_0（图 5-14，a）。今假定管道末端 N 点的阀门突然完全关闭，则紧挨阀门的一薄层液体被迫停止运动，为上游继续流来的液体所压缩，速度变为 $v=0$，而压强立即比原来的 p_0 增高一个 Δp。同时，此薄层液体外面的管壁由于所产生的增压而向外膨胀。接着，上游第二层液体也被停止。这样，一层一层的液体被停止而压缩和因此而发生的压力增高，将以波的形式沿管子向上游传播，其波速为 c。管中的液体并非不可压缩的刚体，所以，这一过程受到液体和管壁二者的弹性所影响。

经过一短暂的时刻，液体 BN 已被停止而压缩，而从进口 M 点处至 B 点的 MB 管段中的液体，仍将以其原来的速度 v_0 和原来的压强 p_0 而继续流动（图 5-14，a）。当增压波最后传至进口 M 点时，在长度为 l 的管中，全部液体被停止而压缩。但此时整个管中的液体受有一增压 Δp。当增压波由 N 向 M 传播时，测压管水头线将较原来的测压管水头线 $\frac{p_0}{\gamma}$ 的高度升高一个压强水头 $\frac{\Delta p}{\gamma}$ 值，其中的 Δp 即为**水击压强**。

现在 M 点的压强大于水深 MX 所产生的压强，这是不可能存在的。所以，当压力波传至 M 时，M 点的压强立刻降至水流静止时所具有的压强。但此时整个管中受有增压，于是在此压差作用下，管中液体开始向水库回流。同时压力也开始恢复原状，并以波的形

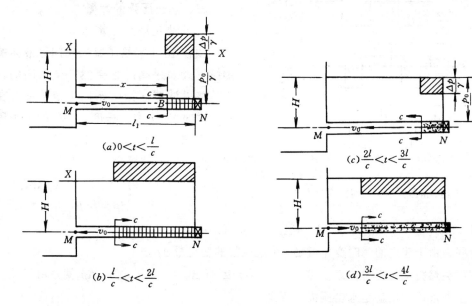

图 5-14

式由 M 向 N 传播，即发生一个反射的减压波（图 5-14，b）。假设压力并不衰减，当传至 N 点时，整个管中的液体处于原来的正常状态，其测压管水头线如图中 $X—X$ 所示。但液体仍在向水库流动。此反向流速将在 N 点产生一个骤然的压强降低，其大小仍为 Δp，此降低之压强远小于正常恒定流时的压强 p_0。由于压强降低，液体开始膨胀，密度变小，于是一个稀疏化的减压波将由 N 点向 M 点传播（图 5-14，c）。当减压波最后传至 M 时，整个管中的液体处于膨胀而停止运动的状态。但管中压强比水库进口压强小一个 Δp，在此压差作用下，液体又开始向管中流动，使压强恢复正常，并以波的形式由 M 向 N 传播（图 5-14，d）。理论上，一定会有一系列交替出现的增压波和减压波沿整个管长上反复传播。实际上，由于管壁和液体的摩阻，以及管壁和液体二者并非绝对弹性体，而将引起压力衰减，使得管中任一点的压强围绕静止时的测压管水头线 $x—x$（图 5-14，a）上下摆动逐渐衰减而终至平息。

压力波由 N 至 M 再返回到 N，传播一个往返所需的时间为

$$t = \frac{2l}{c} \tag{5-17}$$

对于阀门突然完全关闭的情形，阀门 N 处升高的增压 Δp 在时段 t 内将保持不变，直至恢复原状的减压波返回阀门对它发生影响为止；同样，在液体膨胀的阶段内，压力降低值在另一时段 t 内也将保持不变，如图 5-15（a）所示。在距进口为 x 的 B 点，压力波由该点至进口传播一个往返所需的时间只有 $\frac{2x}{c}$，因而在 B 点，压力增高或压力降低的历时将是 $\frac{2x}{c}$，如图 5-15（b）所示。在进口 M 处，$x=0$，升压或降压仅仅发生在一瞬间，如图 5-15（c）所示。

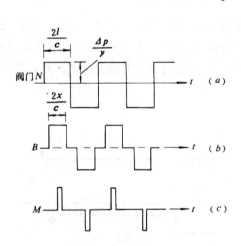

图 5-15　阀门突然完全关闭时，在 N、B、M 各点水击压强水头随时间变化的过程

三、水击压强的计算

1. 水击压强的计算

图 5-16 中描绘了紧挨阀门处液体的压缩情形。如果阀门是突然完全关闭的，压力波将以波速 c 沿管子向上游传播。在一短暂的时段 dt 内，长度为 cdt 的一小段液体被压缩而停止。应用牛顿第二定律 $Fdt = mdv$，并忽略阻力，可得

$$\left[pA - (p+dp) A \right] dt = (\rho Acdt) dv$$
$$- dp = \rho cdv$$

或写成

$$\Delta p \doteq - \rho c (\Delta v)$$

此式表明，由于速度的瞬时变化量 Δv 引起压强的变化量 Δp。

阀门突然完全关闭时，速度由 v_0 变为零，因而 $\Delta v = - v_0$；这时 Δp 就是由于关闭阀门而产生的增压，也就是水击压强，于是

$$\Delta p = \rho c v_0 \tag{5-18}$$

这就是**水击压强的计算公式**。由此可见，压强的增值，即水击压强 Δp 和管长无关，只决定于管中波速 c 和流速的变化量 Δv。阀门关闭后，阀门处的总压强为 $p_0 + \Delta p$，其中 p_0 为关阀前阀门处的原有压强。

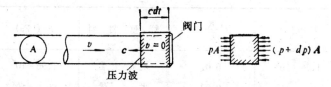

图 5-16

式（5-18）也可表示为

$$\Delta p = \frac{\gamma}{g} c v_0 \qquad (5\text{-}19)$$

水击压强用水柱高度表示，则为

$$\frac{\Delta p}{\gamma} = \frac{c v_0}{g} \qquad (5\text{-}20)$$

水击压强在突然关闭阀门时可达极其可观的数值，如果采用波速 $c = 1000 \text{m/s}$，管中流速 $v_0 = 1 \text{m/s}$，则由式（5-20）可得

$$\frac{\Delta p}{\gamma} = \frac{c v_0}{g} = \frac{1000 \times 1}{9.8} \approx 100 \text{m 水柱高}$$

这相当于 10 个大气压。

2. 水击波的传播波速

从上面的计算可知，要求水击时的压强增值，必须知道水击波的传播速度。

当液体运动突然停止时，升高的压强首先发生在阀门旁，随后又沿着管路以速度 c 逆流传播。速度 c 称为**水击波的传播速度**。

如果在管壁为无弹性的绝对刚体的管道中，通过弹性的液体，当发生水击波传播时，可以推证出其波速为

$$C_0 = \sqrt{\frac{K}{\rho}} = \sqrt{\frac{g}{\gamma} K} \qquad (5\text{-}21)$$

式中，K 为液体体积弹性系数。若刚体管中流动的液体是水，在一定温度条件下，水的体积系数 $K = 2.06 \times 10^6 \text{kPa}$，由式（5-21）可得水击波在水中的传播速度 $C_0 = 1435 \text{m/s}$。

实际上，当管中压强增高时，管壁发生膨胀，即管壁是有弹性的。**弹性的液体在弹性的管壁中运动时，所发生的水击波波速 C 应为**

$$C = \frac{C_0}{\sqrt{1 + \dfrac{D}{\delta} \dfrac{K}{E}}} \qquad (5\text{-}22)$$

式中　E——管壁材料的弹性系数，常见的几种管壁材料，其弹性系数见表 5-4；

　　　K——液体的体积弹性系数；

　　　D——管道的直径；

δ——管壁的厚度；

C_0——弹性液体在绝对刚体管道中的波速。

表 5-4

管 壁 材 料	E (kPa)	$\dfrac{K}{E}$	管 壁 材 料	E (kPa)	$\dfrac{K}{E}$
钢 管	1.96×10^8	0.01	混 凝 土 管	1.96×10^7	0.1
铸 铁 管	9.8×10^7	0.02	木 管	9.8×10^6	0.2

由式（5-22）可知，波的传播速度因液体种类、管子材料、管子直径、管壁厚度的不同而变化。当钢管中流动的液体为水时，若管径约为管壁厚度的 100 倍，而 K/E 的比值约为 1/100 时，则波的传播速度 C 可估计为 1000m/s。

例 5-8 一焊接钢管，内径 $d = 0.8$m，壁厚 $\delta = 10$mm，以流速 $v = 3$m/s 渲泄着水；管端处（阀门前面）的压强水头为 50m。试求阀门迅速关闭时的压强升高。

解 水击波的传播速度按式（5-22）计算

$$C = \frac{C_0}{\sqrt{1 + \dfrac{D}{\delta} \cdot \dfrac{K}{E}}} = \frac{1435}{\sqrt{1 + \dfrac{80}{1} \times 0.01}} = 1070 \text{m/s}$$

当阀门突然完全关闭时的压强升高按式（5-20）计算

$$\frac{\Delta p}{r} = \frac{cv_0}{g} = \frac{1070 \times 3}{9.81} = 327.6 \text{m 水柱}$$

这样，当阀门迅速关闭时，管路末端处的全部压强为 $50 + 327.6 = 377.6$m 水柱。

四、水击的型式

前面已介绍，压力管中可能发生以压强升高为特征的正水击和以压强降低为特征的负水击。

1. 正水击

正水击有两种型式：直接水击和间接水击。

从式（5-17）中已知，压力波从阀门到管子起点再返回阀门处，传播一个往返所需的时间为 $t = \dfrac{2l}{C}$。若用 T 表示阀门完全关闭所需的时间（包括阀门在一瞬间完全关闭，而这种情况实际上不可能做到）。则可能发生两种情况：（1）$T \leqslant t$ 和（2）$T > t$。

当阀门很快的关闭，其关闭的时间小于压力波在管中传播一个往返所需时间即

$$T \leqslant \frac{2l}{C} \tag{5-23}$$

这时发生的水击称为**直接水击**，在直接水击时，由管道进口反射回来的减压波尚未到达阀门时，阀门已关闭，阀门处的压强未能受到减压波的影响而降低。这时阀门处的最大水击压强就会达到突然完全关闭时的最大水击压强。其值仍按式（5-19）$\Delta p = \dfrac{r}{g} cv_0$ 计算。

由 $T < \frac{2l}{c}$ 可知，在管道较长或关闭阀门时间较短时，便会发生直接水击。为避免发生直接水击，可设法缩短管子的长度；或延长关阀时间。

若关阀时间大于压力波传播一个往返所需的时间，即

$$T > \frac{2l}{c} \tag{5-24}$$

此时发生**间接水击**。

在此种情况下，反射回来的减压波到达阀门时，阀门还未完全关闭。不但阀门处的压强还未升到最大值，而且反射回来的减压波还使阀门处的压强降低。所以阀门处的压强增值要比直接水击时为小。

间接水击比较复杂，决定水击压强也比较困难。可用近似公式——莫洛索夫公式来确定压强增高值 $\frac{\Delta p}{\gamma}$

$$\frac{\Delta p}{\gamma} = \frac{2\sigma}{2 - \sigma} h \tag{5-25}$$

$$\sigma = \frac{v_0 l}{ghT} \tag{5-26}$$

其中，σ 与管道特性有关，h 为管道阀门处的静水头 $\frac{p_0}{\gamma}$。v_0 为管内未发生水击前的流速。若 σ 不大于 0.5 且压力增高值较小时，式（5-25）可得相当准确的结果。

试验证明，在缓慢关闭而发生间接水击时，管中所发生的压强增值，从阀门处的 $\Delta p'$ 均匀地减小，到进口处为零，即按直线变化。此时的间接水击压强也可近似地按下式计算

$$\Delta p' \approx \frac{2l/c}{T} \cdot \Delta p = \frac{2l}{cT} \cdot \Delta p = \frac{2lv_0 \rho}{T} \tag{5-27}$$

式中　Δp——突然完全关闭阀门时的水击压强。

例 5-9　在水力发电厂中，已知引水管长 $l = 80\text{m}$，$v_0 = 2.4\text{m/s}$，$c = 850\text{m/s}$，$T = 2\text{s}$，$h = 50\text{m}$，求水击压强。

解　先确定水击波往返的时间

$$t = \frac{2l}{c} = \frac{2 \times 80}{850} = 0.188\text{s}$$

因 $T > \frac{2l}{t}$，所以为间接水击，按公式（5-26）确定 σ

$$\sigma = \frac{v_0 l}{ghT} = \frac{2.4 \times 80}{9.8 \times 50 \times 2} = 0.196$$

因 0.196 < 0.5 故水击压强可按式（5-25）计算

$$\frac{\Delta p}{\gamma} = \frac{2\sigma}{2 - \sigma} h = \frac{2 \times 0.196 \times 50}{2 - 0.196} = 10.9\text{m 水柱}$$

所以，在阀门处的最大压强为 50 + 10.9 = 60.9m 水柱。

2. 负水击

负水击也有两种型式：直接水击和间接水击。

若 $T < \dfrac{2l}{c}$（其中 T 为开启时间）为直接水击。直接水击时，最大压强降低值仍可按式（5-20）$\dfrac{\Delta p}{\gamma} = \dfrac{cv_0}{g}$ 确定，但**其值为负**。

若 $T > \dfrac{2l}{c}$，则发生间接水击。间接水击的压强降低值可按切尔乌索夫公式计算，即

$$\frac{\Delta p}{\gamma} = \frac{2\sigma}{1+\sigma} h \tag{5-28}$$

其中 σ 仍按式（5-26）计算。负水击可能使管中发生有害的真空。因此，引水管等也常计算负水击所引起的压力降低值。

习　题

5-1　某水电站的施工导流随洞，如图 5-17 所示。上游是水库，下游河道开阔，洞长 $l = 400\mathrm{m}$，洞径 $D = 4\mathrm{m}$，平均波度 $i = \dfrac{\Delta H}{l} = 0.015$，开挖后不衬砌，粗糙系数 $n = 0.035$，水头 $H = 11\mathrm{m}$，求泄流量。

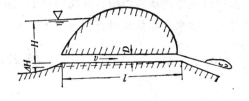

图 5-17　　　　　　　　　　　　　　　　图 5-18

5-2　一横穿河道的钢筋混凝土倒虹吸管，如图 5-18 所示。已知管道通过的流量为 $Q = 2\mathrm{m}^3/\mathrm{s}$，长度 $L = 30\mathrm{m}$，$\lambda = 0.0223$，有两个 $\alpha = 30°$ 的转角，当管径 $d = 1.2\mathrm{m}$ 时，试确定上下游渠道中的水位差 z。

5-3　试定性的绘出图 5-19 中各管道的总水头线和测压管水头线。

5-4　有一管路如图 5-20 所示，水管为旧钢管，管径 $d_1 = 1\mathrm{m}$，$d_2 = 0.8\mathrm{m}$，上下游水池水位差 $z = 3\mathrm{m}$，问：管中能通过多大的流量？绘出管路的总水头线与测压管水头线。

5-5　有一输水管路，由山上引泉水作生活用水，水管采用铸铁管，水源至用户距离 $l = 280\mathrm{m}$，作用水头 $H = 30\mathrm{m}$，流量 $Q = 200\mathrm{L/s}$，为了完全利用这一水头，问水管直径应为多大？

5-6　有一给水系统，管网布置及供水末端高程如图 5-21 所示，水管的粗糙系数 $n = 0.0125$，要求供水终点应保留的压力水头为 $h_{端} = 6\mathrm{m}$，试确定所需要的水塔高度。

5-7　有一灌溉渠道，利用直径 $D = 1\mathrm{m}$ 的钢筋混凝土虹吸管自水源引水（图 5-22），

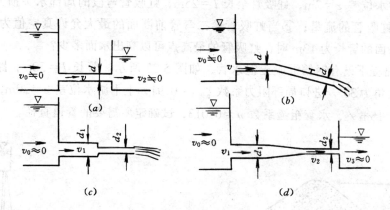

图 5-19

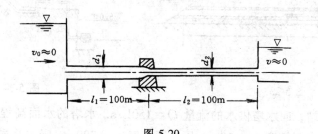

图 5-20

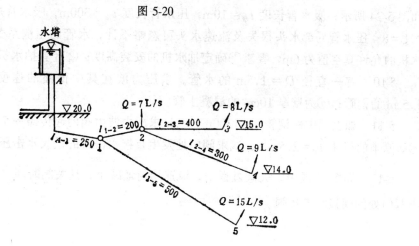

图 5-21 （高程、长度单位：m）

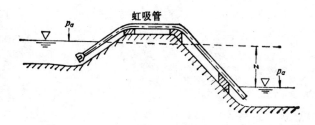

图 5-22

虹吸管上下游水位差 $z=2\text{m}$，虹吸管全长 $l=25\text{m}$，虹吸管弯段的局部水头损失系数 $\zeta=0.6$，①计算虹吸管的流量；②当虹吸管第二弯管前断面的最大允许真空值为 7m 水柱，由进口至该断面的管长为 13m 时，虹吸管的最高点可以高出水面多少？

5-8　一路堤下设有钢筋混凝土泄水管，如图 5-23 所示。管长 $l=50\text{m}$，路堤上游面与水平面的夹角为 30°，进口局部阻力系数 $\zeta_{进口}=0.91$，上下游水位差 $z=20\text{m}$，若要求管内泄流量 $Q=15\text{m}^3/\text{s}$，水管粗糙系数 $n=0.013$，试确定所需要的管道直径。

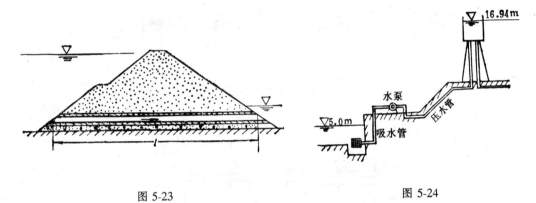

图 5-23　　　　　　　　　　　　图 5-24

5-9　有一抽水站，向水塔供水的流量 $Q=150\text{L/s}$，水塔的水面高程及水池水面高程如图 5-24 所示，吸水管长度 $l_{吸}=10\text{m}$，压水管长度 $l_{压}=300\text{m}$，吸水管局部水头损失系数 $\sum\zeta=8$，压水管局部水头损失及流速水头可忽略不计，水管的粗糙系数 $n=0.0115$，抽水机的允许真空值为 6m，要求①确定抽水机的安装高度；②计算抽水机的扬程。

5-10　有一直径 $D=1.5\text{m}$ 的水管，求压力波在其中传播的速度 c，如ⓐ为壁厚 1.5cm 的钢管；ⓑ为壁厚 10cm 的混凝土管。

5-11　如上题中的钢管 $l=1200\text{m}$，ⓐ试求压力波由阀门起传播一个往返所需的时间；ⓑ如原来的流速 $v_0=2.5\text{m/s}$，试求阀门处发生直接水击时的最大水击压强。

5-12　如 5-11 题中，关阀过程中，流速均匀地减小，且关阀时间 $T=\dfrac{5l}{c}$，试近似求出阀门处的间接水击压强。

第六章 明 渠 均 匀 流

第一节 概 述

一、明渠水流

凡天然河道、人工渠道等具有**自由面❶**的水流，都叫**明渠水流**。水利工程中的引水或泄水的隧洞和涵管内的水流未充满整个断面时，也属于明渠水流。由于明渠水流的液面和大气相接触，表面的相对压强为零，所以是无压流。综上所述，**明渠水流就是具有自由水面的无压流**。

明渠中的水流是在重力作用下流动的，在流动过程中，水流必然要克服阻力而消耗能量损失水头，所以明渠水流是在一对矛盾着的重力和阻力的共同作用下运动的。

从第四章知道，阻力的大小与水流边界条件有很大关系。明渠水流的边界是渠槽，所以，要研究水流运动，就必须对明渠的槽身形状、型式以及明渠的底坡等有所了解。

二、渠槽的型式

天然河道的断面形状往往是不规则的，常见的断面形状是具有主槽和边滩的形式（图 6-1）。人工渠道的横断面形状是各式各样的，常见的有梯形、矩形、圆形、U 形及复式断面等（图 6-2）。

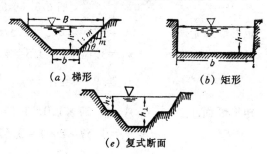

(a) 梯形 (b) 矩形

(e) 复式断面

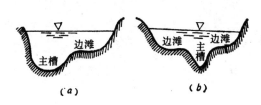

（a） （b）

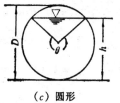

(c) 圆形

(d) U形

图 6-1　　　　　　　　　　　　图 6-2

土渠的横断面一般多做成梯形（图 6-2，a）。如水深以 h 表示，底宽以 b 表示，边坡系数以 m 表示，则梯形断面水力要素的计算公式如下：

（1）梯形过水断面面积

$$A = (b + mh) h \qquad (6-1)$$

式中 $m = \text{ctg}\theta$，表示渠道边坡的倾斜程度。通常渠道边坡上注成 $1:m$，其中 1 表示斜坡的铅直距离，m 表示斜坡的水平距离。m 又叫**边坡系数**。m 越大，边坡越缓；m 越小，

---

❶ 水流和大气相接触的水面，因不受固体边界的约束，可以随流量大小而自由升降故称自由面。

边坡越陡；$m=0$，断面为矩形。m 的大小是根据土壤性质和施工要求决定的。

（2）梯形过水断面的**湿周**

$$\chi = b + 2h \sqrt{1 + m^2} \qquad (6\text{-}2)$$

（3）梯形过水断面的**水力半径**

$$R = \frac{A}{\chi} = \frac{(b + mh)\, h}{b + 2h \sqrt{1 + m^2}} \qquad (6\text{-}3)$$

水力半径的大小反映了渠道断面的几何形状和尺寸的不同。以下举例说明。

图 6-3 表示两个矩形及一个半圆形的渠道断面，尺寸如图中所示。它们的过水断面、湿周、水力半径计算如下

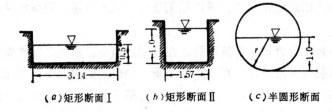

（a）矩形断面Ⅰ　　　（b）矩形断面Ⅱ　　　（c）半圆形断面

图 6-3 （单位：m）

矩形断面Ⅰ　　　$A_1 = 3.14 \times 0.5 = 1.57\text{m}^2$

$\chi_1 = 3.14 + 2 \times 0.5 = 4.14\text{m}$

$R_1 = \dfrac{1.57}{4.14} = 0.379\text{m}$

矩形断面Ⅱ　　　$A_2 = 1.57 \times 1.0 = 1.57\text{m}^2$

$\chi_2 = 1.57 + 2 \times 1 = 3.57\text{m}$

$R_2 = \dfrac{1.57}{3.57} = 0.44\text{m}$

半圆形断面　　　$A_3 = \dfrac{\pi r^2}{2} = \dfrac{3.14 \times 1^2}{2} = 1.57\text{m}^2$

$\chi_3 = \pi r = 3.14 \times 1 = 3.14\text{m}$

$R_3 = \dfrac{1.57}{3.14} = 0.5\text{m}$

由以上计算可见，三个过水断面面积是相等的（均为 1.57m^2）。但由于它们的尺寸（两个矩形断面）和形状（矩形及圆形）不同，所以水力半径也不同。

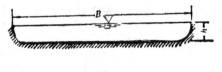

图 6-4

在平原河道上，过水断面呈宽浅型，如图 6-4 所示，设河宽为 B，水深为 h，断面可看作矩形，则过水断面 $A = Bh$、湿周 $\chi = B + 2h$，水力半径为

$$R = \frac{A}{\chi} = \frac{Bh}{B + 2h} = \frac{h}{1 + 2\dfrac{h}{B}}$$

一般认为，当**宽深比**$\left(\dfrac{B}{h}\right)$大于 100 时，$\dfrac{2h}{B}$可略去不计，近似地用水深代替水力半径，即$R \approx h$。

水力半径的大小直接影响着渠道的过水能力。在其它水力条件相同时，水力半径大则湿周小，说明周界对水流的约束小，过水能力就大；水力半径小则湿周大，说明周界对水流的约束大，过水能力就小。所以，水力半径是反映过水断面的形状及尺寸对水流运动影响的一个因素。

根据渠道横断面形状与尺寸沿流程改变与否，分为两类。断面形状和尺寸沿程保持不变的渠道，叫做**棱柱体渠道**，一般人工渠道多属此类。在棱柱体渠道中，水流的过水断面面积 A 仅与水深 h 有关，可用函数关系表示为 $A = f(h)$。

横断面形状和尺寸沿流程改变的渠道，叫做**非棱柱体渠道**（如连接梯形断面渠道和矩形断面渡槽的过渡段属此类）。在非棱柱体渠道中，水流过水断面面积 A 是随着水深 h 和流程 l 而变的，可用函数关系表示为 $A = f(h, l)$。

三、渠道的底坡

渠道的底面，一般沿程微向下游倾斜。渠道底面与纵剖面的交线称**渠底线**。渠底线沿流动方向每单位长度的下降量，称为**渠底坡度**（简称底坡或**渠道比降**）通常以 i 表示（图6-5），它等于渠底线与水平线夹角 θ 的正弦。即

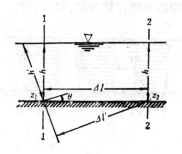

图 6-5

$$i = \sin\theta = \frac{z_1 - z_2}{\Delta l} \tag{6-4a}$$

式中　z_1、z_2——1—1、2—2 断面渠底的高程；

　　Δl——两断面间渠底线的长度。

一般情况下，θ 角较小，$\sin\theta \approx \mathrm{tg}\theta$，所以可认为

$$i = \mathrm{tg}\theta = \frac{z_1 - z_2}{\Delta l'} \tag{6-4b}$$

式中　$\Delta l'$——两断面间的水平距离。

在底坡微小的情况下（$i \leqslant 0.10$），采用近似的水平长度 $\Delta l'$ 替代 Δl 所引起的误差，在工程上是允许的。

需指出：渠道过水断面的水深，应是垂直于流向的水深 h，但为了量测和计算方便，通常采用铅直水深 h' 代替，因为当 θ 角较小时，$h' \approx h$，由此而引起的误差是极小的。但当 θ 角较大时，则另当别论。

渠道的底坡有**顺坡、平坡**及**逆坡**三种。渠底向下游倾斜的为顺坡（$i > 0$）；向上游倾斜的为逆坡（$i < 0$）；渠底水平的为平波（$i = 0$）。一般人工渠道上的底坡大多是顺坡。逆坡及平坡仅在局部渠段上使用（图6-6）。

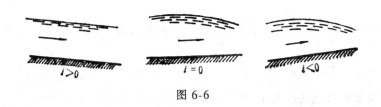

图 6-6

第二节　明渠均匀流的基本特性与发生条件

一、明渠均匀流的基本特性

当观察断面均一的长直渠道中的一段水流时，将会发现渠道中各断面的水深、断面平均流速、断面上流速分布都一样，如图6-1所示。这种**水深、断面平均流速和流速分布都沿程不变的水流**，称为明渠均匀流。

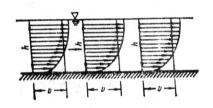

图 6-7

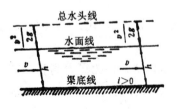

图 6-8

明渠均匀流的实质，相当于物理学中的匀速直线运动。从力学观点讲，即作用在水流方向上的各种力应该平衡。假定在产生均匀流动的明渠中取出流段 $ABCD$（图6-8），该流段的重量为 G，流段中水流与明渠周壁间的摩阻力为 F_f，流段两端总压力各为 P_1 及 P_2，那末，沿流动方向作用于流段上各力的代数和应等于零。即

$$P_1 + G\sin\theta - P_2 - F_f = 0 \tag{6-5a}$$

因所讨论的是均匀流，过水断面上的压强按静水压强规律分布，且流段两端断面水深及过水断面面积相等，故 $P_1 = P_2$，因而

$$G\sin\theta = F_f \tag{6-5b}$$

上式表明，**明渠均匀流的力学本质是重力沿流向的分力与阻力相平衡**。水流具备这一条件时则保持均匀流流动状态。若重力沿流向的分力与阻力不平衡，则会产生变速流动：

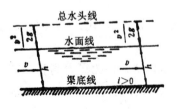

图 6-9

当重力沿流向的分力大于阻力时，水流将发生加速运动；当重力沿流向的分力小于阻力时，水流将会发生减速运动。断面平均流速和流速分布沿程变化的水流称为**明渠非均匀流**。

由于明渠均匀流各个断面的水深相等，所以明渠均匀流的水面线与渠底线是平行的。又由于各个断面的流速及流速分布相同，所以总水头线与水面线也是平行的（图6-9）。因而明渠均匀流的基本特征是：水力坡度（J）、水面坡度（J_p）及渠底坡度（i）三者是互等的，即

$$J = J_p = i \tag{6-5c}$$

二、明渠均匀流的发生条件

现进一步讨论什么条件下才能发生明渠均匀流:

1)水流必须为恒定流。

2)渠道应是底坡沿程不变的、长直的棱柱体渠道。如为非棱柱体渠道,则过水断面、流速将沿程改变,阻力亦沿程改变,这样就不能使重力沿流向的分力与阻力平衡。如果底坡沿程改变,则重力沿流向的分力将发生变化,也使重力沿流向的分力与阻力不能平衡。

3)渠道必须为顺坡。在顺坡上,重力沿流向的分力与阻力的方向相反,当二者相等时即可平衡。平坡及逆坡上不可能发生明渠均匀流。在平坡上,重力沿流向的分力为零,但阻力不等于零,所以两者不能平衡;在逆坡上,重力沿流向的分力与阻力方向相同,当然两者是不可能平衡的。因而,明渠均匀流只有在顺坡上才有可能发生,而在平坡及逆坡上是不可能发生的。

4)渠道中不应有任何改变水流阻力的因素。例如渠槽表面粗糙程度要均一,没有闸、坝等水工建筑物等。

以上四个条件中任一个不能满足时,都将产生明渠非均匀流动。严格地说,绝对的明渠均匀流是没有的。但在实际工程中,某一段河渠水流,只要与上述条件相差不大,即可将这段水流近似地看成是明渠均匀流。长直的顺坡棱柱体人工渠道中的水流,就可看做是明渠均匀流。

第三节　明渠均匀流的基本公式

前已述及计算均匀流平均流速的公式——谢才公式 $v = C\sqrt{RJ}$。对于明渠均匀流,因 $J = i$,于是谢才公式可写成

$$v = C\sqrt{Ri} \tag{6-6a}$$

式中　v——渠道过水断面的平均流速,m/s;

C——谢才系数,$m^{1/2}/s$。

计算 C 值经验公式很多,最常用的是**曼宁公式**,即 $C = \dfrac{1}{n}R^{1/6}$ 附录Ⅱ中,载有按不同糙率 n 和水力半径 R 计算出的 C 值表,可供查用。

谢才系数如采用曼宁公式,则式(6-6)可写成

$$v = \frac{A}{n}R^{2/3}i^{1/2} \tag{6-6b}$$

式中　i——渠道底坡;

R——水力半径,m。

根据流量的关系式 $Q = Av$,可得明渠均匀流的基本公式为

$$Q = AC\sqrt{Ri} \text{ 或 } Q = \frac{A}{n}R^{2/3}i^{1/2} \tag{6-7}$$

如令 $K = AC\sqrt{R}$，则式（6-7）可写为

$$Q = K\sqrt{i} \qquad (6\text{-}8)$$

式中　K——**流量模数，** m^3/s。它综合反映了明渠断面形状、大小和渠壁粗糙程度对过水能力的影响。在底坡相同的情况下，过水能力与流量模数成正比。

通常把明渠均匀流水深叫**正常水深，**以 h_0 表示。相应于正常水深 h_0 的过水断面、湿周、水力半径、谢才系数、流量模数也相应地用 A_0、χ_0、R_0、C_0、K_0 表示。

明渠的糙率 n 值反映槽壁粗糙程度对水流的影响。边界表面越粗糙，n 值愈大；边界表面愈光滑，则 n 值愈小。

表6-1是按不同渠壁材料、流量及渠道施工、管理运用情况而拟定的糙率 n 值表，进行渠道水力计算时可参考选用。但要注意，因 n 值对过水能力的影响极大，所以，只有在对渠道的施工、管理运用等情况作出全面正确的判断后，方能选出恰当的 n 值。

表 6-1　　　　　　　　　　　　渠道糙率 n 值表

渠　道　特　征		糙　率　n　值	
		灌　溉　渠　道	退　水　渠　道
土 质	流量大于 $25m^3/s$		
	平整顺直，养护良好	0.020	0.0225
	平整顺直，养护一般	0.0225	0.025
	渠床多石，杂草丛生，养护较差	0.025	0.0275
	流量 $1\sim25m^3/s$		
	平整顺直，养护良好	0.0225	0.025
	平整顺直，养护一般	0.025	0.0275
	渠床多石，杂草丛生，养护较差	0.0275	0.030
	流量小于 $1m^3/s$		
	渠床弯曲，养护一般	0.025	0.0275
	支渠以下的固定渠道	0.0275～0.030	
岩 石	经过良好修整的	0.025	
	经过中等修整无凸出部分的	0.030	
	经过中等修整有凸出部分的	0.033	
	未经修整有凸出部分的	0.035～0.045	
各 种 材 料 护 面	抹光的水泥抹面	0.012	
	不抹光的水泥抹面	0.014	
	光滑的混凝土护面	0.015	
	平整的喷浆护面	0.015	
	料石砌护	0.015	
	砌砖护面	0.015	
	粗糙的混凝土护面	0.017	
	不平整的喷浆护面	0.018	
	浆砌块石护面	0.025	
	干砌块石护面	0.033	

对于天然河道的 n 值，其影响因素很多，如河道断面的不规则性、河槽弯曲的程度、河道的含沙量及河道的障碍程度等对 n 值都有影响。因此，正确选取 n 值较为困难。在无实测资料情况下，表6-2的河槽糙率值可供选用。

表6-2   河 槽 的 糙 率 n 值 表

河槽类型及情况	最小值	正常值	最大值	河槽类型及情况	最小值	正常值	最大值
第一类：小河（汛期最大水面宽度约30m）				**第二类：大河**（汛期水面宽度大于30m）			
（一）平原河流				（一）断面比较规整，无孤石或丛木	0.025		0.060
1. 清洁，顺直，无沙滩，无潭	0.025	0.030	0.033	（二）断面不规整，床面粗糙	0.035		0.100
2. 同上，多石，多草	0.030	0.035	0.040	**第三类：洪水时期滩地漫流**			
3. 清洁，弯曲，少许淤滩及潭坑	0.033	0.040	0.045	（一）草地、无丛木			
4. 同上，但有草石	0.035	0.045	0.050	1. 短　草	0.025	0.030	0.035
5. 同上，水深较浅，河底坡度多变，平面上回流区较多	0.040	0.048	0.055	2. 长　草	0.030	0.035	0.050
				（二）耕种面积			
6. 同4，并多石	0.045	0.050	0.060	1. 未熟禾稼	0.020	0.030	0.040
7. 多滞流河段，多草，有深潭	0.050	0.070	0.080	2. 已熟成行禾稼	0.025	0.035	0.045
8. 多丛草河段，多深潭，或林木滩地上的过洪	0.075	0.100	0.150	3. 已熟密植禾稼	0.030	0.040	0.050
（二）山区河流（河槽无草树，河段较陡，岸坡树丛过洪时淹没）				（三）矮丛木			
				1. 疏稀，多杂草	0.035	0.050	0.070
				2. 不密，夏季情况	0.040	0.060	0.080
				3. 茂密，夏季情况	0.070	0.100	0.160
				（四）树木			
				1. 平整田地，干树无枝	0.030	0.040	0.050
				2. 同上，干树多新枝	0.050	0.060	0.080
1. 河底：砾石、卵石间有孤石	0.030	0.040	0.050	3. 密林，树下少植物，洪水位在枝下	0.080	0.100	0.120
2. 河底：卵石和大孤石	0.040	0.050	0.070	4. 同上，洪水位淹没树枝	0.100	0.120	0.160

第四节　渠 道 的 水 力 计 算

渠道水力计算是用明渠均匀流公式进行的。渠道水力计算的任务主要是解决渠道的过水能力问题，即设计渠道的断面尺寸，以保证通过所需的流量，或校核渠道是否满足输水流量要求等。归纳起来，渠道水力计算的问题可分成四类，下面结合实例运算，分别对计算的方法、步骤加以说明。

一、渠道水力计算的类型及方法步骤

（1）校核渠道的过水能力　当渠道断面形式、尺寸、糙率、底坡等都已确定的情况下，计算其过水能力。实际是利用明渠均匀流公式 $Q = AC\sqrt{Ri}$ 计算流量。步骤如下：先根据水深 h、底宽 b 及边坡系数 m 计算出过水断面面积 A、湿周 χ、水力半径 R。再根据糙率 n 及水力半径 R 查表（或计算）求出 C。最后，用明渠均匀流公式计算出流量。

（2）计算渠底坡度　已知渠道过水断面尺寸、糙率以及所要通过的流量，计算渠底坡

度 i。根据明渠均匀流公式可知

$$i = \frac{Q^2}{A^2 C^2 R} \qquad (6-9)$$

计算步骤如下：以水深 h 及底宽 b、边坡系数 m 计算过水断面面积 A、湿周 χ、水力半径 R；根据糙率 n 及水力半径 R 查表（或计算）求出 C 值，代入公式（6-9），求出相应比降。

（3）计算渠道的断面尺寸　这类问题在工程上遇到的较多。在规划设计新渠道时，设计流量由工程要求（如灌溉、排涝、发电等）而定，底坡一般是由渠道大小结合地形条件确定，边坡系数 m 及糙率 n，则由土质及渠壁材料与施工、管理运用等条件而定。也就是已知 Q、m、n、i，求渠道的水深 h 及底宽 b。此问题有两个未知数（b 及 h），但只有一个方程式，由代数知，它可得出很多组答案。工程上一般是根据工程实际的要求，确定其中的一个而求出另一个（即给定 b 求 h 或给定 h 求 b）；也可给出一个适宜的**宽深比** β $\left(\text{渠道底宽与水深之比 } \beta = \dfrac{b}{h}\right)$，然后再求出 b 及 h。

下面以已知 Q、m、n、i，给定 b 求正常水深 h_0 这种情况作典型分析及计算。因由 $Q = AC\sqrt{Ri}$ 中直接解出水深时需解高次方程，较麻烦，因此通常采用试算法解决。计算步骤如下：

1）根据已知的流量 Q 及渠道底坡 i，求出流量模数 $K_0\left(\text{即 } \dfrac{Q}{\sqrt{i}}\right)$；

2）设一水深 h，计算其相应的过水断面 A、湿周 χ、水力半径 R。并根据糙率 n 及水力半径 R 由计算或查表求出相应的谢才系数 C 值。按 $K = AC\sqrt{R}$ 求出相应的流量模数值；

3）将计算出的流量模数与题给流量模数相比，如两者相等，则所设水深即为所求的正常水深。若不等，则应另设一水深，按上述同样步骤计算。直到计算出的 K 值与题给流量模数 K_0 值相等时为止。

为避免过多的试算次数，通常假设三个水深，算出三个 K 值。然后取直角坐标，横轴为 K 值，纵轴为 h 值，按一定比例把三点绘于图上，用匀滑曲线连接起来，得到 $K\sim h$ 关系曲线。在 $K\sim h$ 关系曲线上，根据题给 K_0 值求出正常水深 h_0。具体作法见例 6-3、图 6-10 等。

对于给定一合适的宽深比 β 值求 b 及 h 时的计算步骤，基本上和上述方法相同，可参考例 6-4。

（4）计算渠槽的糙率　这类问题是已知断面尺寸、底坡及实测出的流量，利用明渠均匀流公式反求糙率。即

$$n = \frac{A}{Q} R^{2/3} i^{1/2} \qquad (6-10)$$

其计算步骤见例 6-5。

二、渠道水力计算实例

例 6-1　某灌溉工程，总干渠全长 70km，糙率 $n = 0.028$，断面为矩形，底宽为 8m，

底坡 $i = 1/8000$，设计流量 $Q = 20\text{m}^3/\text{s}$。试校核当水深为 3.95m 时，能否满足通过设计流量的要求。

解 由于渠道较长，断面规则，比降及糙率固定，故可发生明渠均匀流动。按均匀流公式 $Q = AC\sqrt{Ri}$ 计算流量

过水断面面积 $A = bh = 8 \times 3.95 = 31.6\text{m}^2$

湿周 $\chi = b + 2h = 8 + 2 \times 3.95 = 15.9\text{m}$

水力半径 $R = \dfrac{A}{\chi} = \dfrac{31.6}{15.9} = 1.99\text{m}$

谢才系数 $C = \dfrac{1}{n}R^{1/6} = \dfrac{1}{0.028}\ (1.99)^{1/6} = 40.1\text{m}^{1/2}/\text{s}$

将以上求得的数值代入均匀流公式即得流量

$$Q = AC\sqrt{Ri} = 31.6 \times 40.1 \times \sqrt{1.99 \times \dfrac{1}{8000}} = 20.0\text{m}^3/\text{s}$$

计算结果表明可以满足要求。

例 6-2 某渡槽水流为均匀流，糙率 $n = 0.017$，长 $l = 200\text{m}$，矩形断面，底宽 $b = 2\text{m}$，当水深 $h = 1\text{m}$ 时通过的流量 $Q = 3.30\text{m}^3/\text{s}$。问该渡槽两端断面的水面落差是多少？

解 以均匀流公式计算渡槽底坡 $i = \dfrac{Q^2}{A^2C^2R}$

过水断面面积 $A = bh = 2 \times 1 = 2\text{m}^2$

湿周 $\chi = b + 2h = 2 + 2 \times 1 = 4\text{m}$

水力半径 $R = \dfrac{A}{\chi} = \dfrac{2}{4} = 0.5\text{m}$

谢才系数 $C = \dfrac{1}{n}R^{1/6} = \dfrac{1}{0.017} \times (0.5)^{1/6} = 52.4\text{m}^{1/2}/\text{s}$

故 $i = \dfrac{Q^2}{A^2C^2R} = \dfrac{3.3^2}{2^2 \times 52.4^2 \times 0.5} = 0.002$

渡槽两端断面槽底的落差即水面落差 $= il = 0.002 \times 200 = 0.4\text{m}$。

例 6-3 设计某梯形土渠的断面尺寸。已知 $Q = 0.8\text{m}^3/\text{s}$，$i = 1/1000$，$n = 0.0225$，$m = 1$（重壤土），$b = 0.8\text{m}$。试求正常水深 h_0。

解 用试算法计算

（1）计算 K_0 $K_0 = \dfrac{Q}{\sqrt{i}} = \dfrac{0.8}{\sqrt{\dfrac{1}{1000}}} = 25.3\text{m}^{1/2}/\text{s}$

（2）按 $K = AC\sqrt{R}$，假设几个水深 h 值，求相应的 K 值：

① 设 $h_1 = 0.6\text{m}$，则

$A_1 = (b + mh_1)h_1 = (0.8 + 1 \times 0.6) \times 0.6 = 0.84\text{m}^2$

$\chi_1 = b + 2h\sqrt{1 + m^2} = 0.8 + 2 \times 0.6 \times \sqrt{1 + 1^2} = 2.50\text{m}$

$$R_1 = \frac{A_1}{\chi_1} = \frac{0.84}{2.50} = 0.336 \text{m}$$

$$C_1 = \frac{1}{n} R_1^{1/6} = \frac{1}{0.0225} \times (0.336)^{1/6} = 37.0 \text{m}^{1/2}/\text{s}$$

$$K_1 = A_1 C_1 \sqrt{R_1} = 0.84 \times 37.0 \times \sqrt{0.336} = 18.0 \text{m}^3/\text{s}$$

求得的 $K_1 = 18.0 < K_0 = 25.3$，说明所设 h_1 太小。

②设 $h_2 = 0.8$m，则

$$A_2 = (b + mh_2) h_2 = (0.8 + 1 \times 0.80) \times 0.8 = 1.28 \text{m}^2$$

$$\chi_2 = b + 2h_2 \sqrt{1 + m^2} = 0.8 + 2 \times 0.8 \times \sqrt{1 + 1^2} = 3.06 \text{m}$$

$$R_2 = \frac{A_2}{\chi_2} = \frac{1.28}{3.06} = 0.418 \text{m}$$

$$C_2 = \frac{1}{n} R_2^{1/6} = \frac{1}{0.0225} \times (0.418)^{1/6} = 38.4 \text{m}^{1/2}/\text{s}$$

$$K_2 = A_2 C_2 \sqrt{R_2} = 1.28 \times 38.4 \times \sqrt{0.418} = 31.8 \text{m}^3/\text{s}$$

求得的 $K_2 = 31.8 > K_0 = 25.3$，说明 h_2 设大了。

③设 $h_3 = 0.7$m，则

$$A_3 = (b + mh_3) h_3 = (0.8 + 1 \times 0.7) \times 0.7 = 1.05 \text{m}^2$$

$$\chi_3 = b + 2h_3 \sqrt{1 + m^2} = 0.8 + 2 \times 0.7 \times \sqrt{1 + 1^2} = 2.78 \text{m}$$

$$R_3 = \frac{A_3}{\chi_3} = \frac{1.05}{2.78} = 0.378 \text{m}$$

$$C_3 = \frac{1}{n} R_3^{1/6} = \frac{1}{0.0225} \times (0.378)^{1/6} = 37.8 \text{m}^{1/2}/\text{s}$$

$$K_3 = A_3 C_3 \sqrt{R_3} = 1.05 \times 37.8 \times \sqrt{0.378} = 24.4 \text{m}^3/\text{s}$$

K_3 略小于 K_0 值，仍需进行试算。

为了计算方便，通常都列表进行计算，如表 6-3。

表 6-3 　　　　　　　　　　　　正 常 水 深 试 算 表

h (m)	A (m^2)	χ (m)	R (m)	C (m$^{1/2}$/s)	$K = AC\sqrt{R} = \frac{Q}{\sqrt{i}}$ (m^3/s)
0.60	0.84	2.50	0.336	37.0	18.0 < 25.3
0.70	1.05	2.78	0.378	37.8	24.4 < 25.3
0.80	1.28	3.06	0.418	38.4	31.8 > 25.3

根据以上计算结果，作 $h \sim K$ 关系曲线（图 6-10）。从曲线图上找出相应于 K_0 值时的正常水深 $h_0 = 0.715 \approx 0.72$m。

例 6-4　某抽水站流量 10m^3/s，渠道为梯形断面。$m = 1$，$n = 0.02$，$i = 1/3000$，渠道宽深比 $\beta = \frac{b}{h} = 5$。试计算此渠道的断面尺寸。

解 已知 $Q=10$，$m=1$，$n=0.02$，$i=1/3000$，$\beta=5$。求 b 及 h_0。

（1）根据 i 及 Q 求流量模数 K_0

$$K_0 = \frac{Q}{\sqrt{i}} = \frac{10}{\sqrt{1/3000}} = 548 \text{m}^3/\text{s}$$

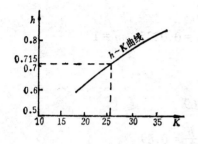

图 6-10

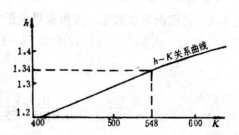

图 6-11

（2）假设几个水深，求相应的 K 值。列表 6-4 计算。

（3）绘制 $h \sim K$ 关系曲线（图 6-11）。由图上查出 $h_0 = 1.34$m。底宽 $b = 5 \times 1.34 = 6.70$m。

表 6-4　　　　　　　　　　　　　**正 常 水 深 试 算 表**

水　深　h (m)	底宽 $b=5h$ (m)	过水断面面积 A (m²)	湿　周　χ (m)	水力半径 R (m)	谢才系数 C (m^{1/2}/s)	流量模数 K (m³/s)
1.2	6.0	8.64	9.39	0.92	49.3	408
1.4	7.0	11.76	10.96	1.072	50.6	616
1.3	6.5	10.13	10.18	0.996	50.0	506

例 6-5　某矩形断面的有机玻璃渠槽，底宽 $b=15$cm，水深 $h=6.5$cm，渠道底坡 $i=0.02$，槽内水流系均匀流，实测该渠槽通过的流量 $Q=17.3$L/s，试求其糙率 n 值多大。

解　$A = bh = 0.15 \times 0.065 = 0.00975 \text{m}^2$

$\chi = b + 2h = 0.15 + 2 \times 0.065 = 0.28 \text{m}$

$R = \dfrac{A}{\chi} = \dfrac{0.00975}{0.28} = 0.0348 \text{m}$

$n = \dfrac{A}{Q} R^{2/3} i^{1/2} = \dfrac{0.00975}{0.0173} \times 0.0348^{2/3} \times 0.02^{1/2} = 0.0085$

经计算后可知该有机玻璃渠槽的糙率为 0.0085。

三、计算渠道正常水深的图解法

设计渠道断面时所采用的试算法是比较繁琐的。为了避免试算，可采用计算图（见附录Ⅱ），其查用步骤如下：

1）求 $K_0 \left(K_0 = \dfrac{Q}{\sqrt{i}} \right)$；

2）求比数 $\dfrac{b^{2.67}}{nK_0}$ 值；

3）根据渠道边坡系数 m 及比数 $\dfrac{b^{2.67}}{nK_0}$ 值查曲线图得到水深 h 与渠底宽 b 的比值；

4）计算出正常水深 h_0。

例 6-6 仍用例 6-3 数据，查附录Ⅲ求正常水深 h_0。

解 已知 $Q=0.8\text{m}^3/\text{s}$，$i=1/1000$，$b=0.8\text{m}$，$n=0.0225$，$m=1$

1）$K_0 = \dfrac{Q}{\sqrt{i}} = 25.3\text{m}^3/\text{s}$

2）$\dfrac{b^{2.67}}{nK_0} = \dfrac{0.8^{2.67}}{0.0225 \times 25.3} = \dfrac{0.551}{0.0225 \times 25.3} = 0.969$

3）根据 $\dfrac{b^{2.67}}{nK_0} = 0.969$ 及 $m=1$，在计算图中求得 $\dfrac{h}{b} = 0.89$

4）$h_0 = 0.89 \times 0.8 = 0.712\text{m}$

由计算结果可看出，图解法和试算法两者相差甚小。

第五节 渠道水力计算中的几个问题

一、水力最佳断面问题

进行渠道水力计算的过程中，当流量、底坡及糙率已知的情况下，希望得到最小的过水断面面积，以减少土石方开挖量。或者，在一定的过水断面面积、底坡及糙率的情况下，使渠道所通过的流量最大。水力学中把满足以上条件的断面，叫做**水力最佳断面**。

土渠断面一般做成梯形。根据湿周最小，过水能力最大的道理，用数学方法可以推导出计算**梯形水力最佳断面的宽深比** $\beta_{佳}$ 的公式

$$\beta_{佳} = \frac{b}{h} = 2\left(\sqrt{1+m^2} - m\right)^{❶} \tag{6-11}$$

表 6-5 **梯形水力最佳断面的 $\beta_{佳}$ 值**

m	0	0.25	0.5	0.75	1.00	1.25	1.5	1.75	2.00	2.50	3.00
$\beta_{佳}$	2.0	1.56	1.24	1.00	0.83	0.70	0.61	0.53	0.47	0.38	0.32

---

❶ 式 (6-11) 推导如下：

对梯形断面 $\chi = b + 2h\sqrt{1+m^2}$，$A = (b+mh)h$ 或 $b = \dfrac{A}{h} - mh$

将 b 代入湿周公式 $\chi = \dfrac{A}{h} - mh + 2h\sqrt{1+m^2}$

在断面面积不变和边坡系数一定时由上式可知，湿周 χ 仅随水深而变。湿周最小过水能力最大，根据高等数学求极值的道理，令湿周对水深的导数等于零，可得到满足湿周最小时梯形过水断面的底宽与水深比值关系式。

取 $\dfrac{d\chi}{dh} = 0$，即 $\dfrac{d\chi}{dh} = \dfrac{d}{dh}\left(\dfrac{A}{h} - mh + 2h\sqrt{1+m^2}\right) = -\dfrac{A}{h^2} - m +$

$2\sqrt{1+m^2} = -\dfrac{(b+mh)h}{h^2} - m + 2\sqrt{1+m^2} = 0$。整理后可得 $\beta_{佳} = 2\left(\sqrt{1+m^2} - m\right)$。

从公式（6-11）可以看出，梯形水力最佳断面的宽深比与边坡系数有关。表 6-5 列出了各种边坡系数时梯形水力最佳断面 $\beta_{佳}$ 值，供设计参考。**梯形水力最佳断面的特性是它的水力半径 R 为水深的一半[1]。**

按水力最佳断面设计的渠道断面往往是窄深的。这种断面在施工和运用方面，都不够理想，这就使水力最佳断面的应用有局限性。因为挖土越深，土方单价越高，而且开挖深度常受地质条件的影响（如可能遇到地下水及岩层）造成施工困难，增加造价。此外，渠道采用窄深式断面不便于行船和转弯。所以，大型渠道常设计成较宽浅的，其土方量虽较水力最佳断面大，但总造价却低。因此，水力最佳断面虽有工程量小、占地少等优点，但并不一定是渠道的**经济断面**。只有当渠道造价基本取决于土石方量（小型渠道基本如此）时，水力最佳断面才是经济断面。所以，在一般情况下，设计渠道断面时要综合考虑各种具体条件，反复进行比较，绝不能把水力最佳断面看作是唯一的条件。

根据国内的一些经验，流量在 $60\text{m}^3/\text{s}$ 以下的渠道，宽深比的大致范围，可参考表 6-6。

表 6-6 梯形断面渠道经验宽深比 β 值

流 量 Q (m^3/s)	<5	5~10	10~30	30~60
$\beta=\dfrac{b}{h}$	1~3	3~5	5~7	6~10

二、渠道的允许流速

引水渠道的流速，直接关系着渠道的正常运用，因此，应该特别引起重视。当流速过小时，渠水中携带的泥沙将淤在渠内，而当流速过大时，又会冲刷渠道，从而影响到渠道的过水能力及渠床的稳定，给管理上造成极大的不便。因此，设计中必须使渠道断面平均流速 v 的大小控制在既不使渠道冲刷，又不使渠道淤积的允许范围内，这样的流速称为**允许流速**或**不冲不淤流速**，即设计渠道的流速 v 应满足下式

$$v_{不冲} > v > v_{不淤} \tag{6-12}$$

式中 $v_{不冲}$——不冲刷的允许流速（最大流速）；

$v_{不淤}$——不淤积的允许流速（最小流速）。

$v_{不冲}$ 的数值根据渠道土质和渠道的使用要求，由经验决定。今将 1965 年陕西省水电厅勘测设计院总结的各种渠道允许的不冲刷流速值列于表 6-7，供参考查用。

$v_{不淤}$ 和渠水中含沙量的大小、泥沙颗粒性质及组成有关。为了防止渠道中滋生杂草减小过水能力，渠道的设计最小流速，一般不得小于 $0.4\sim0.6\text{m/s}$。对清水渠道，最小流速

---

[1] 梯形水力最佳断面的水力半径等于其水深的一半，证明如下

$$R = \frac{(b+mh)\ h}{b+2h\ \sqrt{1+m^2}}$$

上式以 $b=\beta_{佳}h$ 代入，则变为

$$R = \frac{(\beta_{佳}h+mh)\ h}{\beta_{佳}h+2h\ \sqrt{1+m^2}} = \frac{(\beta_{佳}+m)\ h^2}{(\beta_{佳}+2\ \sqrt{1+m^2})\ h} = \frac{(2\ \sqrt{1+m^2}-m)\ h^2}{2\ (2\ \sqrt{1+m^2}-m)\ h} = \frac{h}{2}。$$

表 6-7   **土渠、石渠 $v_{不冲}$ 数值表**（m/s）

一、坚硬岩石和人工护面的渠道

岩石或护面种类	渠道的流量（m³/s）		
	<1	1~10	>10
软质水成岩（泥灰岩、页岩、软砾岩）	2.5	3.0	3.5
中等硬质水成岩（致密砾岩、多孔石灰岩、层状石灰岩、白云石灰岩、灰质砂岩）	3.5	4.25	5.0
硬质水成岩（白云砂岩、砂质石灰岩）	5.0	6.0	7.0
结晶岩、火成岩	8.0	9.0	10.0
单层块石铺砌	2.5	3.5	4.0
双层块石铺砌	3.5	4.5	5.0
混凝土护面（水流中不含砂和卵石）	6.0	8.0	10.0

二、均质粘性土

土壤名称 （干么重 1.3~1.7t/m³）	$v_{不冲}$
轻壤土	0.60~0.80
中壤土	0.65~0.85
重壤土	0.70~1.00
粘土	0.75~0.95

三、均质无粘性土

名称	粒径（mm）	$v_{不冲}$	名称	粒径（mm）	$v_{不冲}$
极细砂	0.05~0.1	0.35~0.45	中砾石	5~10	0.90~1.10
细砂、中砂	0.1~0.5	0.45~0.60	粗砾石	10~20	1.10~1.30
粗砂	0.5~2.0	0.60~0.75	小卵石	20~40	1.30~1.80
细砾石	2.0~5.0	0.75~0.90	中卵石	40~60	1.80~2.20

注 1）土质渠道表中所列的不冲流速属于水力半径 $R=1m$ 的情况。当 $R \neq 1m$ 时，表中所列数值乘以 R^α，即得相应的 $v_{不冲}$。指数 α 对各种粒径的砂、砾石和卵石，以及疏松的砂壤土、壤土和粘土，$\alpha = \frac{1}{3} \sim \frac{1}{4}$；对中等密实和密实的砂壤土、壤土和粘土 $\alpha = \frac{1}{4} \sim \frac{1}{5}$；

2）退水渠道的不冲允许流速，可比表中所列的数值加大 10%，而对不常放水的退水渠，则可加大 20%；

3）对流量大于 50m³/s 的渠道，不冲允许流速应专门研究确定。

可以允许降低到 0.2m/s。

三、不同糙率及复式断面问题

傍山修建引水渠时，为了节省土石方量，渠道底面与侧边一面往往由不同的材料组成（图 6-12），因此形成湿周上糙率不一致的渠槽。这种渠槽的水力计算，仍可用前述的明渠均匀流公式进行计算。但是，一定要将各部分湿周上的不同糙率，折合成一个**综合的糙率**。可按下列公式计算

122

$$n_e = \sqrt{\frac{\sum n_i^2 \chi_i}{\sum \chi_i}} \qquad (6\text{-}13)$$

有了这个断面综合糙率 n_e，便可用明渠均匀流的基本公式进行水力计算。下面举例说明综合糙率的计算方法。

图 6-12 中外侧浆砌石糙率 $n_1 = 0.025$，湿周长 $\chi_1 = 1\text{m}$，渠底糙率 $n_2 = 0.030$，湿周 $\chi_2 = 2\text{m}$，内侧边壁 $n_3 = 0.035$，湿周长 $\chi_3 = 1.12$ 米，则其综合糙率 n_e 值为

$$n_e = \sqrt{\frac{(0.025)^2 \times 1 + (0.030)^2 \times 2 + (0.035)^2 \times 1.12}{1 + 2 + 1.12}} = 0.0304$$

当明渠为复式断面时（图 6-2，e），由于渠槽各部分粗糙程度不同、水深不等，断面上各部分的流速就相差甚大。如将各部分水流当成统一的总流来计算，必然会得出错误的结果。正确的计算方法是，将复式断面分成几个部分，分别计算各个部分的断面面积 ΔA_i 和断面平均流速 v_i，再分别算出通过各个部分断面的流量，最后将这些流量相加，便等于通过复式断面的全部流量，即

$$Q = \sum v_i A_i = \sum A_i C_i \sqrt{R_i i} = \left(\sum A_i C_i \sqrt{R_i} \right) \sqrt{i} = \sqrt{i} \sum K_i \qquad (6\text{-}14)$$

式中　K_i——渠槽各个部分断面的流量模数。

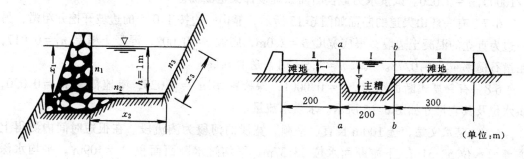

图 6-12　　　　　　　　　　　　　　　图 6-13

例 6-7　某河段的断面，分为深水主槽和滩地。宽度及水深如图 6-13 所示。主槽糙率 $n_1 = 0.025$，滩地糙率 $n_2 = 0.035$。该河段比较顺直，河底纵坡 $i = 1/5000$。求流量。

解　实践证明，象本题这样的复式断面，应将主槽及滩地分别计算流量，它们的和就等于总流量。由于河宽远大于水深，系宽浅河道，所以 $R \approx h$。现将全断面分成三部分：

主槽　$A_1 = 200 \times 4 = 800\text{m}^2$

　　　$R_1 \approx h_1 = 4\text{m}$，$n_1 = 0.025$，查附录 II 得 $C_1 = 50.4$

　　　$Q_1 = A_1 C_1 \sqrt{R_1 i} = 800 \times 50.4 \times \sqrt{4 \times 1/5000} = 1140\text{m}^3/\text{s}$

左滩地　$A_2 = 200 \times 1 = 200\text{m}^2$

　　　$R_2 \approx h_2 = 1\text{m}$，$n_2 = 0.035$，查附录 II 得 $C_2 = 28.6$

　　　$Q_2 = A_2 C_2 \sqrt{R_2 i} = 200 \times 28.6 \times \sqrt{1 \times 1/5000} = 80\text{m}^3/\text{s}$

右滩地和左边滩情况基本相同，唯宽度为 300 米，故其流量可按比例计算，即

$$Q_3 = Q_2 \times \frac{300}{200} = 80 \times 1.5 = 120\text{m}^3/\text{s}$$

总流量 $Q = Q_1 + Q_2 + Q_3 = 1140 + 80 + 120 = 1340 \text{m}^3/\text{s}$

习　　题

6-1　一混凝土 U 形渠槽（图 6-14），宽 1.2m，渠中水深 0.8m，半圆以上水深 $h' = 0.2\text{m}$，渠道底坡 $i = 1/1000$，糙率 $n = 0.017$。试计算此渠槽的过水能力。

6-2　某渠断面为梯形，底宽 $b = 15\text{m}$，$m = 2.0$，$i = 0.00025$，$n = 0.0225$。计算水深 2.15m 时输送的流量及平均流速。如糙率 $n = 0.025$ 时流量有什么变化。

6-3　某干渠为矩形断面。$i = 1/400$，$n = 0.0225$，$b = 5\text{m}$。试绘出水深与流量的关系曲线，并求出相应于设计流量 $Q_1 = 11.6\text{m}^3/\text{s}$ 及加大流量 $Q_2 = 14\text{m}^3/\text{s}$ 时的正常水深。

6-4　某梯形断面的渠道，糙率 $n = 0.015$，边坡系数 $m = 1.25$，渠道的底坡 $i = 1/4000$，底宽 $b = 7.8\text{m}$。试计算 $Q = 50\text{m}^3/\text{s}$ 时的正常水深。

6-5　一条粘土渠，需要输送 $3.0\text{m}^3/\text{s}$ 的流量，初步确定渠道底坡 $i = 0.00067$，$m = 1.5$，$n = 0.025$，$b = 2.0\text{m}$。试用图解法求渠中的正常水深，并校核渠中的流速。

6-6　某干渠为梯形土渠，通过流量 $Q = 35\text{m}^3/\text{s}$，边坡系数 $m = 1.5$，底坡 $i = 1/10000$，$n = 0.020$。试按水力最佳断面原理设计渠道断面。

6-7　有一环山渠道的断面如图 6-15 所示，靠山一边按 1:0.5 的边坡开挖并粗凿，另一边为直立的混凝土边墙，渠底宽度 $b = 2.0\text{m}$，底坡 $i = 0.002$，混凝土糙率 $n_1 = 0.017$，粗凿石糙率 $n_2 = 0.0275$。试求 $h = 1.5\text{m}$ 时输送的流量。

6-8　有一复式断面渠道，$i = 0.0001$，深槽糙率 $n_1 = 0.025$，滩地糙率 $n_2 = 0.030$，洪水位及其它尺寸如图 6-16 所示。求洪水流量。

6-9　某水文站，选 100m 长直、平顺、宽浅的河段为测流段。在很短时间内测得上游断面水位 58.51m，下游断面水位 58.37m，平均过水断面面积 $A = 109\text{m}^2$，平均水深 1.01m，用流速仪测流得 $Q = 54.7\text{m}^3/\text{s}$。试推求该河段的糙率。

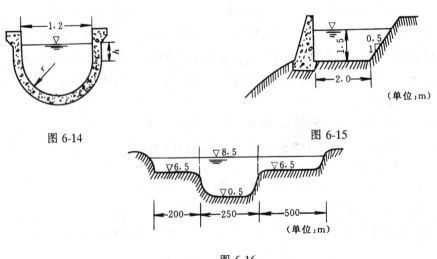

图 6-14　　　　　　　　　　　　　　　　　　图 6-15

（单位：m）

图 6-16

（单位：m）

第七章 明渠非均匀流

第一节 概　述

明渠均匀流是发生在断面形状、尺寸、底坡和糙率不变的长直渠道中的水流。其特征是流速、水深沿程不变，水面线是平行于渠底线的一条直线。然而在工程实际中，为了控制水流，满足输水要求，往往需要在渠道上修建各种水工建筑物，这就使渠道中的水流不能始终都保持均匀流动，而发生明渠非均匀流动。**明渠非均流的特征是流速和水深沿程变化，其水面不是直线而是曲线（称为水面曲线），水力坡度、水面坡度与渠底坡度互不相等，即**

$$J \neq J_p \neq i$$

水利工程中，遇到的明渠非均匀流很多。例如，渠道上的水闸前后（图7-1，a）、陡坡段上（图7-1，b）以及河道上建坝以后（图7-1，c）的水流，都是明渠非均匀流。

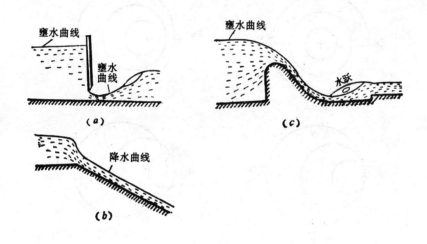

图 7-1

明渠非均匀流的水面曲线一般有两类：一类是水深沿流程增加的**壅水曲线**；另一类是水深沿流程减小的**降水曲线**。

明渠非均匀流动，可分为**渐变流动**和**急变流动**两种。急变流发生在建筑物上、下游附近，距离较短，可以看做是局部现象。非均匀急变流动问题，目前多采用实验方法解决。对于整段的明渠非均匀渐变流动问题，可以从理论上进行分析研究。

本章的主要任务是**研究非均匀渐变流水面曲线的变化规律和计算方法**，以解决水利工程中提出的问题。例如，在河道上建坝后，需要计算壅水曲线以确定水库的淹没范围，渠道上修建陡坡后，需要计算陡坡上的降水曲线以确定陡坡边墙的高度等。

第二节　明渠非均匀流的一些基本概念

一、明渠水流的三种流态

在明渠水流中存在着三种不同的水流状态——缓流、急流及临界流，可以通过一个简单的水流现象的观察实验来阐明。若在静水中沿铅垂方向丢下一个石块，此时水的表面将产生一个微小的波动，这个波动以石子着落点为中心，以一定的速度 v_w（**微波传播的相对速度**）向四周传播，假若水流没有摩阻力存在，则这种扰动将不变波形和波速而传播到无限远处。但实际上由于水流存在着摩阻力，波在传播过程中将逐渐衰退乃至消失。若把石子投入流动着的明渠水流中，当水流断面平均流速 v 小于微波传播的相对速度 v_w 时，波将以绝对速度 $v_w' = v - v_w$ 向上游传播，而同时又以绝对速度 $v_w' = v + v_w$ 向下游传播，具有这种特征的水流称为**缓流**。当断面平均流速 v 等于或大于微波传播的相对速度时，波只能是以绝对速度 $v_w' = v + v_w$ 向下游传播，而对上游水流不发生任何影响。我们把明渠水流速度 v 等于或大于微波相对速度 v_w 的水流分别称为**临界流、急流**。图 7-2 的 (a)、(b)、(c)、(d) 分别表示微波在静水、缓流、临界流、急流中传播的情况。

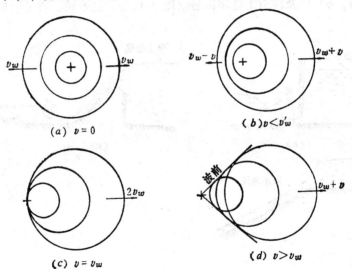

图 7-2

根据明渠水流的断面平均流速 v 与微波相对速度 v_w 的关系，可得出判别式如下：

当 $v < v_w$ 时，**水流为缓流；**

当 $v = v_w$ 时，**水流为临界流；**

当 $v > v_w$ 时，**水流为急流。**

由上述分析表明，为了判别明渠水流的流态，需确定微波传播的相对速度 v_w 值。

从波的理论可推证，微波在矩形明渠中传播的相对速度 v_w 为

$$v_w = \sqrt{g\bar{h}} \tag{7-1}$$

由上式可见，微小波相对速度的大小与断面平均水深的平方根成正比，水深越大，微波传播的相对速度也越大。

若实际水流具有断面平均流速 v，则微波传播的绝对速度 $v_w{}'$ 如下

$$v_w{}' = v \pm \sqrt{g\overline{h}} \qquad\qquad (7-2)$$

式中用"+"号计算出的绝对速度是顺水流方向的，用"-"号计算出的绝对速度是逆水流方向的。

若已知明渠过水断面的水深 h，根据式（7-1）可计算出微波在明渠中传播的相对速度 v_w，再与明渠断面平均流速 v 比较，就可以断定水流是缓、急、临界流了。

二、断面单位能量（或断面比能）

断面单位能量（断面比能）就是基准面取在过水断面最低点处该断面单位重量的液体所具有的位能（h）和动能 $\left(\dfrac{\alpha v^2}{2g}\right)$ 的总和，图 7-3 中 h 为断面最大水深。设 v 为该过水断面的平均流速，将 $v = \dfrac{Q}{A}$ 代入断面单位能量关系式中，则得

$$E_s = h + \frac{\alpha Q^2}{2gA^2} \qquad\qquad (7-3)$$

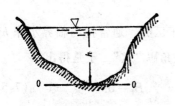

图 7-3   图 7-4

由上式可知，当渠道流量不变，且渠槽断面形状与尺寸一定时，断面单位能量 E_s 是水深 h 的函数，即 $E_s = f(h)$。今分析一下 E_s 值随水深 h 的变化情况。

若令 $E_h = h$，代表断面单位能量中势能部分，$E_v = \dfrac{\alpha v^2}{2g}$ 代表断面单位能量中动能部分，则它们随水深变化的规律可用图 7-4 表示。

E_h 随 h 变化的规律是与横坐标轴成 45°的直线。

E_v 随 h 变化的情况如下：当 $h \to 0$，$A \to 0$，$\dfrac{\alpha Q^2}{2gA^2} \to \infty$，因而 $E_v \to \infty$；当 $h \to \infty$，$A \to \infty$，$\dfrac{\alpha Q^2}{2gA^2} \to 0$，因而 $E_v \to 0$。由此可见，E_v 随水深变化的规律是以纵横坐标为渐近线的一条曲线（图 7-4 中虚线）。

这样，断面单位能量 E_s 随水深变化的函数图像，就可在同一水深下，由 E_h 及 E_v 图像的横坐标叠加而得（图 7-4 中实曲线），这条曲线称为**断面单位能量曲线**。

从断面单位能量曲线 $E_s = f(h)$ 可以看出，水深由零变至无穷大时，断面单位能量 E_s 由无穷大经过有限值再变到无穷大，所以必然有某个水深 h 所对应的 E_s 值最小。这个水深以 h_K 表示，叫**临界水深**（图7-4）。临界水深将断面单位能量曲线分为上下两支，上支断面单位能量 E_s 随水深 h 的增加而增大，即 $\dfrac{dE_s}{dh} > 0$，下支断面单位能量 E_s 随水深 h 的增加而减小，故 $\dfrac{dE_s}{dh} < 0$。

三、临界水深

临界水深是一个很重要的水深，它能反映水流所处的状态和特征。因此，对这个水深要作进一步的分析。由上述可知，**临界水深是渠道流量、断面形状和尺寸一定时，断面单位能量最小时的水深**。所以，可用求极值的方法确定它，即利用式（7-3）对水深取导数，令导数等于零，得出确定临界水深的关系式

$$\frac{dE_s}{dh} = \frac{d}{dh}\left(h + \frac{\alpha Q^2}{2gA^2}\right) = 1 - \frac{\alpha Q^2}{gA^3}\frac{dA}{dh}$$

从图7-5中可以看出 $dA = Bdh$（B 为水面宽），所以 $\dfrac{dA}{dh} = B$，代入上式可得

$$\frac{dE_s}{dh} = 1 - \frac{\alpha Q^2}{gA^3}B \tag{7-4}$$

当满足 $\dfrac{dE_s}{dh} = 0$ 时的水深，即为临界水深 h_K。为了便于区分，通常把与临界水深 h_K

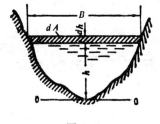

图 7-5

相应的各水力要素也加角码"K"。于是得出

$$1 - \frac{\alpha Q^2}{gA_K^3}B_K = 0 \tag{7-5}$$

或 $$\frac{\alpha Q^2}{g} = \frac{A_K^3}{B_K} \tag{7-6}$$

式中　A_K——相应于临界水深 h_K 时的过水断面；

　　　B_K——相应于临界水深 h_K 时的水面宽度。

$\dfrac{A^3}{B}$ 是 h 的函数，当给定流量、断面形式和尺寸时，就可从公式（7-6）中求出 h_K。

应注意：临界水深 h_K 仅与流量及断面形式尺寸有关，而与明渠糙率及底坡大小无关。

下面介绍计算临界水深 h_K 的具体方法。

对于矩形断面渠槽，$A = Bh$，令 $q = \dfrac{Q}{B}$，代入（7-6）式，得

$$\frac{B_K^3 h_K^3}{B_K} = \frac{\alpha B_K^2 q^2}{g} \text{ 或 } h_K^3 = \frac{\alpha q^2}{g}$$

所以 $$h_K = \sqrt[3]{\frac{\alpha q^2}{g}} \tag{7-7}$$

式中　q——单位宽度渠槽上通过的流量，简称**单宽流量**，m³/（s·m）；

　　　α——流速分布不均匀系数，可采用 $1.0 \sim 1.10$。如 α 采用 1.0，则

$$h_K = 0.467q^{2/3} \tag{7-8}$$

例 7-1　一矩形断面渠道 $Q = 10\text{m}^3/\text{s}$，$b = 5\text{m}$。试求此渠槽的临界水深和临界流速。

解　单宽流量　　　　　$q = \dfrac{Q}{b} = \dfrac{10}{5} = 2\text{m}^3/(\text{s·m})$

取 $\alpha = 1.0$　　　　　$h_K = \sqrt[3]{\dfrac{\alpha q^2}{g}} = \sqrt[3]{\dfrac{1 \times 2^2}{9.8}} = 0.74\text{m}$

$$v_K = \dfrac{q}{h_K} = \dfrac{2}{0.74} = 2.7\text{m/s}$$

对于梯形或其它形状的断面，其临界水深可用式（7-6）试算得出，但比较麻烦，通常多以计算图（附录Ⅳ）计算。附录Ⅳ用法见例 7-2。

四、缓流、急流的判别

（一）以佛汝德数判别

当 $v = v_w$ 时为临界流，而 $v_w = \sqrt{g\bar{h}}$，所以 $v = \sqrt{g\bar{h}}$ 或 $\dfrac{v}{\sqrt{g\bar{h}}} = 1$。通常习惯地将 $\dfrac{v}{\sqrt{g\bar{h}}}$ 叫做流态判别数或**佛汝德数**，它是一个纯数，常以符号 Fr 表示，即

$$\text{Fr} = \dfrac{v}{\sqrt{g\bar{h}}} \tag{7-9}$$

当水流为临界流时，Fr = 1，同理可以证得，水流为缓流时 Fr < 1，水流为急流时 Fr > 1。

工程上常采用 Fr 来判别水流的流态。例如，某河流的流速 $v = 1.5\text{m/s}$，断面平均水深 $h = 10\text{m}$，其沸汝德数为

$$\text{Fr} = \dfrac{v}{\sqrt{g\bar{h}}} = \dfrac{1.5}{\sqrt{9.8 \times 10}} = 0.152 < 1.0$$

故可断定该处水流为缓流。

又如某工程截流时，流量 $Q = 1730\text{m}^3/\text{s}$，龙口宽度 $b = 87\text{m}$，流速为 6.86m/s，计算得 Fr = 1.29 > 1.0，因此，龙口处水流是急流。

佛汝德数在水力学中是一个极重要的判别数，为了加深对该数的理解，下面讲一下它的物理意义。我们把它的表达式改写为下式

$$\text{Fr} = \dfrac{v}{\sqrt{g\bar{h}}} = \sqrt{\dfrac{2\dfrac{v^2}{2g}}{h}} \tag{7-10}$$

由上式可看出，佛汝德数反映了过水断面上水流的单位动能与单位势能之间的比例关系，随着两者比例关系的不同（比值变化），则水流流态就不同。当断面水流中**单位势能恰好等于二倍单位动能的时候，Fr = 1，水流是临界流；当断面水流中单位势能大于二倍单位动能时，Fr < 1，则水流是缓流，反之，Fr > 1 则是急流。**

(二) 以临界水深判别

当 $h = h_K$ 时，则 $\dfrac{\alpha Q^2}{g} = \dfrac{A_K^3}{B_K}$ 或 $\dfrac{\alpha Q^2}{g} \dfrac{B_K}{A_K^3} = 1$，当 $\alpha = 1$，且为矩形断面时，则 $\dfrac{v_K^2}{gh} = 1$，两边

开方成为 $\dfrac{v_K}{\sqrt{g\bar{h}}} = 1$，即 **Fr 数恰好等于 1，水流为临界流**。

当 $h > h_K$ 时，在流量、断面形状、尺寸一定时，$v < v_K$，而 $v_K < v_w$，所以 $v < v_w$，即 Fr<1，水流为缓流。同样，当 $h < h_K$ 时，即 **Fr>1，水流为急流**。

为了便于记忆，将流态判别方法及其标准归纳如下：

$h = h_K$ （$v = v_w$）或 Fr = 1   临界流；

$h > h_K$ （$v < v_w$）或 Fr<1   缓 流；

$h < h_K$ （$v > v_w$）或 Fr>1   急 流。

五、临界坡度、陡坡和缓坡

在渠槽形式和流量一定的情况下，临界水深是可计算出来的，它与渠底比降无关，而渠槽的正常水深却随底坡 (i) 的不同而变化着，使**正常水深等于临界水深**时的那个底坡**叫临界底坡**，以 i_K 表示。

在顺坡渠道（$i > 0$）上，实际底坡 i 与临界底坡 i_K 相比较，有下列三种情况：

$i < i_K$ **叫缓坡** 在缓坡上发生均匀流时，$h_0 > h_K$；

$i > i_K$ **叫陡坡** 在陡坡上发生均匀流时，$h_0 < h_K$；

$i = i_K$ **叫临界坡** $h_0 = h_K$。

根据临界坡度的定义，临界坡度 i_K 可由联立求解下列两式而得出

$$\begin{cases} Q = A_K C_K \sqrt{R_K i_K} = K_K \sqrt{i_K} & ① \\[2mm] \dfrac{\alpha Q^2}{g} = \dfrac{A_K^3}{B_K} & ② \end{cases}$$

解 ①、②式 $\qquad\qquad i_K = \dfrac{g x_K}{\alpha C_K^2 B_K}$ (7-11)

式中，A_K、B_K、x_K、R_K、C_K、K_K 等为相应临界水深 h_K 的各水力要素。

由上式可看出，临界坡度是随流量与断面形状、尺寸及糙率而变化的。因此，实际渠道的底坡在通过某流量时是缓坡，但在通过其他流量时则不一定是缓坡，因其衡量的标准（临界底坡）不一样了。这是应该特别加以注意的。

例 7-2 一梯形断面渠道，$Q = 45\text{m}^3/\text{s}$，$b = 10\text{m}$，$m = 1.5$，$n = 0.022$，$i = 0.0009$，渠中水流为明渠均匀流。试计算其临界底坡 i_K，并判别此渠的底坡属缓坡还是陡坡？

解 用式（7-11）计算临界底坡 i_K，但首先要计算临界水深 h_K（用附录Ⅳ计算图查算）

$$\sqrt{\frac{\alpha}{g}}\frac{Q}{b^{2.5}} = \sqrt{\frac{1}{9.8}} \times \frac{45}{10^{2.5}} = 0.0454$$

由 $\sqrt{\dfrac{\alpha}{g}}\dfrac{Q}{b^{2.5}} = 0.0454$ 及 $m = 1.5$ 查附录图得 $\dfrac{h_K}{b} = 0.12$

130

所以
$$h_K = 0.12b = 0.12 \times 10 = 1.2\text{m}$$

$$x_K = b + 2h_K\sqrt{1+m^2} = 10 + 2 \times 1.2 \times \sqrt{1+1.5^2} = 14.33\text{m}$$

$$A_K = (b+mh_K)h_K = (10+1.5\times1.2)\times1.2 = 14.16\text{m}^2$$

$$B_K = b + 2mh_K = 10 + 2 \times 1.5 \times 1.2 = 13.6\text{m}$$

$$R_K = \frac{A_K}{x_K} = \frac{14.16}{14.33} = 0.987\text{m}$$

$$C_K = \frac{1}{n}R_K^{1/6} = \frac{1}{0.022} \times 0.987^{1/6} = 45.35\text{m}^{1/2}/\text{s}$$

$$i_K = \frac{gx_K}{\alpha C_K^2 B_K} = \frac{9.8 \times 14.33}{1 \times 45.35^2 \times 13.6} = 0.005$$

因 $i < i_K$，故渠道属缓坡渠道。

第三节 水 跌 与 水 跃

水跌与水跃是不同流态的明渠水流在相互衔接过程中发生的局部水力现象。下面分别研究这两种水力现象的特点及有关问题。

一、水跌

当明渠水流状态从缓流过渡到急流，即水深从大于临界水深减至小于临界水深时，水面有连续的急剧的降落。这种降落现象叫做水跌。

图 7-6 为一缓坡（$i < i_K$）棱柱体渠槽的纵剖面图，D 处有一跌坎，由于过坎后水流为自由跌流，因而阻力小，重力作用显著，引起在跌坎上游附近水面急剧下降，并以临界流的状态通过突变的断面 D 处，由缓流变为急流，形成水跌现象。

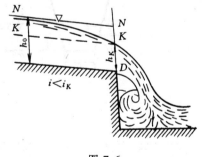

图 7-6

实验证明，突变断面 D 处的水深不是临界水深，而临界水深发生在跌坎偏上游处。这是由于跌坎断面处水流是急变流，因此作用在跌坎断面上的水压力小于按直线分布的压力所致，因而跌坎处实际流速较大，其水深较计算的临界水深小。但工程实践中常认为跌坎处水深为临界水深，由此而引起的误差是可以允许的。

概括地说，**水流从缓流过渡为急流时发生水跌现象，水面线是一个连续而急剧的降落曲线，并且必然经过临界水深，而临界水深就在水流条件突然改变的断面上。**

二、水跃

（一）水跃现象

当明渠水流从急流过渡到缓流，即水深从小于临界水深加至大于临界水深时，是以自由水面突然升高的形式完成的，这种水面急剧升高的现象叫做水跃。

在实验室的玻璃水槽中可以观察到这种现象，水从实用堰上溢下产生急流，以尾门调节下游水深形成缓流，就会在渠槽中发生水跃（图7-7）。水跃可分为两部分：一部分是急流冲入缓流所激起的表面漩流，翻腾滚动，饱掺空气，不透明，通常称为**表面水滚区**；

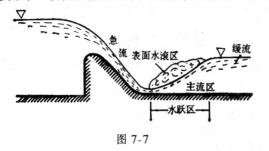

图 7-7

另一部分是水滚区下的**主流区**，流速由快变慢，水深由小变大。须注意，水滚区与主流区并不是截然分开的，相反，在两者的交界面上流速变化很大，紊动混掺极强，两者之间有着不断的质量交换。在此突变过程中，水流内部发生剧烈的摩擦和撞击作用，消耗了巨大的动能。因此流速急剧下降，很快转化为缓流状态。由于水跃的消能效果较好，常作为泄水建筑物下游水流衔接的一种有效消能方式。

工程中常常遇到平底（$i=0$）明渠中发生水跃的情况。如底坡虽不为零但较缓，亦可按 $i=0$ 的情况计算。图7-8为一平底棱柱体明渠。在紧靠水跃区的前后取渐变流断面1—1和2—2。跃前断面1—1的水深 h' 叫**跃前水深**，跃后断面2—2的水深 h'' 叫**跃后水深**。由于跃前水深和跃后水深存在着一一对应的关系，所以称为**共轭水深**。通常把跃前水深叫做**第一共轭水深**，跃后水深叫做**第二共轭水深**。跃后水深与跃前水深之差叫**水跃高度**。跃前、跃后两断面间的水平距离 l_j，叫**水跃长度**。水跃的主要计算任务是求共轭水深，即已知 h'（或 h''）计算 h''（或 h'）；以及计算水跃长度 l_j。h' **及** h'' **的关系式就是水跃方程式。**

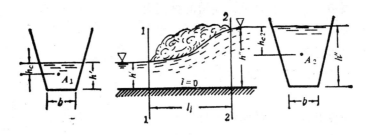

图 7-8

（二）水跃方程——共轭水深的计算

以平底的棱柱体渠槽中发生的自由水跃为例（图7-8），推求水跃方程式。水跃区的水流极为混乱，无法应用能量方程式计算水跃中的能量损失，因而无法确定跃前和跃后水深的关系，所以用动量方程来推求。

根据实际情况，考虑主要矛盾，合理地进行如下假定：

1）水跃区较短，水流与槽身接触面上的摩阻力可忽略不计；

2）跃前、跃后两过水断面符合渐变流条件。

从上述假定条件出发，以断面1—1及2—2所包围的水体为脱离体，写出投影于水流方向的动量方程式

$$P_1 - P_2 = \frac{\alpha' \gamma Q}{g} \ (v_2 - v_1) \tag{7-12}$$

式中，P_1、P_2 分别为水跃首、尾两端面的动水总压力。P_1 及 P_2 的大小按静水压强分布规律计算

$$P_1 = \gamma h_{c1} A_1 \qquad P_2 = \gamma h_{c2} A_2$$

式中，h_{c1} 及 h_{c2} 分别为断面 1—1 及断面 2—2 的形心在水面以下的淹没深度。

将 P_1 及 P_2 式代入式（7-12），得

$$\gamma h_{c1} A_1 - \gamma h_{c2} A_2 = \frac{\alpha' \gamma Q}{g} \ (v_2 - v_1)$$

又因 $v_1 = \dfrac{Q}{A_1}$，$v_2 = \dfrac{Q}{A_2}$，代入上式并化简，得

$$\frac{\alpha' Q^2}{g A_1} + h_{c1} A_1 = \frac{\alpha' Q^2}{g A_2} + h_{c2} A_2 \tag{7-13}$$

式中　α'——动量改正系数。

式（7-13）就是平底棱柱体明渠中的水跃方程。等式两边分别为 h' 及 h'' 的函数。若已知 h'（或 h''），应用该式可求得相应的 h''（或 h'）。计算可采用试算法。试算时，一般可作出辅助曲线求解。今将辅助曲线——**水跃函数曲线**说明如下。

对于一定形状和尺寸的断面，A 和 h_c 都是水深 h 的函数。所以，当给定流量后，$\left(\dfrac{\alpha' Q^2}{g A} + h_c A \right)$ 也是水深的函数。为便于讨论，将此函数叫做**水跃函数**。并用 $J\ (h)$ 表示，即

$$J\ (h) = \frac{\alpha' Q}{g A} + h_c A \tag{7-14}$$

由上式可把式（7-13）水跃方程简写成

$$J\ (h') = J\ (h'') \tag{7-15}$$

上式说明：在平底棱柱体明渠中，对于某一流量 Q，**具有相同水跃函数 $J\ (h)$ 的两个水深，就是共轭水深。**

如以 h 为纵坐标，$J\ (h)$ 为横坐标。在流量及断面形式、尺寸一定情况下，给定一系列 h 值，可算出相应的水跃函数值。点绘于直角坐标系上，用光滑曲线连接起来，便得出

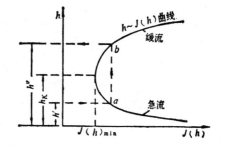

图 7-9

$h \sim J\ (h)$ 关系曲线，也叫**水跃函数曲线**（图 7-9）。当已知 h' 求 h'' 时，可根据 h' 值绘水平线与曲线下支交于 a 点，通过 a 点绘铅垂线与曲线上支交于 b 点，由 b 点绘水平线，在纵坐标上求得与 h' 相应的 h''（见图 7-9 中虚线箭头所示）。

从 $h \sim J\ (h)$ 曲线的形状可知，**h' 愈小则 h'' 愈大，h' 愈大则 h'' 愈小。当 $J\ (h)$ 为最小值时，相应的水深为临界水深 h_K。曲线的上部 $h'' > h_K$ 属缓流。曲线的下部 $h' < h_K$ 属急流。**

泄水建筑物下游明渠的断面常为矩形。对矩形断面明渠水跃公式，推证如下：

矩形断面明渠中发生水跃时，跃前、后过水断面面积（A_1、A_2）及其形心在水面下的淹深度（h_{c1}、h_{c2}）如下列各式

$$A_1 = bh' \quad A_2 = bh'' \quad h_{c1} = \frac{h'}{2} \quad h_{c2} = \frac{h''}{2}$$

将 A_1、A_2、h_{c1}、h_{c2} 及 $Q = bq$ 各式代入式（7-13），得

$$\frac{\alpha' b^2 q^2}{gbh'} + \frac{h'}{2} bh' = \frac{\alpha' b^2 q^2}{gbh''} + \frac{h''}{2} bh''$$

消去 b 并整理得

$$\frac{\alpha' q^2}{g}\left(\frac{1}{h'} - \frac{1}{h''}\right) = \frac{1}{2}\left(h''^2 - h'^2\right)$$

$$\frac{2\alpha' q^2}{g}\left(\frac{h'' - h'}{h'h''}\right) = \left(h'' + h'\right)\left(h'' - h'\right)$$

即

$$h'^2 h'' + h' h''^2 - \frac{2\alpha' q^2}{g} = 0$$

分别以 h' 和 h'' 为未知数，解一元二次方程式得

$$h' = \frac{h''}{2}\left(\sqrt{1 + \frac{8\alpha' q^2}{gh''^3}} - 1\right) \tag{7-16}$$

$$h'' = \frac{h'}{2}\left(\sqrt{1 + \frac{8\alpha' q^2}{gh'^3}} - 1\right) \tag{7-17}$$

式（7-16）及式（7-17）是平底矩形明渠中的水跃公式。

如将跃前、后断面的佛汝德数 $\mathrm{Fr}_1 = \dfrac{v_1}{\sqrt{gh'}}$、$\mathrm{Fr}_2 = \dfrac{v_2}{\sqrt{gh''}}$ 代入式（7-16）及式（7-17），则可得下面两式，亦可用以计算平底矩形明渠中水跃的共轭水深。

$$h' = \frac{h''}{2}\left(\sqrt{1 + 8\mathrm{Fr}_2^2} - 1\right) \tag{7-18}$$

$$h'' = \frac{h'}{2}\left(\sqrt{1 + 8\mathrm{Fr}_1^2} - 1\right) \tag{7-19}$$

如引入临界水深 h_K $\left(h_K = \sqrt[3]{\dfrac{\alpha' q^2}{g}}\right.$，则 $\alpha' q^2 = gh_K^3$ $\left.\right)$ 于式（7-16）及式（7-17）中，则

$$h' = \frac{h''}{2}\left(\sqrt{1 + \frac{8h_K^3}{h''^3}} - 1\right) \tag{7-20}$$

$$h'' = \frac{h'}{2}\left(\sqrt{1 + \frac{8h_K^3}{h'^3}} - 1\right) \tag{7-21}$$

以上推引出的式（7-16）、式（7-17）；式（7-18）、式（7-19）；式（7-20）、式（7-21）等，均可用来计算平底矩形明渠中水跃的共轭水深。

例 7-3　矩形渠道中发生水跃，跃前水深 $h' = 0.7\mathrm{m}$，流量 $Q = 36\mathrm{m}^3/\mathrm{s}$，渠底宽 $b = 10\mathrm{m}$。试计算水跃第二共轭水深 h''。

解　单宽流量　$q = \dfrac{Q}{b} = \dfrac{36}{10} = 3.6\mathrm{m}^3/(\mathrm{s} \cdot \mathrm{m})$，取 $\alpha' = 1.0$

(1) 用式 (7-16) 计算

$$h'' = \frac{h'}{2}\left(\sqrt{1 + \frac{8\alpha'q^2}{gh'^3}} - 1\right) = \frac{0.7}{2}\left(\sqrt{1 + \frac{8 \times 1 \times 3.6^2}{9.8 \times 0.7^3}} - 1\right) = 1.63\text{m}$$

(2) 用式 (7-21) 计算 (取 $\alpha = 1.0$)

$$h_K = \sqrt[3]{\frac{\alpha q^2}{g}} = \sqrt[3]{\frac{1 \times 3.6^2}{9.8}} = 1.1\text{m}$$

$$h'' = \frac{h'}{2}\left(\sqrt{1 + \frac{8h_K^3}{h'^3}} - 1\right) = \frac{0.7}{2}\left(\sqrt{1 + \frac{8 \times 1.1^3}{0.7^3}} - 1\right) = 1.63\text{m}$$

根据以上计算，跃后水深 $h'' = 1.63\text{m}$。

梯形明渠中发生水跃后，共轭水深的计算可采用试算法（见例 7-4），但比较麻烦，实际工程中常用专门的计算图求解，这些图可参考有关书目。

例 7-4 一梯形渠道，底宽 $b = 7\text{m}$，边坡系数 $m = 1.0$，输水流量 $Q = 54.3\text{m}^3/\text{s}$。试求跃前水深 $h' = 0.8\text{m}$ 时的跃后水深 h''。

解 按水跃公式 (7-13) 进行计算

$$\frac{\alpha'Q^2}{gA_1} + h_{c1}A_1 = \frac{\alpha'Q^2}{gA_2} + h_{c2}A_2$$

因已知 Q、b、m、h'，故公式左端可以算出

$$h' = 0.8\text{m}, b = 7.0\text{m}, m = 1.0, \alpha' \text{ 取 } 1.0$$

$$A_1 = (b + mh')h' = (7 + 1 \times 0.8) \times 0.8 = 6.24\text{m}^2$$

$$h_{c1} = \frac{h'}{6}\frac{3b + 2mh'}{b + mh'} = \frac{0.8}{6} \times \frac{3 \times 7 + 2 \times 1 \times 0.8}{7 + 1 \times 0.8} = 0.387\text{m}$$

$$J(h') = \frac{\alpha'Q^2}{gA_1} + h_{c1}A_1 = \frac{1 \times 54.3^2}{9.8 \times 6.24} + 0.387 \times 6.24 = 50.64\text{m}^3$$

根据以上计算可知，所求的跃后水深 h'' 必须满足 $J(h'') = 50.64\text{m}^3$。因而可设一系列水深值，计算相应的 $J(h)$ 值，计算成果列于表 7-1。用表 7-1 数据给出水跃函数曲线（图 7-10）。根据曲线图求得 $h'' = 3.01\text{m}$。

表 7-1   **水跃函数曲线计算表**

h (m)	A (m²)	h_c (m)	h_cA (m³)	$\frac{\alpha'Q^2}{gA}$ (m³)	$J(h) = \frac{\alpha'Q^2}{gA} + h_cA$ (m³)
0.50	3.75	0.244	0.92	80.23	81.15
0.80	6.24	0.387	2.42	48.22	50.64
1.00	8.00	0.479	3.83	37.61	41.44
1.50	12.75	0.706	9.00	23.60	32.60
2.00	18.00	0.926	16.67	16.72	33.39
2.50	23.80	1.140	27.14	12.64	39.78
3.00	30.00	1.350	40.50	10.03	50.53
3.50	36.75	1.560	57.33	8.19	65.52

（三）水跃长度

因水跃的水流现象比较复杂，水跃长度的计算目前还无理论的方法，只能用经验公式计算。

(1) 欧勒佛托斯基公式　　$l_j = 6.9 \, (h'' - h')$　　　　　　　　　　　　(7-22)

(2) 切尔托乌索夫公式　　$l_j = 10.3 h' \, (\mathrm{Fr_1} - 1)^{0.81}$　　　　　　(7-23)

(3) 吴持恭公式　　　　　　$l_j = 10 \, (h'' - h') \, \mathrm{Fr_1}^{-0.32}$　　　　　(7-24)

(4) 陈椿庭公式　　　　　　$l_j = 9.4 \, (\mathrm{Fr_1} - 1) \, h'$　　　　　　　(7-25)

以上各式中 h'、h'' 均为跃前、后水深；$\mathrm{Fr_1}$ 均为跃前断面的佛汝德数，$\mathrm{Fr_1} = \dfrac{v_1}{\sqrt{gh'}}$。

以上四式仅适用于矩形明渠。

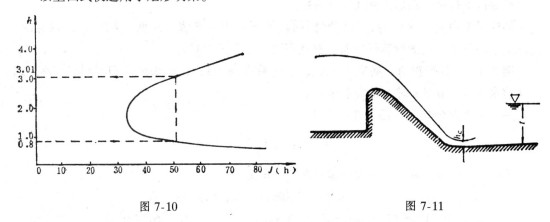

图 7-10　　　　　　　　　　　　　　　　　图 7-11

梯形明渠中的水跃长度，至今尚无确切的解答，可按下列经验公式近似估算

$$l_j = 5h'' \left(1 + 4 \sqrt{\frac{B_2 - B_1}{B_1}} \right) \tag{7-26}$$

式中　B_1、B_2——跃前、后过水断面的水面宽度。

最后要阐明一下，实际工程中（如溢流坝坝趾处水流）一般均为急流（图 7-11），坝趾处有一收缩水深 h_c，而下游水深 t 取决于下游河槽的水力特性，一般为缓流。从急流到缓流一定会以水跃的形式衔接。以 h_c 为跃前水深代入水跃方程式中可计算出与其共轭的跃后水深 h''_c，此 h''_c 与实际的下游水深 t 相比，有以下三种可能：

1）当 $h''_c = t$ 时，水跃由收缩断面 h_c 处开始发生（图 7-12，a）。这种水跃衔接，叫**临界式水跃**。

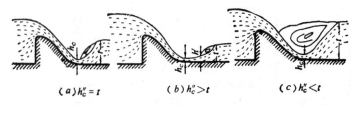

　　(a) $h''_c = t$　　　　　　(b) $h''_c > t$　　　　　　(c) $h''_c < t$

图 7-12

2）当 $h''_c > t$ 时，从水跃函数曲线可知，较小的跃后水深对应着较大的跃前水深，此时的下游水深 t 要求一个大于 h_c 的跃前水深 h' 与之相应，这样从建筑物下泄的水流将继

续以急流向下游流动，流动过程中由于摩阻力的作用，水深逐渐增大，至某一断面处，其水深恰与下游水深 t 所要求的跃前水深 h' 相等时，水跃就在该断面处发生（图 7-12，b）。这种水跃叫**远离式水跃**。

3）当 $h''_c < t$ 时，下游水深要求一个比 h_c 更小的跃前水深与之相应。因收缩断面水深 h_c 是建筑物下游的最小水深，所以不可能找到一个比 h_c 更小的水深。那么这个水跃应该在哪里发生呢？从远离水跃发生的位置可知，当下游水深逐渐加大时，它所要求的跃前水深便逐渐缩小，则水跃发生的位置离开建筑物的距离则越来越近，当下游水深增大到等于 h''_c 时，水跃便在收缩断面处发生，即为临界水跃，如果下游水深再增大，水跃将继续向前移动，将收缩断面淹没而涌向建筑物（图 7-12，c），这种水跃是**淹没式水跃**。

可见，按水跃在建筑物下游发生的位置可分为远离、临界和淹没水跃三种形式，由于远离水跃和建筑物间有一流速较大的急流段，为防止冲刷，建筑物下游砌护工程量较大，故工程上不采用远离式水跃消能。临界水跃由于不稳定，所以也不采用。一般工程上都采用**具有一定淹没程度的淹没水跃连接**。

水跃形状决定于跃前急流断面的佛汝德数 Fr_1，大致有以下五种：

1）**波状水跃**（图 7-13，a）发生于 $1.0 < \mathrm{Fr}_1 \leqslant 1.7$ 时。其水面形成起伏的波浪，浪高向下游衰减，这种水跃的**消能率**（通过水跃单位能量的消耗 ΔE 与跃前断面的单位能量 E_1 之比，即 $\dfrac{\Delta E}{E_1}$）很低。

2）**弱水跃**（图 7-13，b）发生于 $1.7 < \mathrm{Fr}_1 \leqslant 2.5$ 时。其表面有一系列小漩涡，跃高小，下游水面较平静，消能率 $\left(\dfrac{\Delta E}{E_1}\right)$ 低，一般小于 20%。

3）**颤动水跃**（图 7-13，c）发生于 $2.5 < \mathrm{Fr}_1 \leqslant 4.5$ 时。由于较高流速的底流间歇地向水面窜升，使水面产生大的波浪，并向下游传播，从而引起岸坡的冲刷，消能率 $\left(\dfrac{\Delta E}{E_1}\right)$ 可达 20%～45%。

4）**稳定水跃**（图 7-13，d）发生于 $4.5 < \mathrm{Fr}_1 \leqslant 9.0$ 时。水跃保持十分稳定的均衡状态，下游水面比较平静，消能率 $\left(\dfrac{\Delta E}{E_1}\right)$ 可达 45%～70%。这是一种底流消能较为理想的水跃。

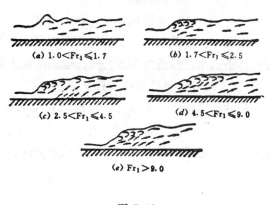

(a) $1.0 < \mathrm{Fr}_1 \leqslant 1.7$

(b) $1.7 < \mathrm{Fr}_1 \leqslant 2.5$

(c) $2.5 < \mathrm{Fr}_1 \leqslant 4.5$

(d) $4.5 < \mathrm{Fr}_1 \leqslant 9.0$

(e) $\mathrm{Fr}_1 > 9.0$

图 7-13

5）**强水跃**（图 7-13，e）发生于 $\mathrm{Fr}_1 > 9.0$ 时。这种水跃流态汹涌，水面有波浪，消能率 $\left(\dfrac{\Delta E}{E_1}\right)$ 可达 85%。

第四节　棱柱体渠道非均匀渐变流水面曲线定性分析

计算水面曲线之前，对水面曲线的性质、形状有一个概括的认识，对于正确地定量计算水面曲线有很大好处。

一、明渠恒定非均匀渐变流基本方程式及水面曲线微分方程式

(一) 明渠恒定非均匀渐变流基本方程式

图 7-14 为一恒定的明渠非均匀渐变水流。今取两个相距 Δl 的断面 1—1 及 2—2，以过水断面 1—1 及 2—2 的水面点为代表点，对基准面 0—0 列能量方程式，得

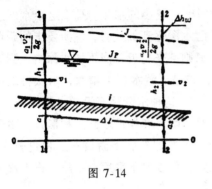

图 7-14

$$\left(h_2 + \frac{\alpha_2 v_2^2}{2g} \right) - \left(h_1 + \frac{\alpha_1 v_1^2}{2g} \right) = (a_1 - a_2) - \Delta h_w$$

因 $h_2 + \dfrac{\alpha_2 v_2^2}{2g} = E_{s2}$，$h_1 + \dfrac{\alpha_1 v_1^2}{2g} = E_{s1}$，$a_1 - a_2$

$= i\Delta l$，$\Delta h_w = \overline{J}\Delta l$。则上式又可写为

$$E_{s2} - E_{s1} = i\Delta l - \overline{J}\Delta l$$

令 $E_{s2} - E_{s1} = \Delta E_s$ 则

$$\frac{\Delta E_s}{\Delta l} = i - \overline{J} \ \text{或} \ \Delta l = \frac{\Delta E_s}{i - \overline{J}} \qquad (7\text{-}27)$$

将式 (7-27) 写成微分形式

$$\frac{dE_s}{dl} = i - J \qquad (7\text{-}28)$$

式中　ΔE_s——下游断面 2—2 的断面单位能量与上游断面 1—1 的断面单位能量之差，即

$$\Delta E_s = E_{s2} - E_{s1}，\text{其中} \ E_{s1} = h_1 + \frac{\alpha_1 v_1^2}{2g}，E_{s2} = h_2 + \frac{\alpha_2 v_2^2}{2g}；$$

i——渠道底坡；

$\overline{J}$——Δl 流段内的平均水力坡度。

式 (7-27) 及式 (7-28) 为明渠恒定非均匀渐变流基本方程式，它是计算棱柱体及非棱柱体渠道水面曲线的基本公式，也是推证水面曲线微分方程式的基础。

(二) 棱柱体渠道水面曲线微分方程式

棱柱体渠道中，流量、断面形状和尺寸一定时，断面单位能量 E_s 是水深 h 的函数，即 $E_s = f(h)$。而水深又是流程 l 的函数，即 $h = \varphi(l)$。所以，断面单位能量是流程的复合函数。根据高等数学复合函数求导数的概念，可得下式

$$\frac{dE_s}{dl} = \frac{dE_s}{dh}\frac{dh}{dl}$$

所以

$$\frac{dh}{dl} = \frac{\dfrac{dE_s}{dl}}{\dfrac{dE_s}{dh}} \qquad (7\text{-}29)$$

将式 (7-28) $\dfrac{dE_s}{dl} = i - J$ 及式 (7-4) $\dfrac{dE_s}{dh} = 1 - \dfrac{\alpha Q^2}{gA^3}B = 1 - \mathrm{Fr}^2$ 代入式 (7-29) 可得

$$\frac{dh}{dl} = \frac{i - J}{1 - \mathrm{Fr}^2} \qquad (7\text{-}30)$$

根据谢才公式 $\qquad v = c\sqrt{RJ}$

可知 $\qquad Q = AC\sqrt{RJ} = K\sqrt{J}$

138

$$J = \frac{Q^2}{K^2}$$

将 J 代入式（7-30），可得

$$\frac{dh}{dl} = \frac{i - \frac{Q^2}{K^2}}{1 - \mathrm{Fr}^2} \tag{7-31}$$

将（7-31）中的流量稍加变换，令 $Q^2 = K_0^2 i$，则

$$\frac{dh}{dl} = \frac{i - \frac{K_0^2}{K^2}i}{1 - \mathrm{Fr}^2}$$

或写成

$$\frac{dh}{dl} = i\frac{1 - \left(\frac{K_0}{K}\right)^2}{1 - \mathrm{Fr}^2} \tag{7-32}$$

式中　$\dfrac{dh}{dl}$——水深沿程变化率；

　　　i——明渠底坡；

　　　K_0——给定流量 Q 及已知底坡 i（$i>0$）时，渠道水流作均匀流时的流量模数；

　　　K——与非均匀流任一水深 h 相应的流量模数。

式（7-32）为棱柱渠道恒定渐变流水面曲线的微分方程式，它表示了水深沿流程变化的规律。从式（7-32）可看出：水深沿程变化率 $\dfrac{dh}{dl}$ 的值，与渠底坡度 i 及 $\dfrac{K_0^2}{K^2}$ 和 Fr^2 的数值有关。由于 K 代表实际水流的流量模数，K_0 表示均匀流时的流量模数，所以 $\dfrac{K_0}{K}$ 就表示非均匀流与同一水流在同一渠道中作均匀流时的比较。因此，**方程式的分子代表着水流的不均匀程度；分母中包含着佛汝德数（Fr），系代表水流的缓急程度。这说明水面曲线与底坡 i、实际水深 h、正常水深 h_0、临界水深 h_k 的大小及对比关系有关。**

二、水面曲线的分类

从水面曲线微分方程式中得知，在棱柱体明渠中，当流量、断面形状、尺寸一定时，水面曲线的性质、形状，根据渠道底坡和正常水深、临界水深及其之间的关系等的不同而各异，即水面曲线的分类是与这些因素紧紧相连的。所以，我们必须根据不同底坡以及不同底坡上正常水深与临界水深间相互关系来讨论水面曲线的分类问题。

大家知道，明渠底坡有顺坡、平坡及逆坡三种，顺坡又可分为缓坡、陡坡、临界坡三种，共有五种底坡。以下我们将各种底坡，以及在各种底坡上正常水深与临界水深的相互关系列出如下：

顺坡（$i>0$）可分为三种：

缓　坡	$0<i<i_k$	$h_0>h_k$
陡　坡	$i<i_k$	$h_0<h_k$
临界坡	$i=i_k$	$h_0=h_k$

平坡（$i=0$）不会发生均匀流，没有正常水深，但有临界水深。

逆坡（$i<0$）不会发生均匀流，没有正常水深，但有临界水深。

在五种底坡的纵断面图上（图 7-15），画出与渠底线相距（铅直）为正常水深 h_0 的平行线 $N—N$，即为表示在渠内产生均匀流动时的水面线，叫**正常水深线**。同样可绘出**临界水深线** $K—K$。在不同的底坡情况下，h_0 及 h_k 的相对位置不同，如陡坡时 $h_0<h_k$，$N—N$ 线在 $K—K$ 线之下，缓坡时 $h_0>h_k$，$N—N$ 线在 $K—K$ 线之上。但不管怎样，都可以将水流空间分为三个区。令规定：$N—N$ 线与 $K—K$ 线之上的流区叫 a 区；$N—N$ 线与 $K—K$ 线之间的叫 b 区；$N—N$ 线与

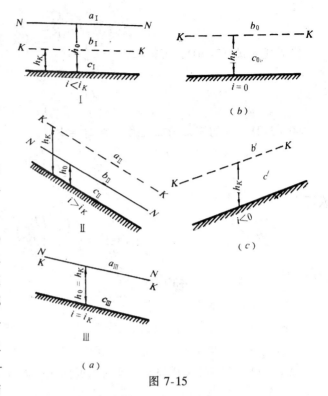

图 7-15

$K—K$ 线之下，底坡线以上的流区叫 c 区。如非均匀流水面线在 a 区范围内，则这条水面曲线叫 a 型水面曲线；在 b 区范围内，叫 **b 型水面曲线**；在 c 区内，叫 **c 型水面曲线**。

此处注意，$i=i_k$ 的临界坡渠道上，由于 $h_0=h_k$，所以 $N—N$ 线与 $K—K$ 线相重合，因而没有 b 区。$i=0$ 及 $i<0$ 的平坡及逆坡渠道上，因不可能发生均匀流，所以只有 $K—K$ 线，而无 $N—N$ 线，因此这两种底坡下，都无 a 区。

为了区分流区而规定：凡发生在缓坡上的水面曲线，统一加下角码"Ⅰ"；陡坡上的加下角码"Ⅱ"；临界坡上的加下角码"Ⅲ"；平坡上的加下角码"0"；逆坡上的在右上角加角码"′"。这样，顺坡棱柱体渠道中的水面曲线共有八种，即 $a_Ⅰ$、$b_Ⅰ$、$c_Ⅰ$；$a_Ⅱ$、$b_Ⅱ$、$c_Ⅱ$；$a_Ⅲ$、$c_Ⅲ$；平坡两种，b_0、c_0；逆坡两种，b'、c'。共计 12 种水面曲线。

三、棱柱体渠道中 12 种水面曲线的定性分析

如前所述，明渠中均匀流动是水流处于外力平衡时的等速流动。如由于某种原因使平衡遭到破坏，就将发生变速的非均匀流动。当水流作加速运动时，流速沿程增加，水深沿程减小，水面线为降水曲线。当水流作减速运动时，流速沿程减小，水深沿程增加，水面曲线为壅水曲线。

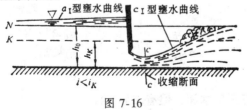

图 7-16

水面曲线的性质和形状与明渠底坡有关。下边按五种底坡分别讨论这一问题。

（一）缓坡渠道上的水面曲线

缓坡渠道上，因 $h_0>h_k$，所

140

以 $N—N$ 线高于 $K—K$ 线，a 区和 b 区为缓流区，c 区为急流区，如图 7-15（a）中Ⅰ图所示。下面结合水利工程中发生非均匀流动的实例，阐述发生在这三个区域的水面曲线。

图 7-16 表示缓坡渠道上建闸后上、下游水面曲线变化的情况。建闸前渠道正常流动的水面线为 $N—N$ 线。建闸后，水流在闸前受阻，水面抬高。当闸孔泄出的流量等于渠道来水量时，闸前水位稳定到一定高度，这个水位可用闸孔出流的泄流能力公式计算确定。它是形成上游非均匀流的一个重要条件。这个断面叫做控制断面，相应于控制断面的水深称为控制水深（此处为闸前的已知水深），它是分析水面曲线的起始断面。

通过实际观察可知，当闸前水面稍有抬高，水深增加，断面上压力增大，迫使流速减低。这种作用由闸门前处开始，不断向上游传播。结果在上游渠段相当长的范围内水面都壅高了，形成壅水曲线。

离闸越远，壅水的现象就逐渐减弱。当达到一定距离时，水流基本上不受闸门的影响，仍保持原来渠道中的正常水深和流速，壅水范围到此为止。由于此水面曲线位于缓坡渠道中的 a 区内，所以为 **$a_Ⅰ$ 型壅水曲线**。

$a_Ⅰ$ 型壅水曲线下游端为闸前水深，从理论上讲，上游端形状为以 $N—N$ 线作渐近线的一条曲线。水深从大于正常水深而逐渐接近于正常水深，当至无穷远处，水深等于正常水深。因此，在闸前渠道足够长时，水面曲线全长从理论上讲为无穷大。但在工程实际中，当水面曲线向上延伸到某一断面时，如这个断面的水深与正常水深相差很小，可认为此水面曲线已经结束，水流形成均匀流。根据工程单位经验，当水深由大于正常水深而接近于正常水深时，水面曲线的终止水深常取为正常水深的 1.01 倍，这样做在工程上是可以满足要求的。

水流由闸孔泄出后，由于受到边界的阻力作用，流速将沿程逐渐减小，水深沿程增加，形成壅水曲线，如图 7-16 中闸下游的水面曲线。同时，由于从闸孔泄出的水流流速大、水深小（小于临界水深），一般为急流，而下游水流一般为缓流。水流从急流向缓流过渡时，必然通过临界水深，发生水跃。因此，水闸下游水面线的上游端从收缩断面水深（闸后最小的水深，见图 7-16 中 $c—c$ 断面处水深，此水深可由计算确定，是下游水面曲线的控制水深）开始，下游端终止于跃前水深。由于此水面曲线发生在缓坡渠道上的 c 区，故称为 **$c_Ⅰ$ 型壅水曲线**。

如果渠道中有跌坎（图 7-17）时，水深将沿程减小，流速沿程增大，形成降水曲线。上端以 $N—N$ 线为渐近线，下端为跌坎处的水深，因此处发生水跌现象，故跌坎处的水深为临界水深（可作控制水深）。由于此水面曲线在缓坡渠道 b 区内，故为 **$b_Ⅰ$ 型降水曲线**。降水曲线上游端的终止水深通常在工程上采用 $0.99h_0$。

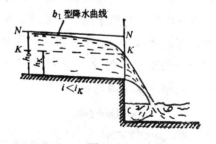

图 7-17

通过以上的实例分析，可以看出，在缓坡渠道上，由于建筑物或其它外界原因的影响，可以发生 $a_Ⅰ$、$b_Ⅰ$、$c_Ⅰ$ 三种水面曲线。$a_Ⅰ$ 型壅水曲线上游端根据渠道的长短等边界条件不同或接近于正常水深或高于正常水深，下游端与建筑物要求的水位相连接。$b_Ⅰ$ 型降水曲线上端渐近 $N—$

N 线,下端与 K—K 线相交。c_I 型壅水曲线,上端起始于某已知水深,下端往往与水跃相接。将上述三种水面曲线绘于一张图上(图 7-18),以便掌握和记忆。

(二)陡坡($i > i_K$)渠道上的水面曲线

因 $h_0 < h_K$,所以 N—N 线低于 K—K 线,则 a 区为缓流区,b 区、c 区为急流区。在陡坡渠道上可以发生 a_{II} 型壅水曲线、b_{II} 型降水曲线及 c_{II} 型壅水曲线三种,其形状如图 7-19 所示。

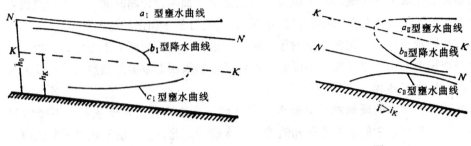

图 7-18   图 7-19

a_{II} **型壅水曲线**,发生在陡坡渠上建有闸、坝或其它障碍物的上游(图 7-20)。其形状为凸形,上游端与水跃相连接,下游端接近于水平线,与建筑物要求的水位相接。

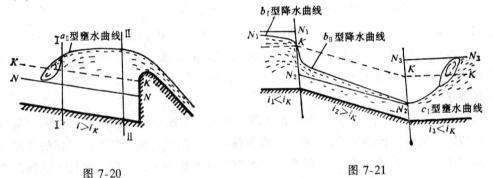

图 7-20   图 7-21

b_{II} **型降水曲线**,应用很广。它发生在底坡由缓变陡的陡槽内(图 7-21)。形状为凹形曲线,曲线上游端与水跃相接,起始水深为临界水深(控制水深),下游端渐近于陡槽的正常水深线。陡槽末端处的水深,根据陡槽的长短而定。陡槽足够长时,它接近于正常水深或近似地取其等于正常水深;当陡槽较短时,陡槽末端水深大于正常水深。

c_{II} **型壅水曲线**,发生在陡坡渠中闸孔出流(图 7-22)或两段陡坡渠相连,而第二段渠的坡度较第一段渠缓的情况(图 7-23)。其形状为凸形曲线,曲线上游端为因某原因而发生的

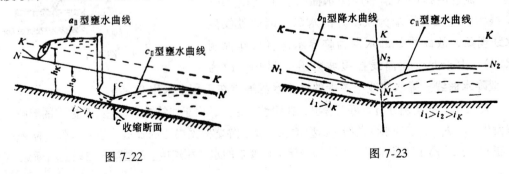

图 7-22   图 7-23

142

一个固定水深（如闸孔出流时收缩断面水深），曲线下游端渐近于正常水深线。

（三）临界坡（$i = i_K$）渠道上的水面曲线

因 $h_0 = h_K$，所以 N—N 线与 K—K 线重合，无 b 区，只有 a 区、c 区。在临界坡渠道上可以发生 a_{III} 型及 c_{III} 型壅水曲线，如图 7-24 所示。其形状均为接近于水平的直线。

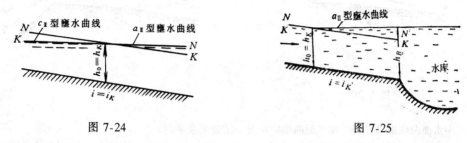

图 7-24   图 7-25

a_{III} **型壅水曲线**，一般发生在临界坡的渠道与水库或湖泊相接，且 $h_B > h_K$ 时（图 7-25）；c_{III} **型壅水曲线**发生在急流的下游接临界坡的情况（图 7-26）。

运木的筏道，需要底坡不同的两段水流匀缓地（不发生水跃）进行连接。因而往往利用 a_{III}、c_{III} 型水面曲线的性质来修建筏道。

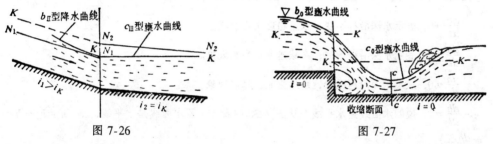

图 7-26   图 7-27

（四）渠道为平坡或逆坡时的水面曲线

在 $i = 0$ 及 $i < 0$ 的渠道中是不可能产生明渠均匀流的，因此不存在 N—N 线，只有 K—K 线。没有 a 区。

图 7-27 为一平坡渠道接一跌坎的水流情况。由于跌坎的存在，使跌坎上游渠道中水流的流速加大，水深减小，形成降水曲线。由于此水面线发生于平坡渠道的 b 区，故此水面曲线为 b_0 型降水曲线。

水流由跌坎上自由跌落时，流速加大，水深减小，当落入下游的平底渠床时，流速增至最大，水深小于临界水深，为急流。此后向下游继续流动时，由于边界阻力作用，水深增大，形成壅水曲线。此曲线起端为收缩水深（图 7-27 中 c—c 断面处），末端一般与水跃相连接。由于它发生于平底渠道的 c 区，故为 c_0 **型壅水曲线**。

逆坡（$i < 0$）渠道上，可能出现的水面曲线，与平底渠道中的 b_0、c_0 型曲线基本上是一样的，如图 7-28 所示。

b' **型降水曲线**及 c' **型壅水曲线**，往往发生在消能建筑物末端具有逆坡的渠道中，如图 7-29 所示。

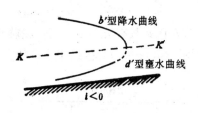

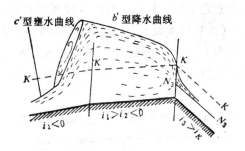

图 7-28   图 7-29

用水面曲线微分方程式作水面曲线定性分析的说明及举例。

（一）水面曲线分析的说明

对水面曲线进行定性分析时要了解以下三点：①**水面曲线变化的总趋势是壅水还是降水**；②**水面曲线两端形状**；③**水面曲线发生场合**，即在水利工程中什么情况下出现。下面主要阐述如何用水面曲线微分方程式分析水面曲线的性质（是壅水还是降水）和形状（水面曲线两端变化）。在分析水面曲线之前，先对 $\frac{dh}{dl}$ 的变化性质作一总的说明。

$\frac{dh}{dl} \to 0$，表示水深沿程不变，水流趋近于均匀流。

$\frac{dh}{dl} > 0$，表示水深沿程增加，系减速流，壅水现象。

$\frac{dh}{dl} < 0$，表示水深沿程减少，系加速流，降水现象。

$\frac{dh}{dl} = i$，说明水面线是水平线。从图 7-30 中看出，若水面线是水平线，则 $dh = h_2 - h_1 = idl$，即 $\frac{dh}{dl} = i$。

$\frac{dh}{dl} \to \infty$，相当于式 (7-32) 中的分母趋近于零，即 $Fr \to 1$，水深接近于临界水深，水面曲线与 K—K 线垂直。此时水流呈急变流，并可能有两种情况：当水深系由降水接近临界水深时，水面曲线光滑的与另一条曲线连接起来。如图 7-31 (a) 所示，只是水流流线过分弯曲，在过分弯曲的局部区域内，水流属急变流动，发生水跌现象；如果水深系由壅水接近临界水深时，水面向上过急的弯曲，发生水面突升的水跃现象，如图 7-31 (b) 所示。

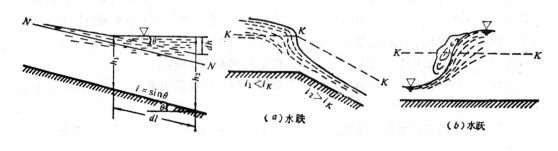

图 7-30   图 7-31

（二）用微分方程式作水面曲线定性分析举例

上面推演出了明渠非均匀渐变流水面曲线的微分方程式，并对水面曲线的分析作了说明。现在的问题主要是怎样使用微分方程式对水面曲线作定性分析。下面通过分析缓坡渠道中发生的 a_1、b_1 及 c_1 型三种水面曲线的性质和形状来说明。

1. 发生在缓坡渠道 a 区（$h > h_0 > h_K$）的水面曲线

（1）水面曲线的性质　缓坡渠道时 $i > 0$，$i < i_K$，则 $h > h_0$，$K > K_0$，$\frac{K_0}{K} < 1$，$1 - \left(\frac{K_0}{K}\right)^2 > 0$。因 $h > h_K$，则 $\mathrm{Fr} < 1$，$1 - \mathrm{Fr}^2 > 0$。

根据水面曲线微分方程式（7-32）可知

$$\frac{dh}{dl} = \frac{(+)}{(+)} > 0$$

说明水深沿程增加，为壅水曲线。由于它位于缓坡渠道的 a 区，故为 a_{I} 型壅水曲线。

（2）水面曲线的形状　a_{I} 型壅水曲线上游端的极限水深为 h_0，因而水面曲线上游端的形状可分析如下：$h \to h_0$ 时，$K \to K_0$，$\frac{K_0}{K} \to 1$，$1 - \left(\frac{K_0}{K}\right)^2 \to 0$，所以 $\frac{dh}{dl} \to 0$，即曲线上游端无限趋近于 N—N 线，或以 N—N 线为渐近线。

a_{I} 型壅水曲线下游端的极限水深为无穷大，因而水面曲线下游端的形状可分析如下：$h \to \infty$ 时，$K \to \infty$，$\mathrm{Fr} \to 0$，$\frac{K_0}{K} \to 0$，$\frac{1 - \left(\frac{K_0}{K}\right)^2}{1 - \mathrm{Fr}^2} \to 1$，所以 $\frac{dh}{dl} \to i$。即曲线下游端接近于水平线，或以水平线作为渐近线。

2. 缓坡渠道上，发生在 b 区（$h_0 > h > h_K$）的水面曲线

（1）水面曲线的性质　$h < h_0$，$K < K_0$，所以 $1 - \frac{K_0^2}{K^2} < 0$，水面曲线微分方程中分子为负号。$h > h_K$，$\mathrm{Fr} < 1$，所以 $1 - \mathrm{Fr}^2 > 0$，水面曲线微分方程中分母为正号。因此可知

$$\frac{dh}{dl} = \frac{(-)}{(+)} < 0$$

$\frac{dh}{dl} < 0$，说明水深沿程减小，为降水曲线。由于它位于缓坡渠道的 b 区，故为 b_1 型降水曲线。

（2）水面曲线的形状　b_{I} 型降水曲线上游端的极限水深为 h_0，因而水面曲线上游端的形状可分析如下：$h \to h_0$ 时，$K \to K_0$，$\left(1 - \frac{K_0^2}{K^2}\right) \to 0$，所以 $\frac{dh}{dl} \to 0$，即水面曲线上游端以 N—N 线为渐近线。

b_{I} 型降水曲线下游端水深等于临界水深 h_K，水面曲线下游端形状分析如下：$h \to h_K$ 时，$\mathrm{Fr} \to 1$，微分方程式的分母 $1 - \mathrm{Fr}^2 \to 0$；微分方程式的分子为负的有限值 $\left(h < h_0, \frac{K_0}{K} > 1, 1 - \frac{K_0^2}{K^2} < 0\right)$。故 $\frac{dh}{dl} \to -\infty$，即水面曲线下游端与 K—K 线垂直，且为由降水接近临界水深的，发生水跌。

3. 缓坡渠道上，发生在 c 区（$h < h_K < h_c$）的水面曲线

$h < h_0$，$K < K_0$；$h < h_K$，$\mathrm{Fr} > 1$，故 $\frac{dh}{dl} = \frac{(-)}{(-)} > 0$。说明水面曲线为壅水曲线。由于此曲线位于缓坡渠道的 c 区，故为 c_{I} 型壅水曲线。

曲线下游端 $h \to h_K$，$\mathrm{Fr} \to 1$，$1 - \mathrm{Fr}^2 \to 0$，$\dfrac{dh}{dl} \to \infty$，即水面线下游端与 $K\!-\!K$ 线垂直，发生水跃。曲线上游端为由某原因形成而保持一定的水深，此水深根据实际情况而定（参见图 7-16）。

以上用微分方程仅分析了三种水面曲线，其它几种水面曲线定性分析的方法基本类似，不再一一列举。

最后总结一下：在棱柱体渠道中，共计有十二种水面曲线，实际工程中最常见的是 a_{I}、b_{I}、c_{I}、b_{II} 型等几种。在已分析过的水面曲线中，有些在形式上和性质上都是很相似的。只要能进行一些归类比较，抓住其实质，就会帮助记忆，碰到实际问题也能正确的处理。将各类水面曲线的特征归纳于表 7-2 中。

表 7-2

底 坡 类 型	水面曲线类型	水深沿流变化情况	上 游 情 况	下 游 情 况	曲线形状
缓坡 $(i < i_K)$	a_{I} b_{I} c_{I}	增 大 减 小 增 大	趋近于 $N\!-\!N$ 线 趋近于 $N\!-\!N$ 线 由工程情况决定	趋近于水平 与 $K\!-\!K$ 线相垂直（水跃） 与 $K\!-\!K$ 线相垂直（水跃）	凹 形 凸 形 凹 形
陡坡 $(i > i_K)$	a_{II} b_{II} c_{II}	增 大 减 小 增 大	与 $K\!-\!K$ 线相垂直（水跃） 与 $K\!-\!K$ 线相垂直（水跃） 与 c_{I} 同	与 a_{I} 同 趋近于 $N\!-\!N$ 线 趋近于 $N\!-\!N$ 线	凸 形 凹 形 凸 形
临界坡 $(i = i_K)$	a_{III} c_{III}	增 大 增 大	与 $N\!-\!N(K\!-\!K)$ 线相交 与 c_{I} 同	与 a_{I} 同 与 $N\!-\!N(K\!-\!K)$ 线相交	水平线 水平线
平坡 $(i = 0)$	b_0 c_0	减 小 增 大	由工程情况决定 与 c_{I} 同	与 b_{I} 同 与 c_{I} 同	凸 形 凹 形
逆坡 $(i < 0)$	b' c'	减 小 增 大	与 b_0 同 与 c_{I} 同	与 b_{I} 同 与 c_{I} 同	凸 形 凹 形

四、各种水面曲线相互连接时应注意的几个问题

水利工程中上、下游水面线的变化，涉及到各种不同的水面曲线之间的相互连接问题。正确分析它们相互连接的关键，在于弄清各种水面曲线的性质和形状。除此而外，尚应注意以下几个问题：

1）**所有 a 区及 c 区都只能产生壅水曲线，b 区只能产生降水曲线。水面线与正常水深线 $N\!-\!N$ 相切，与 $K\!-\!K$ 线垂直**（$i = i_K$ 时除外）。

2）**每一个区都只有一种形式确定的水面曲线。如缓坡的 b 区，就只能发生 b_{I} 型降水曲线，而不可能是其它的。**

3）**当渠道很长时，在非均匀流影响不到的地方，水流将形成均匀流，水深保持正常水深，即水面线为 $N\!-\!N$ 线。**

4）**水流从缓流过渡到急流时，水面线匀滑、连续地通过临界水深 h_K，h_K 位于坡度由缓变陡的连接断面处；水流由急流过渡到缓流时，发生水跃**（$i = i_K$ 时除外）。

5）**建筑物处的上、下游水深，一般可根据水力计算确定（如闸、坝上游水深，下游收缩水深；临界水深等），故是已知的。这种水深已知的断面，都可以作为分析水面曲线**

的控制断面，水面曲线的计算与绘制可以由控制断面作起点。

6）根据明渠中波（干扰引起的）的传播特点分析和绘制水面曲线时，**缓流应当从下游的控制断面向上游推算，急流则应从上游控制断面向下游推算**。

下面举例说明如何对水面曲线的连接作分析。

例 7-5　图 7-32 为两个不同的缓坡相连的渠道，试分析水面曲线的连接型式。

解　根据已给条件，绘不同底坡(i_1 及 i_2）上的 $N—N$ 线及 $K—K$ 线，然后明确水面曲线两端（上、下游）的控制水深，以便有目的地连接。可以这样设想：原来水流在 i_1 段内作均匀流动。由于下游底坡骤变，破坏了原始水流的平衡状态，于是发生了非均匀流水面曲线。这条水面曲线，距底坡骤变处愈远，水面线则愈趋近于 i_1 段的正常水深线；i_2 段渠道很长，水流在该段内最终必然要作均匀流动。因此，上游控制水深 $h_1 = h_{01}$，下游控制水深 $h_2 = h_{02}$，即水面曲线由 h_{01} 向 h_{02} 过渡，现在来分析有几种过渡的可能。

1）水面曲线发生在 i_2 段内的 b 区，如图 7-32 中虚线所示。但是 b 区不可能发生壅水线，因而否定了这一种连接方式。

2）水面曲线发生在 i_1 段内的 a 区，如图 7-32 中实线所示。这条曲线为 a_1 型壅水曲线，这种连接符合上述规律，因而是正确的。

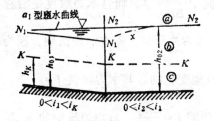

图 7-32

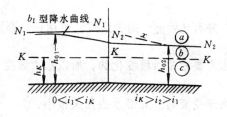

图 7-33

例 7-6　分析图 7-33 中水面曲线的连接型式。

解　水面曲线由 h_{01} 向 h_{02} 过渡，通过分析，水面曲线不可能在下游段 a 区内产生降水曲线，虚线所示的水面线是错误的。因此只能在上游段 b 区内以 b_1 型降水曲线来连接。

例 7-7　一棱柱体渠道，其各段底坡如图 7-34 所示。试分析各渠段可能发生的水面曲线，并注明各条水面曲线的名称。

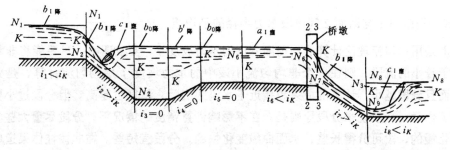

图 7-34

147

解 先根据底坡画出各渠段的 N—N 线及 K—K 线，然后从渠道中某些已知水深的断面（如发生临界水深的 1—1 断面、建筑物前后，水深已知的 2—2 及 3—3 断面）开始，根据渠段中水深可能变化的范围及底坡情况，绘出水面曲线，并注出各条水面曲线的名称，如图 7-34 所示。

第五节　明渠非均匀渐变流水面曲线的计算与绘制

在水利工程中，不但需要做水面曲线的定性分析，了解和掌握水面曲线的性质和形状，而且还需要对水面曲线作定量计算，把沿流程上各过水断面的水深计算出来。水面曲线计算的方法很多，本节介绍最基本的方法——**分段求和法**。

前面已得出明渠恒定非均匀渐变流基本方程式（7-27），即

$$\Delta l = \frac{\Delta E_s}{i - \overline{J}} \quad \text{或} \quad \Delta l = \frac{E_{s2} - E_{s1}}{i - \overline{J}}$$

利用上式计算水面曲线时，Δl、i、E_{s2}、E_{s1} 等因素是明确的，关键在于求出平均水力坡度 $\overline{J}$ 值，平均水力坡度 $\overline{J}$ 怎样计算？在均匀流中 $\frac{\Delta h_f}{\Delta l} = J$，而且水力坡度是沿程不变的，并有 $J = \frac{v^2}{C^2 R}$ 的关系式，可用任一断面的水力要素来计算。而在非均流中，因为各断面水力要素是沿程变化的，所以水力坡度 J 也是沿程变化的。其水力坡度 $J = \frac{dh_w}{dl}$。当水流为渐变流时，局部水头损失很小，$J = \frac{dh_f}{dl}$ 可以代替 $J = \frac{dh_w}{dl}$。非均匀流中的 h_f 尚无严格的计算公式，通常按均匀流理论近似地计算，即

$$\overline{J} = \frac{\overline{v}^2}{\overline{C^2 R}} \tag{7-33}$$

式中　$\overline{v}$——断面 1 与断面 2 间流段的流速平均值，$\overline{v} = \frac{v_1 + v_2}{2}$；

$\overline{C}$——断面 1 与断面 2 间流段谢才系数的平均值，$\overline{C} = \frac{C_1 + C_2}{2}$；

$\overline{R}$——断面 1 与断面 2 间流段水力半径的平均值，$\overline{R} = \frac{R_1 + R_2}{2}$。

以上是用均匀流理论计算非均匀渐变流的水力坡度 $\overline{J}$。实践证明：只要能将非均匀流分成若干较小的流段，则在一个非均匀流小段中的水力坡度 $\overline{J}$ 用均匀流计算，是完全可以的，而且分段越小，计算的成果越接近于水流的实际，精度也越高。但分段过小要加大计算的工作量，一般说来分段原则是：在**不影响计算精度的情况下，分段尽量大些。水面曲线变化慢的，段可分得长些，水面曲线变化快的，分段宜短些**。在非棱柱体渠道中，每段的断面形状、面积应尽可能相差不大，应在底坡有变动处分段。

由式（7-27）中可以看出，在流量、断面形状和尺寸、底坡及糙率一定的情况下，公式包含了 h_1、h_2 及 Δl 三个因素。计算中只要知道其中的两个，便可求出第三个。不管哪种类型的问题，解法的共同点是，首先按精度要求分段，然后从渠道一端水深已知的断面——控制断面，逐段用式 (7-27) 向另一端计算，并将各段的水深连接起来，就得到整个渠道非均匀流的水面曲线。具体作法见例 7-8。

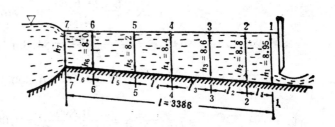

图 7-35（单位：m）

例 7-8　图 7-35 为一排水渠道，连接内湖与排水闸。渠道全长为 3386m，渠道断面为梯形，边坡系数 $m=2.0$，底宽 $b=45$m，糙率 $n=0.025$，底坡 $i=1/3000$。当过闸流量 $Q=500\text{m}^3/\text{s}$，闸前水深为 8.95m 时，试推算并绘制此排水渠道的水面曲线。

解　1. 判别水面曲线的型式

经计算，正常水深 $h_0=4.85$m，临界水深 $h_K=2.30$m。已知闸前水深 8.95m。

因 $h_0>h_K$，所以渠道为缓坡（$i<i_K$），又因 $h>h_0>h_K$，所以水面曲线在 a 区，水面曲线为 a_I 型壅水曲线。

2. 水面曲线计算

以闸前断面为控制断面向上游推算。将渠道分成六段，计算分两步进行：首先，已知 1—1 断面水深 $h_1=8.95$m，假定 $h_2=8.8$m、$h_3=8.6$m、$h_4=8.4$m、$h_5=8.2$m、$h_6=8.0$m，算出相邻水深间距 l_1、l_2、l_3、l_4、l_5 等。然后，根据已知渠道全长 3386m 求出渠道进口水深 h_7。将上述计算成果绘于图上，联起来就得到水面曲线。具体计算如下。

（1）第一步已知两断面水深求距离　以断面 1—1 和 2—2 为例计算。

下游断面 1—1 $h_1=8.95$m

$$A_1=(b+mh_1)h_1=(45+2\times8.95)\times8.95=562.5\text{m}^2$$

$$v_1=\frac{Q}{A_1}=\frac{500}{562.5}=0.89\text{m/s}$$

$$\frac{v_1^2}{2g}=\frac{0.89^2}{19.6}=0.043\text{m}\ (\alpha=1)$$

$$E_{s1}=h_1+\frac{v_1^2}{2g}=8.95+0.043=8.99\text{m}$$

同理，可算得 $h_2=8.8$m 处，$A_2=551\text{m}^2$，$v^2=0.907$m/s，$E_2=8.84$m

$$\Delta E_{s1-2}=E_{s1}-E_{s2}=0.15\text{m}$$

断面 1—1 的水力要素　　$\chi_1=b+2h_1\sqrt{1+m^2}=45+2\times8.95\sqrt{1+2^2}=85\text{m}$

$$R_1=\frac{A_1}{\chi_1}=\frac{562.5}{85}=6.62\text{m}$$

$$C_1=\frac{1}{n}R_1^{1/6}=\frac{1}{0.025}\times6.62^{1/6}=54.9\text{m}^{1/2}/\text{s}$$

同理，可算出断面 2—2 的水力要素：$\chi_2 = 84.3\text{m}$

$$R_2 = 6.54\text{m}$$

$$C_2 = 54.7\text{m}^{1/2}/\text{s}$$

因为

$$\overline{R} = \frac{6.62 + 6.54}{2} = 6.58\text{m}$$

$$\overline{C} = \frac{54.9 + 54.7}{2} = 54.8\text{m}^{1/2}/\text{s}$$

$$\overline{v} = \frac{0.89 + 0.907}{2} = 0.899\text{m}/\text{s}$$

所以

$$\overline{J}_{1-2} = \frac{\overline{v}^2}{\overline{C}^2 \overline{R}} = \frac{0.899}{54.8^2 \times 6.58} = 0.0000408$$

两断面间距离的计算

$$l_1 = \frac{\Delta E_{s1-2}}{i - \overline{J}_{1-2}} = \frac{0.15}{\dfrac{1}{3000} - 0.0000408} = 513\text{m}$$

其它各段距离可仿照上述方法列表计算，见表 7-3。

(2) 第二步求渠道进口水深 从计算表 7-3 可知，从断面 1 至断面 6 的距离总计 3290m，比渠道全长少 $3386 - 3290 = 96$m。还要通过断面 6 至断面 7 的距离 $l_6 = 98$m 来计算渠道进口水深 h_7。计算时仍利用式 (7-27)，但要通过试算。即设一水深按上述计算方法求出距离，当计算出的距离等于 96m 时，则所设水深即为渠道进口处水深 h_7。

设 $h'_7 = 7.9$m，通过计算得出距离 $l'_6 = 363$m，大于 $l_6 = 96$m，说明所设水深偏小。再设 $h'_7 = 7.97$m，通过计算（见表 7-3）得 $h'_6 = 95$m ≈ 96m，所以最后定出 7—7 断面（即进口处）水深为 7.97m。

表 7-3   分段求和法水面曲线计算表

断面	h (m)	A (m²)	v (m/s)	$\dfrac{v^2}{2g}$ (m)	E_s (m)	ΔE_s (m)	χ (m)	R (m)	C (m¹ᐟ²/s)	$\overline{J} = \dfrac{\overline{v}^2}{\overline{C}^2 \overline{R}}$	$i - \overline{J}$	Δl (m)	$\Sigma \Delta l$ (m)
1—1	8.95	562.5	0.89	0.0403	8.99		85	6.62	54.9				
						0.15				0.0000408	0.0002926	513	513
2—2	8.8	551	0.907	0.0419	8.84		84.3	6.54	54.7				
						0.196				0.0000439	0.0002895	677	1190
3—3	8.6	535	0.935	0.0440	8.644		83.5	6.40	54.5				
						0.197				0.0000480	0.0002854	690	1880
4—4	8.4	519	0.964	0.0474	8.447		82.6	6.28	54.3				
						0.197				0.0000524	0.0002810	700	2580
5—5	8.2	503	0.994	0.0504	8.25		81.7	6.16	54.2				
						0.196				0.0000570	0.0002764	710	3290
6—6	8.0	488	1.025	0.0535	8.054		80.8	6.04	54.0				
						0.030				0.0000268	0.0003065	95	3385≈3386
7—7	7.97	485.7	1.030	0.0540	8.024		80.6	6.02	53.95				

将所有算出的各段距离及其相应的水深，绘于图上，并将它们连起来，即得水面曲线（图 7-35）。

150

用分段求和法计算水面曲线概念比较明确，至今仍为工程界所采用。它是最基本的方法，除适用于棱柱体渠道外，也适用于非棱柱体渠道，但计算起来工作量稍大。现举例说明用分段求和法计算非棱柱体渠道水面曲线的方法。

例7-9 某水库溢洪道陡坡段为矩形断面，底宽由60m变为50m（图7-36），陡坡全长100m，泄洪量 $Q = 392\text{m}^3/\text{s}$ 时，进口断面1—1处水深1.63m，陡坡段比降为1/20，糙率 $n = 0.014$，试计算陡坡段的水面曲线。

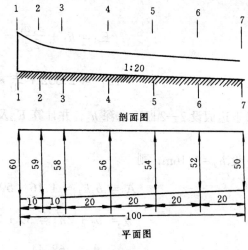

剖面图

平面图

图7-36（单位：m）

解 因槽身逐渐收缩，为非棱柱体渠道。今将全长分成六段，前两段处水面变化较大，因而较短。整个分段情况见图7-36及表7-4。

表7-4 陡 槽 分 段 表

段 号	1~2	2~3	3~4	4~5	5~6	6~7
距 离 （m）	10	10	20	20	20	20
相应断面底宽 （m）	60~59	59~58	58~56	56~54	54~52	52~50

利用公式 $\Delta l = \dfrac{\Delta E_s}{i - \overline{J}} = \dfrac{E_{s2} - E_{s1}}{i - \overline{J}}$ 进行计算。为了试算方便，可将该式写成

$$E_{s1} + i\Delta l = E_{s2} + \overline{J}\Delta l$$

用上式计算1—2段水面曲线如下：

$$h_1 = 1.63\text{m}$$

$$A_1 = b_1 h_1 = 60 \times 1.63 = 97.8\text{m}^2$$

$$\chi_1 = b_1 + 2h_1 = 60 + 2 \times 1.63 = 63.26\text{m}$$

$$R_1 = \frac{A_1}{\chi_1} = \frac{97.8}{63.26} = 1.546\text{m}$$

$$v_1 = \frac{Q_1}{A_1} = \frac{392}{97.8} = 4.008\text{m/s}$$

流速分布不均匀系数 α 采用1.1，则该断面的断面单位动能为

$$\frac{\alpha_1 v_1^2}{2g} = \frac{1.1 \times 4.008^2}{2 \times 9.8} = 0.902\text{m}$$

151

$$E_{s1} = h_1 + \frac{\alpha_1 v_1^2}{2g} = 1.63 + 0.902 = 2.532\text{m}$$

$$E_{s1} + i\Delta l_{1-2} = 2.532 + \frac{1}{20} \times 10 = 3.032\text{m}$$

下边假设 2—2 断面水深 h_2，并计算 E_{s2} 及 $\overline{J}\Delta l$，当 $E_{s2} + \overline{J}\Delta l = 3.032$ 时的水深即为所求。

设 $h_2 = 1.16\text{m}$，则

$$A_2 = b_2 h_2 = 1.16 \times 59 = 68.44\text{m}^2$$

$$\chi_2 = b_2 + 2h_2 = 59 + 2 \times 1.16 = 61.32\text{m}$$

$$R_2 = \frac{A_2}{\chi_2} = \frac{68.44}{61.32} = 1.116\text{m}$$

$$C_2 = \frac{1}{n} R^{1/6} = \frac{1}{0.014} \times 1.116^{1/6} = 72.75\text{m}^{1/2}/\text{s}$$

$$v_2 = \frac{Q}{A_2} = \frac{392}{68.44} = 5.728\text{m/s}$$

$$\frac{\alpha_2 v_2^2}{2g} = \frac{1.1 \times 5.728^2}{2 \times 9.8} = 1.841\text{m}$$

$$E_{s2} = h_2 + \frac{\alpha_2 v_2^2}{2g} = 1.16 + 1.841 = 3.001\text{m}$$

计算 $\overline{J}\Delta l_{1-2}$

$$\overline{R} = \frac{R_1 + R_2}{2} = \frac{1.546 + 1.116}{2} = 1.331\text{m}$$

$$\overline{v} = \frac{v_1 + v_2}{2} = \frac{4.008 + 5.728}{2} = 4.868\text{m/s}$$

$$\overline{C} = \frac{C_1 + C_2}{2} = \frac{76.81 + 72.75}{2} = 74.78\text{m}^{1/2}/\text{s}$$

$$\overline{J} = \frac{\overline{v}^2}{\overline{C}^2 \overline{R}} = 0.0032$$

$$\overline{J}\Delta l_{1-2} = 0.0032 \times 10 = 0.032\text{m}$$

$$E_{s2} + \overline{J}\Delta l_{1-2} = 3.001 + 0.032 = 3.033 \approx 3.032$$

说明 $h_2 = 1.16\text{m}$ 不需再进行试算。

对于 2~3、3~4、4~5、5~6、6~7 各段，按同样方法进行试算，其结果列于表 7-5 中。陡槽中水面曲线绘于图 7-36 中。

表 7-5 分段求和法计算非棱柱体渠槽水面曲线试算表

断面	h (m)	b (m)	A (m²)	v (m/s)	χ (m)	R (m)	C (m$^{1/2}$/s)	$\dfrac{\alpha v^2}{2g}$ (m)	E_s (m)	Δl	$i\Delta l$	$E_{s1}+i\Delta l$ (m)	$\overline{R}$ (m)	$\overline{v}$ (m/s)	$\overline{C}$ (m$^{1/2}$/s)	$\overline{J}$	$\overline{J}\Delta l$ (m)	$E_{s2}+\overline{J}\Delta l$ (m)
1—1	1.630	60	97.80	4.008	63.26	1.546	76.81	0.902	2.532	10	0.5	3.032	1.331	4.868	74.78	0.00318	0.0318	3.033
2—2	1.160	59	68.44	5.728	61.32	1.116	72.75	1.841	3.001	10	0.5	3.501	1.056	6.139	72.07	0.00686	0.0686	3.508
3—3	1.032	58	59.86	6.549	60.06	0.996	71.39	2.407	3.439	20	1.0	4.439	0.939	7.121	70.66	0.0108	0.216	4.447
4—4	0.910	56	50.96	7.692	57.82	0.881	69.44	3.320	4.231	20	1.0	5.231	0.854	8.101	69.57	0.0159	0.318	5.236
5—5	0.853	54	46.06	8.510	55.71	0.827	69.20	4.065	4.918	20	1.0	5.918	0.813	8.830	69.00	0.0201	0.403	5.923
6—6	0.824	52	42.85	9.149	53.65	0.799	68.80	4.697	5.521	20	1.0	6.521	0.792	9.414	68.69	0.0237	0.474	6.542
7—7	0.810	50	40.50	9.679	51.62	0.785	68.59	5.258	6.068									

第六节　天然河道水面曲线的计算

在河道中修筑挡水建筑物后,上游水面壅高,若要了解壅水情况,计算淹没损失,就必须计算与绘制水面曲线。由于河道横断面极不规则,河槽有弯有直,断面宽窄不一,河底高低不平,糙率沿程变化极大,因此,将整段河流用统一分析方法处理是有一定困难的。所以,一般采用分段法,即将河流分成水力要素基本一致的若干计算段,逐段分别计算,汇总后就能得到整个河道的水面曲线。

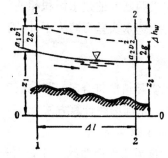

一、水面曲线计算基本方程式

由于天然河道底坡沿程变化,断面形状不规则,不可能通过计算水深来确定水面曲线,而是通过计算水位的变化来确定水面曲线的。其基本方程式可运用能量方程式直接建立。

图 7-37

在河道中选取相距 Δl 的渐变流段,对断面 1—1 和断面 2—2(图 7-37)写出能量方程式

$$z_1+\frac{\alpha_1 v_1^2}{2g}=z_2+\frac{\alpha_2 v_2^2}{2g}+\Delta h_w$$

式中　z_1、z_2——断面 1—1 及 2—2 的水位;

Δh_w——两断面间的水头损失,它等于沿程水头损失与局部水头损失之和,即 $\Delta h_w=\Delta h_f+\Delta h_j$。

沿程水头损失可按总水头线的平均水力坡度计算,即

$$\Delta h_f=\overline{J}\Delta l=\frac{\overline{v}^2}{\overline{C}^2 \overline{R}}\Delta l=\frac{Q^2}{\overline{K}^2}\Delta l \tag{7-34}$$

式中,$\overline{C}$、$\overline{v}$、$\overline{R}$、$\overline{K}$ 分别表示 1—1 及 2—2 两断面的水力要素的平均值。

$$\overline{C}=\frac{1}{2}(C_1+C_2)$$

153

$$\overline{v} = \frac{1}{2}(v_1 + v_2)$$

$$\overline{R} = \frac{1}{2}(R_1 + R_2)$$

$$\overline{K} = \frac{1}{2}(K_1 + K_2)$$

局部水头损失可用两断面的流速水头差与河道局部阻力系数的乘积来表示,即

$$\Delta h_f = \zeta \left(\frac{v_1^2}{2g} - \frac{v_2^2}{2g} \right) \tag{7-35}$$

ζ 值与河道的扩展程度有关,列于表7-6。

表7-6　河道局部阻力系数 ζ 值

河 道 扩 展 程 度	ζ
急 剧 扩 展	0.5～1.0
逐 渐 扩 展	0.33～0.5
收　　　敛	0

将 Δh_f 及 Δh_j 的公式代入能量方程式中,并令 $\Delta z = z_1 - z_2$(两断面的水位差),于是得

$$\Delta z = (\alpha - \zeta) \frac{(v_2^2 - v_1^2)}{2g} + \frac{Q^2}{K^2} \Delta l \tag{7-36}$$

上式为计算天然河道水面曲线的一般公式。

如果两断面的过水面积相差很小或河道中流速不大(一般平原河道多属此类),因而两断面的流速水头差可略去不计,则上式可简化为

$$\Delta z = \frac{Q^2}{K^2} \Delta l \tag{7-37}$$

在实际情况符合时,采用式(7-37)较为简便,且能得到满足实际需要的成果。

二、水面曲线计算方法

(一) 试算法

计算河道水面曲线之前必须先进行分段。分段时,除考虑上述在段内水力要素比较一致的条件外,还应注意保证每段中流量不变。所以段内不应有支流流入和流出,另外,分段不宜过长,可取水面差不大于 0.75m 为参考标准。

完成了分段工作后即可进行水面曲线的计算。计算河道水面曲线的方法是利用式(7-36)或式(7-37)进行试算。下面介绍用式(7-36)试算的方法。

将式(7-36)改写为下式

$$z_1 + (\alpha - \zeta) \frac{v_1^2}{2g} - \frac{Q^2}{K^2} \Delta l = z_2 + (\alpha - \zeta) \frac{v_2^2}{2g} \tag{7-38}$$

若已知 z_2(控制断面水位),求 z_1。

因 z_2 已知,式(7-38)中右端是已知数,可算出来,假定为 A。等式左端是 z_1 的函数,以 $f(z_1)$ 表示,则式(7-38)将变为

$$f(z_1) = A$$

给定一个 z_1' 值可算出一个 A' 值,看 A' 是否与题给的 A 值相同,如不等,则重新设 z_1''

值,再计算,直到与已知 A 值相等时为止。为减少计算工作量,一般设三、四个 z_1 值,求出相应的 A 值,然后作 $z \sim f(z)$ 关系曲线。根据已知的 A 值,在关系曲线上查出对应的 z_1 值(图 7-38)。

这样逐段地进行计算,便能求出整个河段的水面曲线高程。

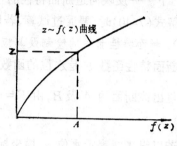

为了加快试算的进度,可在计算前作好各断面的一些水力要素与水面高程关系的辅助曲线,如 $A = \varphi_1(z)$、$R = \varphi_2(z)$ 等,这样在计算时比较方便。

(二)图解法

为减少实际工程中的计算工作量,多用图解法。

图 7-38

图解法一般都以简化公式(7-37)为基础,并根据一些实测水文资料(或无资料)绘制一些曲线。这套曲线可用于计算不同流量和水位时的水面曲线,使计算工作量大为减少。以下介绍常用的图解法——**断面特性曲线法**。

1. 基本原理

此法系取 $\dfrac{1}{K^2} = \dfrac{1}{2}\left(\dfrac{1}{K_1^2} + \dfrac{1}{K_2^2}\right)$,则简化公式(7-37)可写成

$$\Delta z = \frac{Q^2 \Delta l}{2}\left(\frac{1}{K_1^2} + \frac{1}{K_2^2}\right) \tag{7-39}$$

在断面呈宽浅型的平原河道中,其水力半径可近似地用水深代替,即 $R \approx h$。谢才系数及流量模数为

$$C = \frac{1}{n}R^{1/6} = \frac{1}{n}h^{1/6}$$

$$K^2 = A^2 C^2 R = A^2 \frac{1}{n^2}h^{1/3}h = \frac{A^2}{n^2}h^{4/3}$$

以 $h = \dfrac{A}{B}$ 代入上式,则

$$K^2 = \frac{A^2}{n^2}h^{4/3} = \frac{A^2}{n^2}\left(\frac{A}{B}\right)^{4/3} = \frac{1}{n^2}\frac{A^{10/3}}{B^{4/3}}$$

将 K^2 代入式(7-39)中,则

$$\Delta z = \frac{Q^2 \Delta l}{2}\left(\frac{1}{\dfrac{1}{n_1^2}\dfrac{A_1^{10/3}}{B_1^{4/3}}} + \frac{1}{\dfrac{1}{n_2^2}\dfrac{A_2^{10/3}}{B_2^{4/3}}}\right)$$

$$= \frac{Q^2 \Delta l}{2}\left(\frac{n_1^2 B_1^{4/3}}{A_1^{10/3}} + \frac{n_2^2 B_2^{4/3}}{A_2^{10/3}}\right)$$

两断面糙率用两断面间河段的平均糙率 n 代替,则

$$\Delta z = \frac{(nQ)^2 \Delta l}{2}\left(\frac{B_1^{4/3}}{A_1^{10/3}} + \frac{B_2^{4/3}}{A_2^{10/3}}\right)$$

令

$$F_1 = \frac{B_1^{4/3}}{A_1^{10/3}} \qquad\qquad F_2 = \frac{B_2^{4/3}}{A_2^{10/3}}$$

则
$$\Delta z = \frac{(nQ)^2 \Delta l}{2}(F_1 + F_2) \tag{7-40}$$

式中 F——反映河道断面特性的一个函数,显然与 z 有关。

解式(7-40)时,要通过试算,若用图解法就可以较快地求出 Δz 值。

2. 断面特性曲线的绘制及其应用

断面特性函数 F 是水位的函数,根据已测得的河道断面图,给定不同的水位 z,则从图上可量出该断面的 A 及 B,由 $F = \dfrac{B^{4/3}}{A^{10/3}}$ 可算出对应的 F 值,为了较快地求出 F 值,可查附录 V。

若以纵坐标表示水位 z,横坐标分左右两边,表示函数 F,算出每个断面的 $z \sim F$ 值,并绘成曲线,奇数断面的 $z \sim F$ 曲线,绘于左边;偶数断面的 $z \sim F$ 曲线绘于右边,如图 7-40。利用此曲线图,即可求 Δz 值。

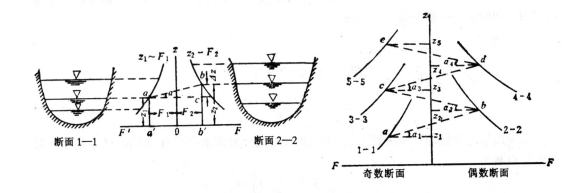

图 7-39   图 7-40

作图求 Δz 是这样进行的:在该河段的**断面特性曲线**上,按已知水位 z_1,在 $z_1 \sim F_1$ 曲线上取 a 点,由 a 点作斜率等于 $\mathrm{tg}\alpha$($\mathrm{tg}\alpha$ 根据河段已知的 n、Q、Δl 等以式 $\frac{1}{2}(nQ)^2\Delta l$ 算出)的直线 ab,交 $z_2 \sim F_2$ 曲线于 b 点。则 b 点水位即 2 断面水位 z_2,bc 即两断面的水位差 Δz,如图 7-39 所示。

作图原理证明如下:因 $\triangle abc$ 为直角三角形

所以
$$\mathrm{tg}\alpha = \frac{bc}{F_1 + F_2}$$

根据作图知
$$\mathrm{tg}\alpha = \frac{1}{2}(nQ)^2\Delta l$$

所以
$$bc = \frac{1}{2}(nQ)^2\Delta l(F_1 + F_2)$$

上式与式(7-38)相比可知,bc 即为 Δz。

若将河道各河段(计算段)所有断面的 $z \sim F$ 曲线都绘在同一图上,如图 7-40 所示,则可根据上述方法,利用这些曲线从下游控制水位推求上游各断面上的水位,从而得出全河道的水面曲线。

总结起来,具体步骤如下:

1)从已知控制断面 1—1 水位 z_1,在断面 1—1 的 $z_1 \sim F_1$ 曲线上取 a 点;

2)由 a 点作斜线,使其斜率 $\mathrm{tg}\alpha_1 = \dfrac{(nQ)^2}{2}\Delta l_1$ 交断面 2—2 的 $z_2 \sim F_2$ 曲线于 b 点,则相应于 b 点的水位,即断面 2—2 的水位 z_2;

3)仿照上面的方式,从 b 点出发作斜率为 $\mathrm{tg}\alpha_2 = \dfrac{(nQ)^2}{2}\Delta l_2$ 的斜直线交 $z_3 \sim F_3$ 于 c 点,由 c 点出发作 $\mathrm{tg}\alpha_3 = \dfrac{(nQ)^2}{2}\Delta l_3$ 的斜直线交 $z_4 \sim F_4$ 于 d 点……等,就可一一推出 z_3、z_4、z_5、…等水位。

要注意的是,由于绘制 $z \sim F$ 曲线时,纵横坐标有一定比例尺,则 $\mathrm{tg}\alpha$ 的对边与邻边也要按相应的比例尺画上。例如纵坐标(水位)$1\mathrm{cm} = a\,\mathrm{m}$,横坐标($F$)$1\mathrm{cm} = b \times 10^{-n}$,则 $\mathrm{tg}\alpha$ 也要随之变化,即

$$\mathrm{tg}\alpha = \frac{(nQ)^2}{2}\Delta l \frac{b \times 10^{-n}}{a}$$

第七节　弯曲河段的水流简介

水流行经弯曲河段时,同一横断面,水面不是水平的。弯曲河段凹岸的水面,高于凸岸的水面,具有水面高差,形成断面上的**横向水面坡度**(亦称**横比降**)。**河道弯曲程度越大,水面高差越大;弯曲程度小则高差小。**

为什么会发生这种现象呢? 这是因为弯段中的水流作曲线运行时,**不仅受重力作用,而且受离心力的作用,其方向是从凸岸指向凹岸的。**在这两种力的作用下,为了维持平衡,横断面自由面就一定要与离心力及重力的合力相垂直。所以自由面就形成了一个自凹岸向凸岸倾斜的横向比降。凹岸水面较凸岸水面高出 Δz 产生了一定的压力差(图 7-41, a、b)。

我们知道弯道上离心力大小是与水的质量成正比的,与所研究该点的河弯半径成反比,与该点纵向流速平方成正比。在同一垂线上各点纵向流速分布规律是从水面向河底逐渐减小的,因而在断面 1—1 上近表面水流较近河底水流所受的离心力为大。另外,由水面横向比降使沿水深的水质点都受到横向压力作用(图 7-44, c)。

今在弯道上取一条形水体(图 7-41 中, b 的阴影线部分)研究,由于横比降使该水体两侧产生一个水面差 Δh,则水体各点均受到 $\gamma\Delta h$ 的压力,此压力与离心力的方向相反,指向凸岸,其压力沿垂线分布(图 7-41, d),离心力沿垂线分布(图 7-41, e)。这两种力合成后在垂线上的分布如图 7-41(f)所示。从此图可见,上面部分指向凹岸,下面部分指向凸岸。在该合力作用下,流速分布如图 7-41(g)所示。即横向表层水流流向凹岸,底层水流流向凸岸。横向水流与纵向水流相结合,便构成了弯道中的**螺旋流**,螺旋流在横断面上的投影图,为一封闭的环流(图 7-41, b 中虚箭头),叫**弯道环流**。

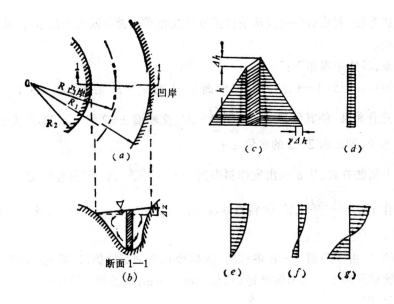

图 7-41

螺旋流方向是凹岸表层水流流向河底部,在这一过程中对凹岸产生冲刷,冲刷下来的泥沙,随螺旋流运动,斜向流至凸岸,挟带的泥沙沉积在凸岸。在弯道环流作用下,凹岸不断被冲刷,凸岸不断淤积,致使河床在横断面上成为不对称的抛物线形;在平面上,凹岸崩塌,凸岸向河心扩展成为浅滩。整个河道日益弯曲,如图7-42所示。

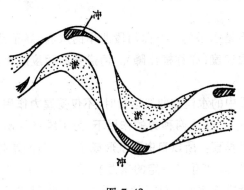

图 7-42

以上所述现象,在引水工程选择进水口位置时必须特别注意。**引水口位置一般应开在弯段的凹岸**,因主流始终稳定在凹岸一边,可以保证引入足够的水量。同时,因弯道环流使表层的清水由凸岸流向凹岸,而底层含沙水流则由凹岸流向凸岸,所以可以减少进入渠道的泥沙。

习   题

7-1 某梯形断面渠道,底宽 $b=12$m,边坡系数 $m=1.5$,通过流量 $Q=18$m^3/s。试绘出断面单位能量(E_s)与水深(h)的关系曲线,并由该曲线定出临界水深。

7-2 有一矩形长渠道,已知流量 $Q=25$m^3/s,渠宽 $b=5$m,糙率 $n=0.025$,底坡 $i=0.0005$。试分别用临界水深,临界坡度及佛汝德数来判别渠道均匀流时的流态。

7-3 某灌溉渠道的进水闸,闸孔宽度为6.0m,闸底高程为52.0m。下游消能段断面为矩形,宽度与闸孔相同。上游水位为 58.0 m,闸孔开启高度 $e=1.0$ m,通过闸孔的流量 $Q=38$ m³/s,下游水位为 55.0 m,闸下游水流收缩断面水深 $h_c=0.62$ m(图 7-43),试判别下游水跃的形式,并计算水跃的长度。

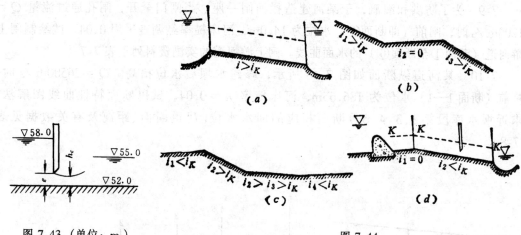

图 7-43 (单位: m) 　　　　　　　　　　　图 7-44

7-4 试绘出图 7-44 (a)、(b)、(c)、(d) 各种底坡的棱柱体渠道中,可能出现的水面曲线的形式并注出其名称(每一渠段均有足够的长度)。

7-5 有一梯形断面的土渠,底宽 $b=8.2$ m,边坡系数 $m=1.5$,底坡 $i=0.0004$,糙率 $n=0.025$。试作该渠道水深与流量的关系曲线。当设计流量 $Q=35$ m³/s 时,正常水深是多少?今在此渠中修建一节制闸,已知闸前水深 $h_2=4.0$ m,试计算节制闸上游水面线的壅水长度,并绘制水面曲线。

7-6 有一混凝土矩形渠道,底宽 $b=5$ m,通过流量 $Q=20$ m³/s,底坡 $i=0.001$,糙率 $n=0.014$。若渠中有一跌水,如图 7-45 所示,试求跌水口以上降水曲线的全长,并绘制水面曲线。

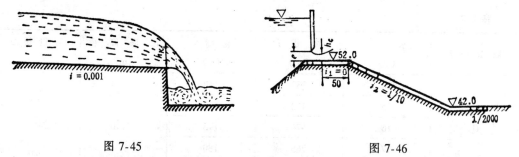

图 7-45 　　　　　　　　　　　　　　　图 7-46

7-7 某水库的溢洪道为矩形断面的棱柱体渠道,它由三个不同底坡的渠段组成,各渠段的底坡、尺寸和高程见图 7-46 所示。溢洪道宽度 $b=10$ m,糙率 $n=0.017$。当水库水位为 58.0 m,闸门开启高度为 2.0 m,通过溢洪道的流量 $Q=119$ m³/s,闸下水流收缩断面水深 $h_c=1.25$ m。要求:①判别渠段 1 是否发生水跃,并绘制该渠段的水面曲线;②绘制渠段 2 的水面曲线。

7-8 某水库溢洪道末端水深 3.2 m(图 7-47 断面 1—1 处),从 1—1 断面起为一扩散段，段长 80m，渠底水平，其横断面为矩形，1—1 断面处宽度为 25m，按直线扩散至宽度为 60m 的 4—4 断面处。当通过流量 $Q = 1850\text{m}^3/\text{s}$ 时，试计算和绘制扩散段的水面曲线。

7-9 为了防洪和灌溉，于某河建造拦河闸一座。当闸门全开，闸孔通过流量 $Q = 1200\text{m}^3/\text{s}$ 时，闸前（即断面⑥）水位为 14.0m，河床糙率经调查采用 0.04，试绘制闸上游河道（断面①至断面⑥）的水面曲线。闸上游河道的实测资料列于表 7-7。

7-10 某河道纵断面如图 7-48 所示，修建水坝后水位抬高。$Q = 26500\text{m}^3/\text{s}$ 时，坝前（断面 1—1）水位为 186.65m，河床糙率 $n = 0.04$，试以断面特性曲线图解法，求近坝水库段第 2、3、4、5 号断面相应的回水水位。河道断面、距离及有关数据见表 7-8。

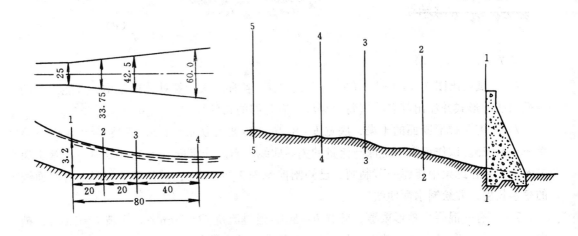

图 7-47 （单位：m）　　　　　　　　　　图 7-48

表 7-7

断 面 号 数	水 位 z (m)	面 积 ω (m²)	湿 周 χ (m)	河 底 高 程 (m)	河 段 长 Δl (m)
①	14	330	118	11.10	920
	15	412	132		
	16	576	175		
	17	765	180		
	18	939	184		
②	14	360	138	11.00	980
	15	458	146		
	16	620	182		
	17	885	275		
	18	1174	279		

断面号数	水 位 z (m)	面 积 ω (m²)	湿 周 χ (m)	河底高程 (m)	河段长 Δl (m)
③	14	218	109	10.65	980
	14.7	298	120		
	16	623	165		1079
	17	792	170		
④	14	425	168	10.50	
	14.7	562	230		
	15.9	1002	418		970
	17	1426	422		
⑤	14	393	154	9.90	
	15	558	176		
	16	971	415		350
	17	1391	425		
⑥	14	464	194	10.00	
	15	859	509		
	16	1365	516		
	17	1886	523		

表 7-8

断 面	水 位 z (m)	水面宽 B (m)	过水面积 A (m²)	平均河底高程 z₀ (m)	距 离 Δl (m)
1—1	186	830	18100	137.20	5900
	187	833	19000		
	188	836	20000		
2—2	186	687	13500	141.52	
	187	690	14200		5520
	188	695	15000		
3—3	187	988	18100	153.00	
	188	995	19100		3850
	189	1000	20000		
4—4	187	1170	19000	155.70	
	188	1180	20500		5820
	189	1190	22000		
5—5	188	738	14000	156.10	
	189	743	14500		
	190	750	15300		

第八章 孔流与堰流

第一节 概　　述

在盛着液体的容器壁（侧壁或底部）上开一孔口，液体经该孔的泄流称为**孔口出流**（图8-1，*a*）。如器壁较厚，或在孔口上加设短管，且器壁厚度或短管长度是孔口尺寸的3～4倍，则叫做管嘴。液体经过管嘴的泄流，称为**管嘴出流**（图8-1，*b*）。

为了控制和调节河渠中的水位和流量，常在河渠上修建各种类型的闸坝。液体经过闸门下孔口泄流称为**闸孔出流**。闸孔出流实质上就是一种孔口出流。通常把孔口出流和闸孔出流统称**孔流**。

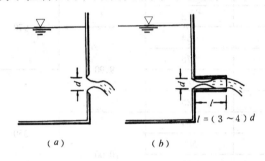

图 8-1

凡对水流有局部约束且顶部溢流的建筑物，称为堰。液体经过堰顶下泄称为**堰流**。

堰流和闸孔出流是既有区别又有联系的两种水流。堰流由于不受闸门的控制，水面线为一光滑的降落曲线；闸孔出流由于受到闸门的控制，闸孔上、下游的水面是不连续的。也正是由于堰流及闸孔出流这种边界条件的差异，所以它们的水流特征及过水能力也就不同。

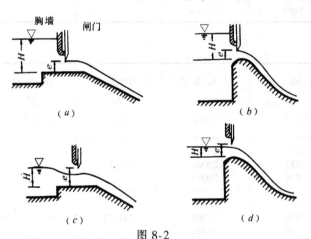

图 8-2

堰流和闸孔出流的相同点，从能量观点看，出流的过程都是势能变动能，都是在局部区段内受控制而流线发生急剧弯曲的急变流，能量损失主要为局部损失，沿程损失可忽略不计。

在同一建筑物上，往往可以发生堰流或孔流，这两种水流随闸底坎型式及闸门的相对开度不同而相互转化。根据试验：闸门开启度 e 与堰顶以上水头 $H\left(\dfrac{e}{H}\text{称为相对开启度}\right)$ 的下列比值，可作为大致判定闸孔出流及堰流的界限：

（1）闸底坎为宽顶堰（图8-2，*a*、*c*）

$$\frac{e}{H}\leqslant 0.65 \qquad \text{为闸孔出流}$$

$$\frac{e}{H} > 0.65 \qquad 为堰流$$

(2) 闸底坎为曲线型实用堰（图 8-2，b、d）

$$\frac{e}{H} \leqslant 0.75 \qquad 为闸孔出流$$

$$\frac{e}{H} > 0.75 \qquad 为堰流$$

第二节　孔口与管嘴出流

孔口与管嘴在实际工程中应用较多，如小型水库卧管放水，船闸充水、放水，农业喷灌，水力施工以及消防等。因此就有必要研究经由孔口、管嘴下泄的水流规律，以及确定其过水能力的计算方法。

孔口、管嘴出流可按下列条件分类：如果出流过程中水头保持不变，则液流的流速、压强等运动要素不随时间而变，这样的出流称为恒定出流；否则为非恒定出流。此外，如出流不受下游水位影响（出流到大气中）的称为**自由出流**；受下游水位影响的（在液面下出流）称为**淹没出流**。下面分别讨论孔口及管嘴的泄流能力问题。

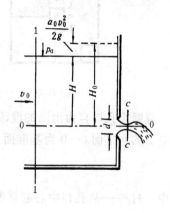

图 8-3

一、恒定的孔口出流

实际工程中孔口具有各种不同的形式。若孔口具有尖锐的边缘，通过孔口的水流与孔壁的接触为一条线，出流仅受到局部阻力的影响，这种孔口称为**薄壁孔口**。

根据孔口的高度（圆形孔口高度为直径 d）与孔口的水头 H（孔口中心到自由水面的高度，见图 8-3）之比，把孔口分为两类：

$$\frac{d}{H} \leqslant \frac{1}{10} \qquad 为小孔口$$

$$\frac{d}{H} > \frac{1}{10} \qquad 为大孔口$$

对小孔口而言，由于孔口直径 d 比水头 H 小很多，故可假定孔口断面上各点的水头 H 均相等。或孔口断面上各点的流速可近似认为相等。对大孔口上述假定是不适用的。

（一）薄壁小孔口的自由出流

薄壁小孔口自由出流情况如图 8-3 所示。设孔口为圆形，直径为 d。在重力作用下，水箱中各水流质点沿各个方向向孔口处汇流。由于惯性作用，流线不能突然转折，只能逐渐弯曲，因此，水流在出口后发生收缩现象。在离孔口约 $\frac{d}{2}$ 处，收缩完毕，流线成为平行的直线。这个过水断面称为**收缩断面**（图 8-3 中的 $c—c$ 断面），收缩断面的过水面积 A_c

小于孔口断面面积 A，两者之比称为**收缩系数** ε，即

$$\varepsilon = \frac{A_c}{A}$$

ε 值的大小反映着水流收缩的程度。影响 ε 值的主要因素是孔口形状、边缘情况和孔口离开容器边界的距离，如图 8-4 所示。当孔口在位置 I 时，液体经孔口出流，仅在局部（边 a 及 b 方向）发生收缩，称为**不完全收缩**。当孔口在位置 II 时，水流在各边均发生收缩，称为**完全收缩**。完全收缩的水股，又可分为**完善收缩**及**不完善收缩**两种。经验证明，当孔口边缘离开最近的边界距离大于孔口尺寸的三倍以上时（图 8-4 中的 II），边界已不再影响收缩系数 ε，此时称为完善收缩；否则称为不完善收缩。试验测得，薄壁圆形小孔口在完全完善收缩时，$\varepsilon = 0.60 \sim 0.64$。

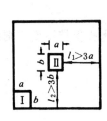

图 8-4

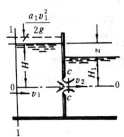

图 8-5

薄壁小孔口自由出流的泄流式，取符合渐变流条件的断面 1—1 与 c—c，并取通过孔口中心的水平面 0—0 为基准面（图 8-3），写能量方程可得

$$Q = \mu A \sqrt{2gH_0} \qquad\qquad (8\text{-}1a)$$

式中　H_0——从孔口中心起算的包括行近流速水头 $\frac{v_0^2}{2g}$ 在内的水头；

　　A——孔口过水断面面积；

　　μ——孔口自由出流时的**流量系数**，$\mu = \varepsilon\varphi$，其中 φ 为**流速系数**

$$\varphi = \frac{1}{\sqrt{1+\zeta}}$$

薄壁圆形小孔口自由出流，在完全完善收缩情况下，孔口的局部阻力系数 ζ、流速系数 φ、收缩系数 ε 及流量系数 μ 等，基本上是变化不大的。它们的数值为：$\zeta = 0.06$，$\varphi = 0.97$，$\varepsilon = 0.60 \sim 0.64$，$\mu = 0.58 \sim 0.62$。

初步计算时，流量系数 $\mu = 0.60$。其它形状孔口的流量系数值，可参考有关水力学手册。

式（8-1）为孔口自由出流时的基本关系式。**在孔口面积一定的情况下，孔口的过水能力与作用在孔口上的水头的平方根成正比。**

（二）**薄壁小孔口的淹没出流**

当下游水位高出孔口，出流水股淹没在水面以下，则为淹没出流，如图 8-5 所示。

对图 8-5 取符合渐变流条件的断面 1—1 及 c—c，以通过孔口中心的水平面 0—0 为

基准面写能量方程，经整理可得

$$Q = \mu A \sqrt{2gz_0} \tag{8-1b}$$

$$z_0 = H_0 - H_1 = z + \frac{\alpha v_0^2}{2g}$$

上两式中　μ——孔口淹没出流时的流量系数，其值可采用孔口自由出流时的 μ 值；

　　　　　z——上下游水位差，$z = H - H_1$。

式（8-1a）表明：在淹没出流情况下，通过孔口的流量与上、下游水位差（z）有关。

比较式（8-1a）与式（8-1b），可见它们具有相同的形式，所不同的仅在于：自由出流时，孔口的作用水头为 H_0（从孔口中心起算的水头）；而淹没出流时，孔口的作用水头为有效作用水头 z_0（上、下游水头差）。对同一孔口来说，因 $H_0 > z_0$，故**自由出流时的泄流能力大于淹没出流时的泄流能力**。

二、恒定的管嘴出流

图 8-6 为恒定的圆柱形管嘴自由泄流的示意图，上游作用水头为 H_0，水流进入管嘴后，由于水流的惯性作用发生收缩现象，形成收缩断面 c—c。水流经 c—c 断面后充满全管出流到大气中。由于 $A_c < A$，故 $v_c > v_2$，即水流在 c—c 断面的动能大于管嘴出口断面 2—2 的。因此，收缩断面的压强必然小于出口断面 2—2 处的大气压强，即在 c—c 断面处发生真空。由于管嘴内真空的存在，如同水泵吸水管的作用一样，把液体吸出，从而加大了作用水头，致使**在相同条件下，管嘴比孔口出流的过水能力要大些**。

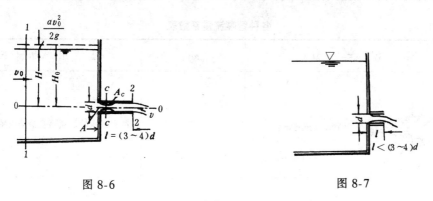

图 8-6　　　　　　　　　　　　　　　　图 8-7

保证管嘴的正常工作应满足以下两个条件：

1）管嘴的长度 $l = (3\sim4)d$。若 $l < (3\sim4)d$，则水股不与管壁接触，这时的流动仍为孔口出流，如图 8-7 所示。

2）断面 c—c 处的真空度不能过大，过大时，空气将从出口断面进入，从而改变了流动情况，就不是管嘴出流了。为了保持管嘴出流的流动状态，作用于圆柱形管嘴出流的极限水头为 9m。

在图 8-6 中，取管嘴上游符合渐变流条件的断面 1—1 与管嘴出口断面 2—2，以管嘴中心线为基准面，列能量方程（$\alpha_0 = \alpha_2 = \alpha$；$v$ 为 2—2 断面的断面平均流速）

$$H + \frac{\alpha v_0^2}{2g} = \frac{\alpha v^2}{2g} + \zeta \frac{v^2}{2g}$$

由上式得
$$v = \frac{1}{\sqrt{\alpha + \zeta}} \sqrt{2gH_0} = \varphi_{管} \sqrt{2gH_0}$$

则通过管嘴的流量为
$$Q = vA = \varphi_{管} A \sqrt{2gH_0} = \mu_{管} A \sqrt{2gH_0} \tag{8-2a}$$

式中　$H_0 = H + \frac{\alpha v_0^2}{2g}$；

　　A——管嘴出口断面 2—2 的过水断面面积；

　　$\varphi_{管}$——管嘴的流速系数；

　　$\mu_{管}$——管嘴的流量系数。

因管嘴出口断面为满流，不发生收缩，即 $\varepsilon = 1.0$，故 $\mu_{管} = \varphi_{管}$。对圆柱形外管嘴，可取 $\zeta = 0.5$，设 $\alpha = 1.0$，则

$$\mu_{管} = \varphi_{管} = \frac{1}{\sqrt{\alpha + \zeta}} = \frac{1}{\sqrt{1.5}} = 0.82$$

管嘴淹没泄流量公式为
$$Q = \mu_{管} A \sqrt{2gz_0} \tag{8-2b}$$

从上式可看出，淹没出流泄流公式与自由出流时泄流公式的形式一样，流量系数也相同，唯淹没泄流量公式中的 z_0 表示计及行近流速水头在内的上、下游水头差。

管嘴类型不同时流量系数 $\mu_{管}$ 值也不同，常见的外管嘴流量系数值，列于表 8-1。

表 8-1　　　　　　　　　　　　各种管嘴流量系数表

管　嘴　类　型	$\mu_{管}$	适　用　情　况
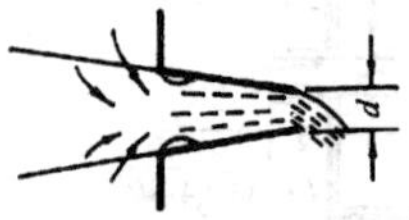 收缩式圆锥形管嘴	0.94	冲击式水轮机喷嘴及消防喷嘴等
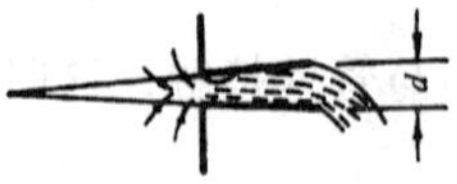 扩大式圆锥形管嘴	0.42～0.45	水轮机的尾水管及喷灌用的泄水管等
 流线形管嘴	0.97	水工建筑物的进口部分

第三节 堰 流

一、堰流类型及计算公式

（一）堰流类型

如前述可知，凡对水流有局部约束且顶部溢流的水工建筑物称为堰。经堰顶下溢伴有明显的水面降落的水流称为堰流。堰流水力计算的任务，主要是确定堰的过水能力，即确定过堰流量与堰的作用水头、过水断面及局部能量损失等的相互关系。下面首先介绍有关的几个术语及其代表符号的意义。

堰宽（B）——水流溢过堰顶的宽度（沿垂直水流方向量取）；

堰顶水头（H）——距堰的上游（$3\sim4$）H 处的堰顶水深；

堰顶厚度（δ）——水流溢过堰顶的厚度（沿水流方向量取）；

行近流速（v_0）——量取 H 处的断面平均流速；

上游堰高（P）——堰顶至上游渠底的高度；

下游堰高（P_1）——堰顶至下游渠底的高度。

其他如引水槽的宽度（B_0）、下游水深（t）、上、下游水位差（z）等，如图 8-8 所示。

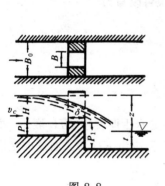

图 8-8

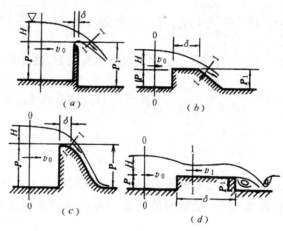

图 8-9

为便于研究，常按堰顶水头和堰厚间的相对关系，将堰流分成不同的类型。例如，当堰顶水头一定时，随着堰厚沿水流方向的逐渐加大，则过堰水流亦随之变化。通过试验发现，当 δ 较小时，水流从堰顶下泄不受堰顶厚度 δ 的影响，水面自由地下降而形成水舌，如图 8-9（a）所示。当 δ 继续增大，使水舌的下缘与堰顶接触时，则水流受到堰顶的约束和顶托，但这种作用不大，主要还是受重力作用，水流仍然是单一的跌落，如图 8-9（b）、（c）所示。当 δ 增大到一定数值水流进入堰顶后，因受到堰顶垂直方向的约束，过水断面减小，流速加大，动能加大，势能必然减小。再加上水流进入堰顶时产生局部能量损失，所以进口处形成水面降落。此后，由于堰厚较大，对水流有约束和顶托作用，使顶部水流有一段与堰顶几乎平行的水面线，当下游水位较低时，流出堰顶后水面又下降，如图 8-9（d）所示。

上面三种具有不同水流特征的堰流，各自遵循着不同的水流规律。据此，可把堰流分为三种：

1）**薄壁堰流**——产生于 $\delta < 0.67H$ 的情况；

2）**实用堰流**——产生于 $0.67H < \delta < 2.5H$ 的情况；

3）**宽顶堰流**——产生于 $2.5H < \delta < 10H$ 的情况。

当 $\delta > 10H$ 时，堰顶水流的沿程水头损失不能忽略，此时水流已是明渠水流了。

根据堰下游水位是否影响过堰流量，把堰流分为**淹没堰流**与**自由堰流**两种类型。

根据堰宽（B）与引水槽宽（B_0）是否相等，即溢流堰是否发生侧向收缩，把堰流分为**无侧收缩堰流**（$B = B_0$）与**有侧收缩堰流**（$B < B_0$）两种类型。

（二）堰流的基本公式

如图 8-9 所示，以通过堰顶的水平面作为基准面，对堰前断面 0—0 及堰顶断面 1—1 列能量方程。其中 0—0 断面为渐变流断面，1—1 断面从实测表明，断面上各点的测压管水头不是常数。因此可得

$$H + \frac{\alpha_0 v_0^2}{2g} = \overline{\left(z + \frac{p}{\gamma} \right)} + \left(\alpha_1 + \zeta \right) \frac{v_1^2}{2g}$$

式中，$H + \frac{\alpha_0 v_0^2}{2g} = H_0$，$H_0$ 称为全水头；$\overline{\left(z + \frac{p}{\gamma} \right)}$ 为 1—1 断面上各点测压管水头的平均值，$\overline{\left(z + \frac{p}{\gamma} \right)} = \xi H_0$，$\xi$ 为测压管水头与 H_0 的比数，则上式可改写为

$$H_0 - \xi H_0 = \left(\alpha_1 + \zeta \right) \frac{v_1^2}{2g}$$

$$v_1 = \frac{1}{\sqrt{\alpha_1 + \zeta}} \sqrt{2g \left(H_0 - \xi H_0 \right)}$$

因堰顶的过水断面为矩形，设其宽度为 B，1—1 断面的水舌厚度用 KH_0 表示，K 为反映堰顶水流垂直收缩的系数。则 1—1 断面的过水断面面积应为 KH_0B，通过的流量为

$$Q = KH_0 B v_1 = KH_0 B \frac{1}{\sqrt{\alpha_1 + \zeta}} \sqrt{2gH_0 \left(1 - \xi \right)}$$

$$= \frac{1}{\sqrt{\alpha_1 + \zeta}} K \sqrt{1 - \xi} \, B \sqrt{2g} H_0^{3/2}$$

令 $\varphi = \frac{1}{\sqrt{\alpha_1 + \zeta}}$，$\varphi$ 为流速系数；$m = \varphi K \sqrt{1 - \xi}$，$m$ 称为**堰的流量系数**，则

$$Q = mB \sqrt{2g} H_0^{3/2} \tag{8-3}$$

式（8-3）为堰流计算的基本公式，对薄壁堰、实用堰、宽顶堰都适用。从式（8-3）可知，**过堰流量与堰顶全水头的 3/2 次方成正比例**，即 $Q \propto H_0^{3/2}$。

由以上推导可看出：影响流量系数的主要因素是 φ、K、ξ，即 $m = f(\varphi, K, \xi)$。其中 φ 主要是反映局部水头损失的影响；K 是反映堰顶水流垂直收缩的程度；ξ 则是反映急变流过水断面上动水压强分布不符合直线分布规律的影响。这些影响因素显然与堰的边界条件，如堰高及堰顶进口边缘形状等有关。所以，不同类型、不同高度的堰，其流量系数也各异。下面介绍各种堰的泄流量计算。

二、薄壁堰的流量计算

图 8-10 为水流溢过薄壁堰的自由出流，在薄壁堰的堰顶处水位降落了 $0.15H$，而距堰壁 $3H$ 远处仅降落了 $0.003H$。水流底部外形：在距堰壁 $0.27H$ 处有最大升高达 $0.112H$，距堰壁 $0.67H$ 处水流底部与堰顶标高相等。由于这种水流外形，凡厚度小于 $0.67H$ 的堰壁就不会影响水流。所以堰壁厚度 $\delta <$ 0.67H 的堰都属于薄壁堰。薄壁堰顶，一般都加工成锐缘，所以又称为**锐缘堰**。由于它具有稳定的压强和流速分布，其水头和流量关系稳定，因此常作为水力学试验或野外测量中一种有效的量水工具。常用的薄壁堰，堰顶顶部的过水断面常做成矩形或三角形的，称为**矩形薄壁堰**和**三角形薄壁堰**。

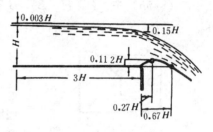

图 8-10

（一）矩形薄壁堰

当堰顶水头很小时，因受表面张力的作用，溢过堰顶的水舌贴附堰壁下溢。当堰顶水头增加到一定程度（$H > 3\text{cm}$），水舌开始脱离堰壁，但此时应在水舌下面充分通气，使水舌下空间内保持大气压强，这样才能保证在一定的水头下，发生恒定的自由溢流（图 8-11）。

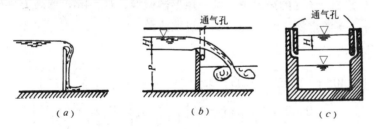

图 8-11

无侧收缩矩形薄壁堰自由出流，泄流量可按式（8-3）计算，即 $Q = mB\sqrt{2g}H_0^{3/2}$。为了便于根据测出的堰上水头 H 直接计算流量，可将式（8-3）进行改写，将行近流速水头的影响考虑在流量系数中

$$Q = m_0 B \sqrt{2g} H^{3/2} \qquad (8\text{-}4)$$

包括行近流速影响的流量系数 m_0 可根据下列经验公式[1] 计算

$$m_0 = \frac{2}{3}\left(0.605 + \frac{0.001}{H} + 0.08\frac{H}{P}\right) \qquad (8\text{-}5a)$$

---

[1] 清华大学水力学教研组编《水力学》，高等教育出版社 1965 年。

式中 H——堰顶水头，m；

P——上游堰高，m。

该式适用范围为：$H \geqslant 0.025\mathrm{m}$ 及 $\dfrac{H}{P} \leqslant 2$。

当堰宽 B 小于引水槽宽 B_0 时，水流受到水平横向约束而收缩，使水流有效宽度小于实际堰宽，从而降低了堰的过水能力。有侧向收缩的矩形薄壁堰的流量系数 m'_0 可用经验公式确定

$$m'_0 = \left[0.405 + \frac{0.0027}{H} - 0.03 \frac{B_0 - B}{B_0} \right]\left[1 + 0.55 \left(\frac{H}{H+P} \right)^2 \left(\frac{B}{B_0} \right)^2 \right]$$

$$(8-5b)$$

式（8-5b）中，P、H、B_0、B 等的单位均用米。

（二）三角形薄壁堰

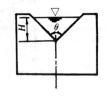

图 8-12

堰的切口形状为三角形的，称为三角堰，如图8-12所示。三角堰的特点是结构简单，造价低廉，适用于小流量（$Q < 100\mathrm{L/s}$）的测流。因为在同样流量下，三角堰比矩形堰能得到较大的水头 H，故相对地提高了精度。它广泛应用于试验室中测流。

常用的三角形薄壁堰的顶角 $\theta = 90°$，根据试验，适用水头为 $H \approx 0.05 \sim 0.25\mathrm{m}$，自由出流时泄流量公式为

$$Q = 1.4H^{5/2} \qquad\qquad (8-6)$$

式中 H——堰顶水头，m。

例 8-1 在宽 $B_0 = 6\mathrm{m}$ 的渠道中，设一矩形薄壁堰，$B = 4\mathrm{m}$，堰高 $P = P_1 = 1\mathrm{m}$，堰上水头 $H = 0.5\mathrm{m}$，下游水深 $t = 0.7\mathrm{m}$，试求过堰流量。

解 因 $P_1 > t$，故为自由出流。

$$m'_0 = \left(0.405 + \frac{0.0027}{H} - 0.03 \frac{B_0 - B}{B_0} \right)\left[1 + 0.55 \left(\frac{H}{H+P} \right)^2 \left(\frac{B}{B_0} \right)^2 \right]$$

$$= \left(0.405 + \frac{0.0027}{0.5} - 0.03 \frac{6-4}{6} \right)\left[1 + 0.55 \left(\frac{0.5}{0.5+1} \right)^2 \left(\frac{4}{6} \right)^2 \right]$$

$$= 0.412$$

所以 $Q = m'_0 B \sqrt{2g} H^{3/2} = 0.412 \times 4 \times 4.43 \times 0.5^{3/2} = 2.58\mathrm{m^3/s}$

三、实用堰的水力计算

实用堰流量计算公式仍为式（8-3），但在实际工程中，实用堰常由闸墩及边墩分隔成数个等宽的堰孔，如图8-13所示。此时，式（8-3）中的 $B = nb$，n 为堰孔数，b 为一个堰孔的宽度，B 为堰溢流的总净宽。当仅有边墩而无闸墩时，$n = 1$，$B = b$。

由于边墩或闸墩的存在，水流经过堰孔时，流线发生侧向收缩，减小了溢流宽度，增加了局部水头损失。故有侧收缩（即有边墩或闸墩）时，堰的流量较无侧收缩堰的流量为小。通常在式（8-3）的右端乘一小于 1.0 的系数 ε，叫做**侧向收缩系数**，以考虑侧向收缩对泄流的影响。

此外，实用堰在应用中可能出现下游水位高，影响上游泄流，过水能力减小，形成淹没出流的情况。这时也是在式（8-3）右端乘一个小于 1.0 的系数 σ_s，叫做**淹没系数**，以考虑淹没对泄流的影响。

综上所述，实用堰的流量公式应为

$$Q = \varepsilon \sigma_s m B \sqrt{2g} H_0^{3/2} \tag{8-7}$$

若堰无侧收缩时，$\varepsilon = 1.0$；自由出流时，$\sigma_s = 1.0$。上式即与式（8-3）相同。下面对实用堰的剖面形状及流量系数、侧收缩系数、淹没系数等分别加以讨论。

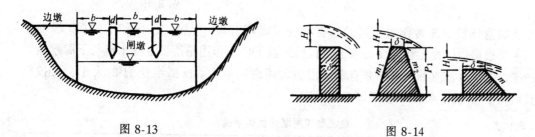

图 8-13   图 8-14

（一）实用堰的剖面形状及流量系数

实用堰可分为折线型实用堰和曲线型实用堰两类。折线型实用堰多用于低堰，用当地材料（砖、石）筑成，为施工方便，堰剖面多做成矩形、梯形、多边型等，如图 8-14 所示。其流量系数值根据剖面形状而不同。初步计算时，可采用 $m = 0.4$[1]。

曲线型实用堰可分为真空和非真空两种剖面型式。在水流溢过堰面时，堰面不出现真空现象的剖面，称为**非真空剖面堰**；反之，称为**真空剖面堰**。真空剖面堰溢流时，溢流的水舌部分脱离堰面，脱离部分的空气不断地被水流带走而造成真空现象。由于真空的存在，增加堰顶的"吸力"，即加大了堰顶有效作用水头，从而提高了堰的过水能力。但另一方面，由于真空的存在，使坝面可能遭受正负压力的交替作用，增大了动荷载，造成了下溢水流不稳定和发生颤动。当真空达到一定程度时，还会发生空蚀，对结构安全不利，所以，真空剖面堰一般较少使用。我们主要介绍非真空剖面的曲线型实用堰。

曲线型实用堰比较合理的剖面形状应该满足过水能力大，堰面上不出现（或出现很小）真空现象和经济稳定的要求。一般是在一定的设计水头下，使其轮廓与薄壁堰溢流水舌的下缘相吻合，即以水舌下缘为界限填筑混凝土，成为曲线型实用堰的堰面。在此情况下，溢流将贴着堰面流过，保证了溢流面上不产生负压，同时由于水舌形状基本不受堰面的干扰及遏阻，所以泄流能力大。因此这种剖面形状是比较理想的。但实际上，实用堰的表面不可能做到理想的光滑程度。堰面的粗糙不可避免地对水流有影响，引起水舌脱离堰面，出现真空现象。因而，工程上采用的堰面外形常做成稍稍突进薄壁堰溢流水舌下表面内的形状，如图 8-15 所示。

一般情况下，曲线型实用堰的剖面系由下列几个部份组成：上游的直线段 AB；堰顶曲线 BC；$1:m$ 的下游直线段 CD 以及与下游河底联结的反弧段 DE，如图 8-16 所示。

---

[1] 详见清华大学水力学教研组编《水力学》，人民教育出版社，1961 年版。

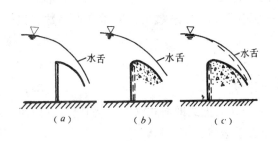

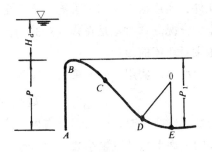

图 8-15   图 8-16

上游直线段 AB 常作成垂直的，有时也作成倾斜的，上游 AB 段和下游 CD 段的坡度，主要根据坝体稳定和强度要求选定；反弧段 DE 的作用是使溢下的水流与下游水流平顺连接，避免水流直冲河床，并有利于溢流堰下游的消能。反弧半径 R 的大小，可按照上游坝高 P 和堰顶水头 H 参照表 8-2 确定。

表 8-2   曲线型实用堰的反弧半径

坝 高 P (m)	水 头 (m)								
	1	2	3	4	5	6	7	8	9
10	3.0	4.2	5.4	6.5	7.5	8.5	9.6	10.6	11.6
20	4.0	6.0	7.8	8.9	10.0	11.0	12.2	13.3	14.3
30	4.5	7.5	9.7	11.0	12.4	13.5	14.7	15.8	16.8
40	4.7	8.4	11.0	13.0	14.5	15.8	17.0	18.0	19.0
50	4.8	8.8	12.2	14.5	16.5	18.0	19.2	20.3	21.3
60	4.9	8.9	13.0	15.5	18.0	20.0	21.2	22.2	23.2

注 当 $P < 10m$ 时，可取 $R = 0.5P$。

堰顶曲线 BC 对水流特性的影响很大，是设计曲线型实用堰剖面形状的关键。国内外常用的曲线型实用堰剖面有**渥奇剖面**（美国垦务局提出）、**美国水道试验站标准剖面**（简称 **WES 剖面**）及**克里格—奥菲采洛夫剖面**（简称**克—奥剖面**）等。这些剖面的坝顶曲线是各不相同的，下面将克—奥剖面及 WES 剖面的坝顶曲线及流量系数等问题，作一介绍，渥奇剖面可参照有关水力学书籍。

当 $\dfrac{P}{H} \geqslant 3$ 时，工程上采用克里格—奥菲采洛夫剖面。剖面曲线上各点的坐标，列于表 8-2 中。表中数值为剖面设计水头（简称设计水头）$H_d = 1.0m$ 时的坐标值。若设计水头 $H_d \neq 1m$，则用 H_d 乘表中查得的纵横坐标值，便得到该设计水头情况下剖面曲线上各点的坐标。按坐标值绘出这些点，用匀滑的曲线连接这些点即得出剖面的顶部。坝顶曲线上、下游相接部分及反弧段等均与上述内容相同。

关于剖面设计水头 H_d，在工程上常采用 $(0.75 \sim 0.9) H_{max}$，H_{max} 为最大流量通过该堰时的堰顶水头。

经试验，克—奥剖面堰型，在设计水头 H_d 下溢流时，其流量系数 $m = 0.49$。在运用过程中，堰上实际水头 H 常不等于设计水头 H_d，当 $H < H_d$ 时，流量系数减小。当 $H >$

表 8-3 　　　　　　　克—奥剖面坝顶曲线坐标

图　形

薄　壁　堰　　　　　　　实　用　堰

x	y 水　舌		实用堰剖面
	上　缘	下　缘	
0.0	−0.831	0.126	0.126
0.1	−0.803	0.036	0.036
0.2	−0.772	0.007	0.007
0.3	−0.740	0.000	0.000
0.4	−0.702	0.007	0.007
0.6	−0.620	0.063	0.060
0.8	−0.511	0.153	0.147
1.0	−0.380	0.267	0.256
1.2	−0.219	0.410	0.393
1.4	−0.030	0.590	0.565
1.7	0.305	0.920	0.873
2.0	0.693	1.310	1.235
2.5	1.500	2.100	1.960
3.0	2.500	3.110	2.824
3.5	3.660	4.260	3.818
4.0	5.000	5.610	4.930
4.5	6.540	7.150	6.220

H_d 时由于堰顶出现真空现象，流量系数 m 增大。故当堰顶实际水头不等于设计水头，即 $H \neq H_d$ 时，流量系数需加以改正。在 $0.2 < \dfrac{H}{H_d} < 1.5$ 的范围内，流量系数可用经验公式[1]求得

$$m = 0.49\left[0.805 + 0.245\frac{H}{H_d} - 0.05\left(\frac{H}{H_d}\right)^2\right] \tag{8-8a}$$

当堰高 P 较小，$\dfrac{P}{H} < 3$ 时，则溢流水舌下缘的收缩没有完全发展，因而水舌的下缘位置将随 $\dfrac{H}{P}$ 值而变，上述克—奥剖面不再适用。

美国水道试验站标准剖面（简称 WES 剖面）的坝顶曲线型式如图 8-17 所示。坝顶曲线方程式为

$$\left(\frac{y}{H_d}\right) = 0.5\left(\frac{x}{H_d}\right)^{1.85} \quad 或 \quad x^{1.85} = 2H_d^{0.85}y \tag{8-8b}$$

---

[1] 详见基谢列夫著《水力计算手册》，电力工业出版社 1957 年版。

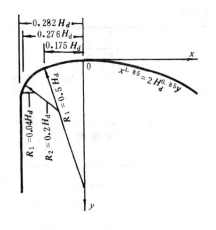

图 8-17

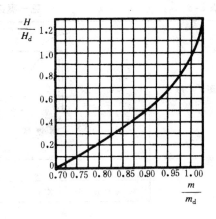

图 8-18

式中　x——坝顶曲线横坐标；

　　　y——坝顶曲线纵坐标；

　　　H_d——剖面设计水头。

近几年来，国内工程开始采用此种堰型。它与克—奥型曲线相比，流量系数稍大。在设计水头下工作时，流量系数 $m_d = 0.502$。当实际溢流水头不等于设计水头时，流量系数可由图 8-18 求出。即根据 $\dfrac{H}{H_d}$ 值，在曲线（图 8-18）上套出 $\dfrac{m}{m_d}$ 值，乘以 0.502 得出。即

$$m = 0.502 \frac{m}{m_d} \tag{8-8c}$$

注意：图 8-18 仅适用于 $\dfrac{P}{H} \geqslant 1.33$ 的情况下，实验指出，在高坝条件下，行近流速可略去不计，因而图中纵坐标 $\dfrac{H}{H_d}$ 中，未考虑行近流速水头。

（二）实用堰的侧收缩系数 ε

根据试验，ε 值可由经验公式确定

$$\varepsilon = 1 - 0.2 \left[\zeta_k + (n-1) \zeta_0 \right] \frac{H_0}{nb} \tag{8-9}$$

式中　ζ_k——**边墩形状系数**，与边墩几何形状有关，可查图 8-19；

　　　ζ_0——**闸墩形状系数**，与墩头形状、墩的平面位置（由图 8-20 中的 a 值表示）以及淹没程度有关。由表 8-4 选定，表 8-4 中四种墩头的形状，可

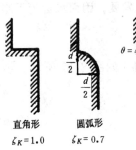

图 8-19

174

墩 头 形 状	$\frac{h_s}{H_0}<0.75$			$\frac{h_s}{H_0}>0.75$			
	a/H			h_s/H_0			
	1	0.5	0	0.75	0.80	0.85	0.90
直 角 形	0.20	0.40	0.80	0.80	0.86	0.92	0.98
半 圆 形	0.15	0.30	0.45	0.45	0.51	0.57	0.63
楔 形	0.15	0.30	0.45	0.45	0.51	0.57	0.63
尖 圆 形	0.10	0.15	0.25	0.25	0.32	0.39	0.46

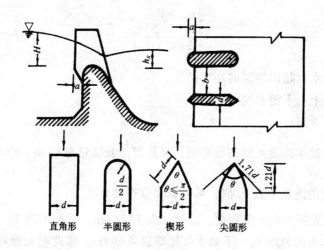

图 8-20

参见图 8-20；

n——闸孔数目；

b——每个闸孔的净宽，闸孔总净宽 $B=nb$。

式 (8-9) 适用于下列情况（B_0 为堰上游的水槽宽，d 为闸墩厚）

$$\frac{H_0}{b}<1.0 \text{ 及 } B_0 \geqslant B+(n-1)d$$

当 $\frac{H_0}{b}>1.0$ 时，应按 $\frac{H_0}{b}=1.0$ 代入式 (8-9) 计算 ε 值。

(三) 实用堰的淹没影响

当溢流堰下游水位超过堰顶一定高度时，溢流受到下游水位的顶托作用，使泄流量减小，影响实用堰的过水能力。此时，实用堰在淹没出流的条件下工作，如图 8-21 所示。

要使实用堰淹没，除下游水位必须高于堰顶外，堰的下游必须形成淹没水跃。即实用堰的淹没条件为

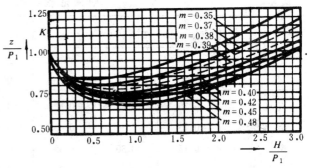

图 8-21   图 8-22

$$\begin{cases} h_s > 0 \\ \dfrac{z}{P_1} < \left(\dfrac{z}{P_1}\right)_K \end{cases} \qquad (8\text{-}10)$$

式中 h_s——下游水位超出堰顶的高度；

       z——堰的上、下游水位差；

       P_1——下游堰高；

     $\left(\dfrac{z}{P_1}\right)_K$——开始发生淹没水跃的临界值，可根据 $\dfrac{H}{P_1}$ 及流量系数 m ，由图 8-22 查得。

曲线形实用堰的淹没系数 σ_s 值，可根据 $\dfrac{h_s}{H}$ 值查表 8-5。

例 8-2 一溢流坝为克—奥剖面，设计水头 $H_d = 3\text{m}$，下游坝高 $P_1 = 10\text{m}$。当堰上游水头相当于设计水头的 80% 时，下游水位比堰顶高出 1m。求此时溢流坝单宽流量为若干（不计侧收缩）。

解 因溢流水头不同于设计水头，故 m 值为

$$m = 0.49\left[0.805 + 0.245\frac{H}{H_d} - 0.05\left(\frac{H}{H_d}\right)^2\right]$$
$$= 0.49\left[0.805 + 0.245 \times 0.8 - 0.05 \times 0.8^2\right] = 0.475$$

因下游水位高于堰顶，须判别溢流是否淹没。$\dfrac{z}{P_1} = \dfrac{1.4}{10} = 0.14$，$\dfrac{H}{P_1} = \dfrac{3 \times 0.8}{10} = 0.24$，

由图 8-22 查得 $\left(\dfrac{z}{P_1}\right)_K = 0.79$，所以 $\dfrac{z}{P_1} < \left(\dfrac{z}{P_1}\right)_K$，该堰是淹没的。

忽略行近流速水头，则 $H \approx H_0 = 2.4\text{m}$，$\dfrac{h_s}{H} = \dfrac{1.0}{2.4} = 0.416$，查表 8-5 得淹没系数 $\sigma_s = 0.953$，于是单宽流量为

$$q = \frac{Q}{B} = \sigma_s m \sqrt{2g}H_0^{3/2} = 0.953 \times 0.475 \times 4.43 \times 2.4^{3/2} = 7.45\text{m}^3 / (\text{s·m})$$

例 8-3 某水库通过溢流坝泄洪，坝顶共有五个闸孔，每孔净宽 8m。闸墩端部采

176

表 8-5　　　　　　　　　　**实用堰淹没系数 σ_s 值**

$\dfrac{h_s}{H}$	σ_s	$\dfrac{h_s}{H}$	σ_s	$\dfrac{h_s}{H}$	σ_s
0.05	0.997	0.64	0.888	0.89	0.644
0.10	0.995	0.66	0.879	0.90	0.621
0.15	0.990	0.68	0.868	0.905	0.609
0.20	0.985	0.70	0.856	0.910	0.596
0.25	0.980	0.71	0.856	0.915	0.583
0.30	0.972	0.72	0.844	0.920	0.570
0.32	0.970	0.73	0.838	0.925	0.555
0.34	0.967	0.74	0.831	0.930	0.540
0.36	0.964	0.75	0.823	0.935	0.524
0.38	0.961	0.76	0.814	0.940	0.506
0.40	0.957	0.77	0.805	0.945	0.488
0.42	0.953	0.78	0.796	0.950	0.470
0.44	0.949	0.79	0.786	0.955	0.446
0.46	0.945	0.80	0.776	0.960	0.421
0.48	0.940	0.81	0.762	0.965	0.395
0.50	0.935	0.82	0.750	0.970	0.357
0.52	0.930	0.83	0.737	0.975	0.319
0.54	0.925	0.84	0.724	0.980	0.274
0.56	0.919	0.85	0.710	0.985	0.229
0.58	0.913	0.86	0.695	0.990	0.170
0.60	0.906	0.87	0.680	0.995	0.100
0.62	0.897	0.88	0.663	1.000	0.000

用尖圆形，边墩端部为圆弧形，下游水位不影响坝的溢流。坝前库底高程为 150m，问库水位为 200m 时要泄出流量 1000m³/s，则溢流坝顶高程为若干？

解　因溢流水头未知，需先初步估算。暂取流量系数 $m=0.49$，由式（8-7）得

$$H_0 = \left(\frac{Q}{Bm\sqrt{2g}}\right)^{2/3} = \left(\frac{1000}{5\times8\times0.49\times4.43}\right)^{2/3} = 5.1\mathrm{m}$$

忽略行近流速水头，则坝顶高程为　$200-5.1=194.9\mathrm{m}$

而坝高为　$P=194.9-150=44.9\mathrm{m}$

可见坝很高，忽略行近流速水头是可以的。

因 $\dfrac{P}{H}=\dfrac{44.9}{5.1}=8.8>3.0$，所以坝的剖面可采用克—奥剖面。$m$ 假设为 0.49 也是相符的。

进一步计入侧收缩影响。由表 8-4 及图 8-19、图 8-20 查得尖圆形闸墩形状系数 $\zeta_0 = 0.25\left(\dfrac{a}{H_0}=0\ \text{时}\right)$，圆弧形边墩形状系数 $\zeta_K=0.7$，而闸孔数目 $n=5$，$H_0=5.1\mathrm{m}$，于是由式（8-9）求出侧收缩系数

$$\varepsilon = 1-0.2[\zeta_K+(n-1)\zeta_0]\frac{H_0}{nb} = 1-0.2[0.7+(5-1)\times0.25]\frac{5.1}{5\times8} = 0.957$$

将 $\varepsilon = 0.957$ 代入式 (8-7) 求水头 H

$$H_0 = \left(\frac{Q}{\varepsilon B m \sqrt{2g}}\right)^{2/3} = \left(\frac{1000}{0.957 \times 40 \times 0.49 \times 4.43}\right)^{2/3} = 5.24\text{m}$$

再用 $H_0 = 5.24\text{m}$，代入式 (8-9) 校核 ε 值，得出 $\varepsilon = 0.956$，与第一次 $\varepsilon = 0.957$ 十分相近，故即用此值不再修正。最后求出坝顶高程为

$$200 - 5.24 = 194.76\text{m}$$

四、宽顶堰的水力计算

前已指出：当 $2.5H < \delta < 10H$ 时，过堰水流在进口处发生跌落后，其流线几乎与堰顶平行，至出口处再行跌落（当下游水位较低时）。这种堰流称为**宽顶堰流**。

宽顶堰流是实际工程中极为常见的一种水流现象。不仅因具有底坎引起水流在垂直方向产生收缩会形成宽顶堰流（图 8-23，a），而且当水流流经隧洞或涵洞进口及闸孔（图 8-23，b、c）时，由于侧向收缩的影响，也会形成进口水面降落，产生宽顶堰的水流状态，称作**无坎宽顶堰流**。

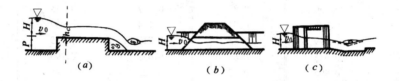

图 8-23

在各种形式的宽顶堰中，当进口前沿较宽时，常设有闸墩及边墩，会产生侧向收缩。另外，若上游水头一定，下游水位升高至某一程度时，会影响到上游泄流，下泄流量将减少，发生淹没出流。所以宽顶堰流的计算公式应当考虑侧收缩及淹没的影响，采用下式

$$Q = \sigma_s \varepsilon m B \sqrt{2g} H_0^{3/2} \tag{8-11}$$

1. 流量系数

宽顶堰的流量系数 m，取决于堰顶进口形式和堰的相对高度的比值 $\dfrac{P}{H}$，可用经验公式计算：

堰顶入口为直角的宽顶堰（图 8-23，a）

$$m = 0.32 + 0.01 \frac{3 - \dfrac{P}{H}}{0.46 + 0.75 \dfrac{P}{H}} \tag{8-12}$$

堰顶入口为圆角的宽顶堰（图 8-24）

$$m = 0.36 + 0.01 \frac{3 - \dfrac{P}{H}}{1.2 + 1.5 \dfrac{P}{H}} \quad \left(\text{适于} \frac{r}{H} \geqslant 0.2\right) \tag{8-13}$$

178

上两式适用于 $0\leqslant\dfrac{P}{H}\leqslant3$。当 $\dfrac{P}{H}>3$ 时，可令 $\dfrac{P}{H}=3$ 代入上式计算。m 值的变化范围：

直角前沿　$m=0.32\sim0.385$

圆角前沿　$m=0.36\sim0.385$

2．侧收缩系数

侧收缩系数可参照式（8-9）计算。

3．宽顶堰的淹没条件及淹没系数

实验证明：当下游水位较低，宽顶堰为自由出流时，进入堰顶的水流，因受堰坎垂直方向的约束，产生进口水面跌落，并在进口后约 $2H$ 处形成收缩断面，收缩断面 1—1 的水深 $h_c<h_K$。此后，堰顶水流保持急流状态，并在出口后产生第二次水面跌落。所以在自由出流的条件下，水流由堰前的缓流状态，因进口水面跌落而变为堰顶的急流状态（图 8-25，a），当宽顶堰下游水位低于临界水深线 K—K 时，无论下游水位是否高于堰顶，宽顶堰都是自由出流。当下游水位上升至略高于 K—K 线时，堰顶将产生**波状水跃**，如图 8-25（b）所示。水跃位置随下游水位在堰顶以上的超高 h_s 的增加而向上游移动。

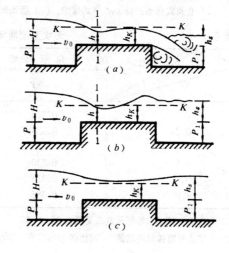

图 8-25

图 8-24

根据实验，宽顶堰的淹没条件为

$$h_s\geqslant0.8H_0 \tag{8-14}$$

宽顶堰形成淹没后，堰顶中间段水面大致平行于堰顶，而由堰顶流向下游时，水流的部分动能转换为势能，故下游水位略高于堰顶水面（图 8-25，c）。

宽顶堰的淹没系数 σ_s 随相对淹没度 $\dfrac{h_s}{H_0}$ 的增大而减小，由表 8-6 可查出。

表 8-6　　　　　　　　　　　　宽顶堰淹没系数 σ_s

$\dfrac{h_s}{H_0}$	0.80	0.81	0.82	0.83	0.84	0.85	0.80	0.87	0.88	0.89	0.90	0.91	0.92	0.93	0.94	0.95	0.96	0.97	0.98
σ_s	1.00	0.995	0.99	0.98	0.97	0.96	0.95	0.93	0.90	0.87	0.84	0.81	0.78	0.74	0.70	0.65	0.59	0.50	0.40

4．无坎宽顶堰流

无坎宽顶堰流，是由于堰孔宽度小于上游引渠宽度，水流产生侧向收缩，引起水面跌落而形成的。其计算公式与普通堰流公式相同。但在计算中一般不单独考虑侧向收缩的影响，而是将它包含在流量系数中一并考虑，即令 $m' = m\varepsilon$，m' 为包括侧收缩在内的流量系数。故无坎宽顶堰计算公式为

$$Q = \sigma_s m' B \sqrt{2g} H_0^{3/2} \qquad (8\text{-}15)$$

无坎宽顶堰的流量系数 m'，可由图 8-26 及表 8-7 查得。

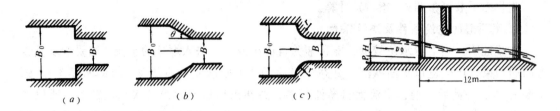

图 8-26

图 8-27

（a）直角式翼墙；（b）八字式翼墙；（c）圆弧形翼墙

表 8-7　　　　　　　　无坎宽顶堰流量系数 m' 值

m' 翼墙形式 B/B_0	直角形翼墙 $\theta = 90°$	八字形翼墙 $\theta = 45°$	圆弧形翼墙 $\frac{r}{b} = 0.3$
0	0.320	0.350	0.354
0.2	0.324	0.352	0.356
0.4	0.330	0.356	0.359
0.6	0.340	0.361	0.363
0.8	0.355	0.369	0.371
1.0	0.385	0.385	0.385

注　1. 表中 B_0、B、r 等符号意义见图 8-26；

　　2. 八字式及圆弧形翼墙的 m' 列出的数据不全，不够使用时，可参照其它水力学书籍。

例 8-4　某灌溉渠上进水闸（图 8-27）共三孔，每孔净宽 5m，底坎高 $P = 0.5$m，闸墩采用半圆形，边墩采用圆弧形。当闸门全开，堰顶水头为 2m 时，闸前行近流速 $v_0 = 0.6$m/s，试求过闸流量（闸下游水位很低，不影响泄流）。

解　（1）判别流态 $H = 2$m，$\delta = 12$m，$2.5 < \dfrac{\delta}{H} = \dfrac{12}{2} = 6 < 10$，根据题意知此时为宽顶堰自由出流。

（2）计算流量系数　$\dfrac{P}{H} = \dfrac{0.5}{2.0} = 0.25$，堰坎为直角进口，故按式（8-12）求 m

$$m = 0.32 + 0.01 \frac{3 - \dfrac{P}{H}}{0.46 + 0.75 \dfrac{P}{H}} = 0.32 + 0.01$$

$$\times \frac{3 - 0.25}{0.46 + 0.75 \times 0.25} = 0.363$$

（3）计算侧收缩系数　按已知墩形查图 8-19、图 8-20 及表 8-4 得：$\zeta_k = 0.7$，$\zeta_0 = 0.45 \left(\dfrac{a}{H} = 0 \right)$，$H_0 = H + \dfrac{v_0^2}{2g} = 2 + \dfrac{0.6^2}{19.6} = 2.018$m。

180

根据式（8-9）计算 ε 值

$$\varepsilon = 1 - 0.2\left[\zeta_k + (n-1)\zeta_0\right]\frac{H_0}{nb}$$

$$= 1 - 0.2\left[0.7 + (3-1)\times 0.45\right]\frac{2.018}{3\times 5} = 0.957$$

（4）计算泄流量　按式（8-11）计算

$$Q = \varepsilon m B\sqrt{2g}H_0^{3/2}$$

$$= 0.957\times 0.363\times 3\times 5\times 4.43\times 2.018^{3/2} = 66.0\text{m}^3/\text{s}$$

例 8-5　某引水闸具有直角前沿的闸坎，坎前河底高程为 100m，河水位高程为 107m，坎顶高程为 103m（图 8-28）。闸共分两孔，闸墩端部为半圆形，边墩端部为圆弧形。下游水位很低，对溢流无影响。引水渠及闸后渠道断面均为矩形，宽度 B_0 为 20m。求下泄流量为 200m³/s 时，所需的闸孔宽度。

解　工程上均以闸门全开情况来设计闸孔尺寸。根据题设，下游水位很低，对溢流无影响，故知水流为自由宽顶堰溢流。

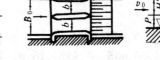

图 8-28（单位：m）

（1）求总水头 H_0

$$H_0 = H + \frac{v_0^2}{2g} = H + \frac{\left[\dfrac{Q}{B_0\,(H+P)}\right]^2}{2g}$$

$$= 4 + \frac{\left[\dfrac{200}{20\,(4+3)}\right]^2}{19.6} = 4.104\text{m}$$

（2）求流量系数 m　因闸坎的前沿为直角，按公式（8-12）计算

$$m = 0.32 + 0.01\frac{3 - \dfrac{P}{H}}{0.46 + 0.75\dfrac{P}{H}}$$

$$= 0.32 + 0.01\frac{3 - \dfrac{3}{4}}{0.46 + 0.75\times\dfrac{3}{4}} = 0.342$$

（3）求闸孔宽度 B　因 ε 值与堰宽 B 有关，先初步选用 $\varepsilon = 0.95$ 进行计算，由式（8-11）得

$$B = \frac{Q}{\varepsilon m\sqrt{2g}H_0^{3/2}} = \frac{200}{0.95\times 0.342\times 4.43\times 4.104^{3/2}} = 16.7\text{m}$$

由 $B = 16.7$ 代入式（8-11）中算出 ε 值作校核。由表 8-4 及图 8-19、图 8-20 查得 $\zeta_k = 0.7$，$\zeta_0 = 0.45\left(\dfrac{a}{H} = 0\right)$。

$$\varepsilon = 1 - 0.2\ [0.7 + 1 \times 0.45]\ \times \frac{4.104}{16.7} = 0.945$$

与原假定的 ε 值十分接近。用 $\varepsilon = 0.945$ 再算出 B 值为

$$B = \frac{200}{0.945 \times 0.342 \times 4.43 \times 4.104^{3/2}} = 16.8\text{m}$$

与前计算结果相近,即采用此值为最后结果。故每孔闸的净宽为 8.4m。

例 8-6 引用例8-5的闸孔资料。求当堰流下游水位升至 106.7m 时的流量为若干?

解 首先判别流态

$h_s = 106.7 - 103 = 3.7\text{m}$,$\dfrac{h_s}{H_0} = \dfrac{3.7}{4.104} = 0.9 > 0.8$,故为淹没的宽顶堰出流。可按式 (8-11) 求流量。

由表 8-6 查出 $\dfrac{h_s}{H_0} = 0.9$ 时的淹没系数 $\sigma_s = 0.84$,流量系数 m 与上例相同,$m = 0.342$,侧收缩系数亦可用上例的 $\varepsilon = 0.945$,总水头仍暂用自由出流的 $H_0 = 4.104\text{m}$,于是

$$Q = \sigma_s \varepsilon m B \sqrt{2g} H_0^{3/2}$$
$$= 0.84 \times 0.945 \times 0.342 \times 16.8 \times 4.43 \times 4.104^{3/2} = 168\text{m}^3/\text{s}$$

最后,校核总水头 H_0 值

$$v_0 = \frac{Q}{B_0(H + P)} = \frac{168}{20 \times (4 + 3)} = 1.20\text{m/s}$$

重新求 $H_0 = H + \dfrac{v_0^2}{2g} = 4 + \dfrac{1.2^2}{19.6} = 4.074\text{m}$,与原选用值 4.104m 相近,无需重算。

第四节 闸 孔 出 流

实际工程中的水闸,闸底坎一般为宽顶堰(包括无坎宽顶堰)或为曲线型实用堰。闸门型式则主要有平板闸门及弧形闸门两种。当闸门部分开启,出闸水流受到闸门的控制时即为闸孔出流。

闸孔出流要解决的基本课题是:**研究过闸流量的大小与闸孔尺寸、上下游水位、闸门型式及底坎形状等的关系,并给出相应的水力计算公式。**现在分别对不同底坎形式及不同闸门类型的闸孔出流的泄流量问题加以讨论。

一、底坎为宽顶堰型的闸孔出流

图 8-29 是水平底坎上平板闸门的闸孔出流,H 为闸前水头,e 为闸孔开度。当水流行近闸孔时,在闸门的约束下流线发生急剧弯曲。出闸后,由于水流自身的惯性作用,流线继续收缩,并约在闸门下游 $(2 \sim 3)\ e$ 处出现**收缩断面**。收缩断面的水深 h_c 一般小于临界水深 h_K,为急流。闸后下游水深 t 一般大于 h_K,为缓流。水流由急流到缓流,必然发生水跃,水跃位置随下游水深 t 而变。闸孔出流受水跃位置的影响可分为**自由的闸孔出流及淹没的闸孔出流两种。**

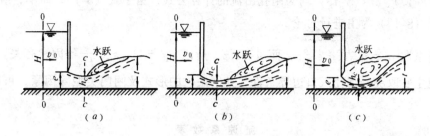

图 8-29

若收缩水深 h_c 的跃后水深为 h''_c，由实验证明：

$t \leqslant h''_c$ 时，水跃发生在收缩断面处（图 8-29，a）或收缩断面下游（图 8-29，b）。此时，下游水深 t 的大小不会影响闸孔出流的泄流能力，**是闸孔自由出流**。

$t > h''_c$ 时，水跃发生在收缩断面上游，水跃漩滚覆盖了收缩断面，水跃前端接触闸门，下游水位影响了闸孔的泄流能力，是**闸孔的淹没出流**（图 8-29，c）。

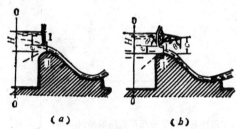

上述的判别条件，对坎高不等于零的宽顶堰型闸孔出流（图 8-30）也完全适用。

图 8-30

1. 自由出流泄流量计算

对图 8-29（a）、（b）或图 8-30（a）所示的闸孔出流，写闸前断面 0—0 及收缩断面 c—c 的能量方程可得

$$H + \frac{\alpha_0 v_0^2}{2g} = h_c + \frac{\alpha_c v_c^2}{2g} + h_w$$

因 $\qquad h_w = \zeta \dfrac{v_c^2}{2g}$，$H + \dfrac{\alpha_0 v_0^2}{2g} = H_0$，所以上式可整理成

$$v_c = \frac{1}{\sqrt{\alpha_c + \zeta}} \sqrt{2g\,(H_0 - h_c)} = \varphi \sqrt{2g\,(H_0 - h_c)}$$

式中　φ——流速系数，$\varphi = \dfrac{1}{\sqrt{\alpha_c + \zeta}}$。

$$Q = \omega_c v_c = bh_c v_c = \varphi b h_c \sqrt{2g\,(H_0 - h_c)}$$

收缩断面水深 h_c，可表示为闸孔开度 e 与**垂直收缩系数 ε'** 的乘积，即

$$h_c = \varepsilon' e \tag{8-16}$$

将 $h_c = \varepsilon' e$ 及令 $\mu = \varepsilon' \varphi$（$\mu$ 称为闸孔出流的流量系数）代入泄流量公式，得

$$Q = \mu b e \sqrt{2g\,(H_0 - h_c)} \tag{8-17}$$

为了便于实际应用，上式还可简化为

$$Q = \mu b e \sqrt{2gH_0\left(1 - \frac{h_c}{H_0}\right)} = \mu b e \sqrt{1 - \varepsilon'\frac{e}{H_0}} \sqrt{2gH_0}$$

即 $$Q = \mu_0 be \sqrt{2gH_0} \qquad (8\text{-}18)$$

式（8-17）、式（8-18）均为闸孔出流的计算公式，由于式（8-18）简单，应用较多，下面以式（8-18）为主进行讨论。

流量系数 $\mu_0 = \mu \sqrt{1 - \varepsilon' \dfrac{e}{H_0}}$，而 $\mu = \varepsilon' \varphi$，所以 μ_0 与 φ、ε'、$\dfrac{e}{H_0}$ 等因素有关。

φ 值主要取决于闸孔入口边界条件，如闸底坎的形式及闸门类型等因素，可由表8-8查得。

表 8-8   流 速 系 数 表

建 筑 物 泄 流 方 式	图　　形	φ
闸孔出流的跌水		0.97~1.00
闸下底孔出流		0.95~1.00
堰顶有闸门的曲线形实用堰溢流		0.85~0.95
闸底板高于渠底的闸孔出流		0.85~0.95
折线形实用堰（多边形断面）溢流		0.80~0.90
无闸门曲线形实用堰（溢流面光滑）　1.溢流面长度较短　2.溢流面长度中等　3.溢流面长度较长		1.00 0.95 0.90

垂直收缩系数 ε' 反映了水流行经闸孔时流线收缩程度，与闸门的类型、边界条件及闸门的相对开度 $\dfrac{e}{H}$ 有关。

（1）对于平板闸门的闸孔，ε' 值见表8-9所示。

184

表 8-9　　　　　　　　　　　平板闸门垂直收缩系数 ε′

$\frac{e}{H}$	0.10	0.15	0.20	0.25	0.30	0.35	0.40	0.45	0.50	0.55	0.60	0.65	0.70	0.75
ε′	0.615	0.618	0.620	0.622	0.625	0.628	0.630	0.638	0.645	0.650	0.660	0.675	0.690	0.705

对于平板闸门的闸孔出流，流量系数 μ_0 尚可按经验公式[1]计算

$$\mu_0 = 0.60 - 0.18\frac{e}{H} \tag{8-19}$$

上式适用于　　$0.1 < \dfrac{e}{H} < 0.65$

（2）对弧形闸门的闸孔，ε′ 值与闸门下缘切线与水平线夹角 θ（图 8-31）的大小有关，见表 8-10。

夹角 θ，由下式计算

$$\cos\theta = \frac{c-e}{R}$$

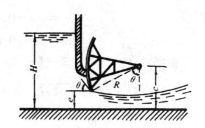

式中　c——弧形闸门转轴距堰顶的高度；

　　　R——弧形闸门半径。

图 8-31

表 8-10　　　　　　　　　　弧形闸门收缩系数 ε′

θ	35°	40°	45°	50°	55°	60°	65°	70°	75°	80°	85°	90°
ε′	0.789	0.766	0.742	0.720	0.698	0.678	0.662	0.646	0.635	0.627	0.622	0.620

弧形闸门下闸孔出流的流量系数 μ_0，可用经验公式[2]计算

$$\mu_0 = \left(0.97 - 0.81\frac{\theta}{180°}\right) - \left(0.56 - 0.81\frac{\theta}{180°}\right)\frac{e}{H} \tag{8-20}$$

上式适用于　$25° < \theta \leqslant 90°$；$0 < \dfrac{e}{H} < 0.65$。

最后必须说明，在运用闸孔出流计算公式作水力计算时应注意：

1）当闸前水头较高，而开度 e 较小，或上游坎高 P 较大时，行近流速较小，为简化计算可不考虑行近流速水头，故 $H \approx H_0$；

2）有边墩或闸墩的闸孔出流，一般不需在计算公式中再单独考虑侧收缩影响。实验证明：在闸孔出流的条件下，边墩及闸墩对流量影响甚小；

3）上面对平板闸门及弧形闸门所得出的 ε′ 及 μ_0 值适用于平底闸孔。但某些实验证明，对于闸底坎高出渠底的宽顶堰型闸孔（图 8-30），只要收缩断面 c—c 仍位于闸坎上，

●❷　《闸孔出流水力特性的研究》，武汉水利电力学院学报，1974 年第一期。

而且闸门系装设在宽顶堰进口下游一定距离处，则堰坎对水流垂直收缩的影响将不显著，仍可按平底闸孔的公式计算。

例 8-7 某水闸装设平板闸门，无底坎，闸前水头 $H=3.5\mathrm{m}$，闸孔宽 $b=3.0\mathrm{m}$，闸门开度 $e=0.7\mathrm{m}$，下游水深较小，为自由出流，不计闸前行近流速 v_0，流速系数 φ 取 0.97，求闸孔的泄流量。

解 首先判别流态。根据 $\dfrac{e}{H}=\dfrac{0.7}{3.5}=0.2<0.65$，所以为闸孔出流。又下游水深较小，故为闸孔自由出流

$$\frac{e}{H}=0.2，查表 8-9 得 \varepsilon'=0.62$$

所以
$$h_c=\varepsilon'e=0.62\times0.7=0.434\mathrm{m}$$
$$\mu=\varepsilon'\varphi=0.62\times0.97=0.60$$

根据式（8-17）算泄流量，即

$$Q=\mu be\sqrt{2g(H_0-h_c)}=0.60\times3.0\times0.7\sqrt{2\times9.8\times(3.5-0.434)}$$

$$=9.80\mathrm{m^3/s}$$

如用式(8-18)计算 Q，应先用式(8-19)求 μ_0

$$\mu_c=0.60-0.18\frac{e}{H}=0.60-0.18\times0.2=0.564$$

$$Q=\mu_0 be\sqrt{2gH_0}=0.564\times3.0\times0.7\sqrt{2\times9.8\times3.5}=9.80\mathrm{m^3/s}$$

从上面的计算过程可以看出，用式(8-18)较用式(8-17)计算简便，结果相同。

2. 闸孔淹没出流

当下游水深大于收缩断面水深的共轭水深（$t>h_c''$），**闸后产生淹没式水跃时，闸孔为淹没出流**（图 8-32）。其泄流公式（宽顶堰型闸孔出流）为

$$Q=\sigma_s\mu_0 be\sqrt{2gH_0} \tag{8-21}$$

式中 μ_0——闸孔自由出流时的流量系数；

b——闸孔泄流宽度；

e——闸孔开启高度；

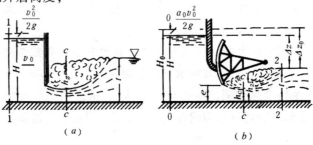

图 8-32

σ_s——淹没系数，可根据$\frac{e}{H}$及$\frac{\Delta z}{H}$由图 8-33 曲线中查得(其中 Δz 为上下游水位差)。

例 8-8 某水闸装有平板闸门，上游水头 $H=5.04$m，闸孔净宽 $b=7.0$m，闸门开启度 $e=0.6$m，下游水深 $t=3.92$m。试计算过闸流量。

解 首先判别出流性质：$\frac{e}{H}=\frac{0.6}{5.04}=0.119<0.65$，为孔流。

由表 8-9 用内插法查得 $\varepsilon'=0.616$，$h_c=0.616\times0.6=0.37$m。取 $\varphi=0.97$，不考虑行近流速水头，则收缩断面流速为

$$v_c=\varphi\sqrt{2g(H_0-h_c)}=0.97\sqrt{2\times9.8(5.04-0.37)}=9.28\text{m/s}$$

$$\text{Fr}_c=\frac{v_c}{\sqrt{gh_c}}=\frac{9.28}{\sqrt{9.8\times0.37}}=4.875$$

$$h''_c=\frac{h_c}{2}\left(\sqrt{1+8\text{Fr}_c^2}-1\right)=\frac{0.37}{2}\left(\sqrt{1+8\times4.875^2}-1\right)=2.37\text{m}$$

因 $t=3.92>h''_c=2.37$m，故为淹没出流。

用式 (8-19) 计算自由出流的流量系数 μ_0

$$\mu_0=0.60-0.18\frac{e}{H}=0.60-0.18\times0.119=0.579$$

由 $\frac{e}{H}=0.119$ 及 $\frac{\Delta z}{H}=\frac{5.04-3.92}{5.04}=0.222$ 查图 8-33 得 $\sigma_s=0.53$

按式 (8-21) 计算流量

$$Q=\sigma_s\mu_0 be\sqrt{2gH_0}=0.53\times0.579\times7.0\times0.6\sqrt{2\times9.8\times5.04}=12.87\text{m}^3/\text{s}$$

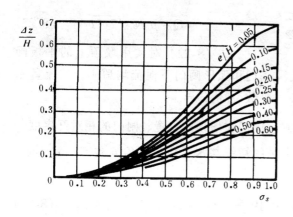

图 8-33

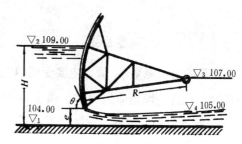

图 8-34

例 8-9 某水闸，闸底坎与渠底齐平，如图 8-34 所示。闸底板高程为 104.00m，闸孔宽 $b=10$m，闸前水位高程为 109.00m，弧形闸门半径 $R=7.0$m，转轴高程为 107.00m，当闸门开启度 $e=1.0$m 时闸下游水位高程为 105.00m，试计算过闸流量。

解 首先判别流态。$H=109-104=5$m，$c=107-104=3$m，$\frac{e}{H}=\frac{1}{5}=0.2<0.65$，所以为闸孔出流。

$$\cos\theta = \frac{c-e}{R} = \frac{3-1}{7} = 0.286, \quad \theta = 73.4°$$

根据 θ 值查表 8-10，经内插可得 $\varepsilon' = 0.639$，$h_c = \varepsilon' e = 0.639 \times 1.0 = 0.639\text{m}$。取 $\varphi = 0.97$，则

$$v_c = \varphi \sqrt{2g\,(H_0 - h_c)} = 0.97\sqrt{2 \times 9.8\,(5 - 0.639)} = 9.36\text{m/s}$$

$$\text{Fr}_c = \frac{v_c}{\sqrt{gh_c}} = \frac{9.36}{\sqrt{9.8 \times 0.639}} = 3.59$$

$$h''_c = \frac{h_c}{2}\left(\sqrt{1 + 8\text{Fr}_c^2} - 1\right) = \frac{0.639}{2}\left(\sqrt{1 + 8 \times 3.59^2} - 1\right) = 2.94\text{m}$$

$$t = 105 - 104 = 1.0\text{m}$$

因 $t < h''_c$，所以为自由出流。

由式（8-20）计算 μ_0，由式（8-18）计算泄流量 Q

$$\mu_0 = \left(0.97 - 0.81\frac{\theta}{180°}\right) - \left(0.56 - 0.81\frac{\theta}{180°}\right)\frac{e}{H}$$

$$= \left(0.97 - 0.81 \times \frac{73.4°}{180°}\right) - \left(0.56 - 0.81 \times \frac{73.4°}{180°}\right) \times 0.2$$

$$= 0.594$$

$$Q = \mu_0 be\sqrt{2gH_0} = 0.594 \times 10 \times 1\sqrt{2 \times 9.8 \times 5} = 58.84\text{m}^3/\text{s}$$

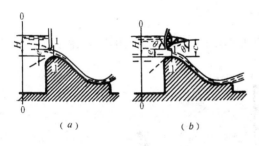

图 8-35

二、实用堰顶闸孔出流

实用堰顶闸孔出流，一般均为自由出流，如图 8-35 所示，其流量计算公式为

$$Q = \mu_0 be\sqrt{2gH} \qquad (8\text{-}22)$$

式（8-22）对实用堰顶上的平板闸门和弧形闸门下泄流均适用，唯流量系数 μ_0 值各异。

闸孔的流量系数 μ_0 值，主要受闸门型式、闸门在堰顶的位置、闸门的相对开启度 $\frac{e}{H}$ 的影响。此外，堰顶曲线型式、弧形闸门底缘的切线与水平线的夹角 θ 也有一定影响，μ_0 值一般多根据试验或由经验公式确定

弧形闸门 $\qquad\qquad\quad \mu_0 = 0.685 - 0.19\frac{e}{H}$ $\qquad\qquad$ (8-23)

平板闸门 $\qquad\qquad\quad \mu_0 = 0.745 - 0.274\frac{e}{H}$ $\qquad\qquad$ (8-24)

式（8-23）、式（8-24）适用于闸门设在堰顶点处的情况。

习　　题

8-1　有一薄壁圆形孔口，直径为 10mm，水头为 2m，现测得收缩断面的直径为

8mm，在32.8s内，经孔口流出的水量为0.01m^3。试求孔口的收缩系数ε，流速系数φ，流量系数μ及孔口局部阻力系数ζ。

8-2 薄壁孔口出流（图8-36），孔口直径$d = 2\text{cm}$，水箱水位恒定$H = 2\text{m}$。试求：①孔口流量Q；②孔口处接圆柱形外管嘴的流量。

8-3 在矩形断面水槽的末端设置一矩形薄壁堰，水槽宽$B_0 = 2\text{m}$，堰宽$B = 1.2\text{m}$，堰高$P = P_1 = 0.5\text{m}$，下游水深$t = 0.3\text{m}$。求当堰顶水头为0.25m时的过堰流量。

8-4 某河道修建一曲线型实用堰。堰高$P = P_1 = 8\text{m}$，泄水时堰顶水头为2.6m，行近流速为0.6m/s，共三孔，每孔净宽5m，闸墩头部为半圆形，边墩头部为流线形，当下游水深为4m时，试求过堰流量（堰为克—奥剖面，设计水头为2m）。

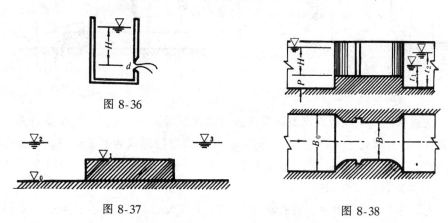

图 8-36

图 8-37

图 8-38

8-5 设在一混凝土矩形断面直角进口溢洪道上进行水文测验，溢洪道进口当作一宽顶堰来考虑，测得溢洪道上游渠底高程为零，宽顶堰顶部高程为0.4m，堰上游水面高程为0.6m，堰下游水面高程为0.5m（图8-37），求过此溢洪道的单宽流量。

8-6 有一宽顶堰（图8-38），已知$H = 1.8\text{m}$，堰高$P = P_1 = 0.5\text{m}$，堰宽为2m，引水渠宽为3m，边墩头部为圆弧形。要求①当下游水深为1.0m时过堰流量Q_1；②当下游水深为2.0m时过堰流量Q_2。

8-7 某进水闸装设着平板闸门，底坎为平底（图8-39）。已知闸前水深为2.5m，闸孔宽2.8m，行近流速为0.6m/s，闸门开启度0.5m。试求①下游水深$t_1 = 1.0\text{m}$时的过闸流量；②下游水深$t_2 = 2\text{m}$时的过闸流量（已知$\varphi = 0.95$）。

8-8 有一进水闸（图8-40），闸底为有底坎的宽顶堰，$\varphi = 0.90$，堰高$P = P_1 = 2\text{m}$，堰宽等于渠槽宽$B_0 = B = 5\text{m}$。已知上游水头$H = 5\text{m}$，下游水深1.5m，闸门开启度

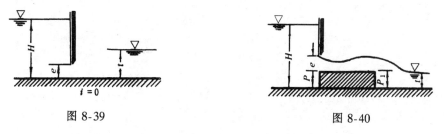

图 8-39

图 8-40

$e = 1\text{m}$。问：此时通过闸孔的流量是多少？

8-9　在梯形断面的长渠上建一节制闸，建闸处为一矩形断面，下游通过翼墙与渠道相接，过闸流量为 $40\text{m}^3/\text{s}$，渠道底宽12m，边坡系数为1.5，渠底坡度为0.0004，糙率为0.025。闸共两孔（图8-41），每孔闸宽4m，当闸门开启度1m时，求闸前水深 H（提示：不计侧收缩影响。应先判别闸孔流态是自由出流还是淹没出流，为此，需计算梯形渠道的正常水深 h_0）。

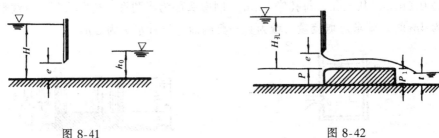

图 8-41　　　　　　　　　　　　　　　图 8-42

8-10　某进水闸，闸底板为具有圆弧形进口的宽顶堰（图8-42），闸前渠道为矩形断面，$B_0 = B = 15\text{m}$，堰高 $P = P_1 = 1\text{m}$，采用 $\varphi = 0.9$，闸门型式为平板闸门，下游水深为0.6m，当闸门开启度为0.8m，水头 $H_\text{孔} = 2\text{m}$，问此时泄流量多大？当闸门全开（为堰流）时，堰上水头 $H_\text{堰}$ 多少米？

8-11　有一 WES 型实用堰，堰的设计水头 $H_d = 3.5\text{m}$，堰高 $P_1 = P = 5\text{m}$，矩形断面 $B_0 = B = 20\text{m}$，堰顶用平板闸门控制（图8-43），闸门开启度1.5m时，水头 $H_\text{孔} = 2.5\text{m}$，下游水深3m。问当闸门全开（即为堰流时）堰上水头 $H_\text{堰}$ 为多少米？

8-12　设有弧形闸门的进水闸（图8-44），闸底板高程为100.00m，闸孔宽5m，闸前水位高程为103.00m，弧形闸门半径为5m，转轴高程为104.00m。当闸开启度0.9m时闸下为自由出流，试计算过闸流量（行近流速为1.0m/s）。

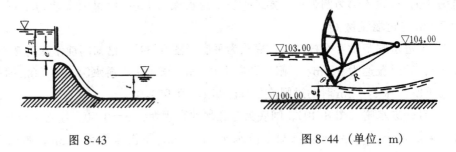

图 8-43　　　　　　　　　　　　　图 8-44（单位：m）

第九章 泄水建筑物上、下游水流衔接与消能

第一节 概 述

在河道中修建堰、闸等水工建筑物后，束窄了河床，抬高了水位。这样，由堰、闸下泄的水流就具有单宽流量大、能量高度集中的特点，有很强的冲刷能力。如果不采取人工措施来控制下泄水流，则将造成下游河床及岸坡的严重冲刷和影响建筑物的安全。

采取什么样的措施，才能妥善消除下泄水流多余的能量❶，减少对河床的冲刷，使下泄水流与下游河道的水流很好地衔接，保证建筑物的安全呢？根据人类长期生产实践经验的总结，目前采用的衔接与消能的措施，基本上是从以下几个方面考虑的。

一、增加水流的紊动以消耗水流的能量

采取工程措施，使泄流在临近建筑物下游处发生水跃，利用水跃消除下泄水流中的余能，与河道下游的缓流相衔接。由于这种衔接消能方式中主流在底部，故称为**底流式消能**，如图 9-1 所示。

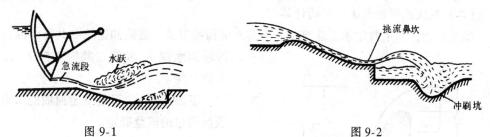

图 9-1   图 9-2

二、将高速水流挑离建筑物以保建筑物安全

将水流挑到离建筑物较远的下游河床，与下游水流相衔接。虽然这时水流仍冲刷河床，在下游形成**冲刷坑**，但由于距建筑物较远，不会威胁建筑物的安全，如图 9-2 所示。挑射水流的工程措施是，在溢流坝面上设置**挑流鼻坎**，将坝顶溢下的高速水流挑射到较远的河床中去。这种型式的消能称为**挑流式消能**。

三、将下泄的主流导至下游水面以防河底冲刷

将溢流坝的末端建成跌坎型式，把从溢流坝顶下泄的主流导至下游水流表面逐渐扩散，在表面主流与河床之间形成漩滚。这一漩滚将

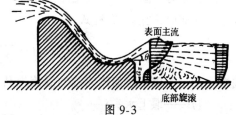

图 9-3

高速主流与河床隔开来。漩滚本身既消耗能量，同时由于它的底部反向流速较低，因而起到了消能防冲作用。这种型式的消能称为**面流式衔接消能**，如图 9-3 所示。

---

❶ 如以 E_1 表示堰、闸下收缩断面上单位重量液体所具有的能量，以 E_2 表示下游河道水流的单位重量液体具有的能量，则 $E_1 - E_2 = \Delta E$ 被称为余能。

在工程实践中，具体采用哪一种消能方式要看工程的实际情况，因地制宜地加以选择。下面分别介绍最常用的底流式及挑流式这两种衔接消能的分析计算。

第二节　底 流 式 衔 接 与 消 能

一、底流式消能水流衔接的形式及计算

(一) 底流式消能水流衔接的形式

由堰顶溢下的水流，流速逐渐加大，水深逐渐减小（图 9-4），其水深最小的断面叫收缩断面，它的水深以 h_c 表示，h_c 通常都是小于临界水深，为急流。而下游水深 t 往往大于临界水深，为缓流。水流由急流过渡到缓流，必然发生水跃。水跃衔接的形式，只要比较下游水深 t 与收缩断面 h_c 的第二共轭水深 h''_c 间的大小，即可断定。当 $t = h''_c$ 时发生临界式水跃；$t < h''_c$ 时发生远离式水跃；$t > h''_c$ 时发生淹没式水跃。

在上述三种水跃衔接形式中，具有一定淹没程度的淹没水跃衔接，对消能最有利。远离式水跃延长了建筑物下游的急流段，使水流在较长的一段距离内处于急流状态，为了不冲刷河床，故砌护工程量大。而临界式水跃不稳定。因此，在水工建筑物设计中，都要采取一定的工程措施，使之产生稍有淹没的淹没式水跃的衔接形式，以利于消能，并达到经济、安全的目的。

(二) 底流式消能水流衔接的计算

如上所述，为了判定水工建筑物上下游水流衔接形式，必须知道第一共轭水深，即收

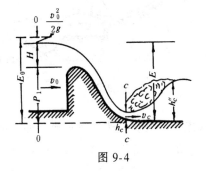

缩断面水深 h_c 和第二共轭水深 h''_c，以及下游水深 t。

下游水深 t，可由下游河槽的水力特性及所通过的流量确定。

跃后水深 h''_c，只要知道 h_c 即可由水跃方程求出。所以，判定水流衔接形式的关键，在于计算反映上游水力特性的收缩断面水深 h_c 值，下面我们来建立求 h_c 的关系式。

图 9-4

图 9-4 为一溢流坝的泄流图。今取坝上游断面 0—0 及下游收缩断面 c—c，并以下游河床为基准面，列能量方程式

$$P_1 + H + \frac{\alpha_0 v_0^2}{2g} = h_c + \frac{\alpha_0 v_c^2}{2g} + h_w$$

式中　P_1——以下游河床为准的溢流坝高度；

　　　H——堰上水头；

　　　$\dfrac{\alpha_0 v_0^2}{2g}$——行近流速水头；

　　　h_c——收缩断面水深；

　　　v_c——收缩断面平均流速；

192

h_w——下泄水流由 0—0 至 c—c 断面间的水头损失。

将 $h_w = \zeta \dfrac{v_c^2}{2g}$，$H_0 = H + \dfrac{\alpha_0 v_0^2}{2g}$，代入能量方程式，得

$$P_1 + H_0 = h_c + (\alpha_c + \zeta)\frac{v_c^2}{2g}$$

令 $P_1 + H_0 = E_0$，$\varphi = \dfrac{1}{\sqrt{\alpha_c + \zeta}}$（$\varphi$ 称流速系数），并考虑到 $v_c = \dfrac{Q}{A_c}$，代入上式可得

$$E_0 = h_c + \frac{Q^2}{2g\varphi^2 A_c^2} \tag{9-1}$$

式（9-1）即为计算 h_c 的一般公式。

对矩形河槽，因 $A_c = b h_c$，$q = \dfrac{Q}{b}$，所以式（9-1）可写成如下形式

$$E_0 = h_c + \frac{q^2}{2g\varphi^2 h_c^2} \tag{9-2}$$

式（9-2）为矩形断面河槽中收缩断面水深 h_c 的计算公式。该式虽是根据溢流坝导出的，但对闸孔出流也完全适用。

闸下出流及一般溢流坝的流速系数 φ，可由第八章表 8-8 中查取。

从式（9-1）或式（9-2）可以看出，只要知道河槽断面形式及 E_0、Q、φ 值后，即可求出收缩断面水深 h_c。求 h_c 要解三次方程式，一般是采用试算法，在作试算时，为了简捷，常采用**迭代法计算**（具体计算方法见例 9-1 所示）。h_c 求出后，根据水跃方程式算出 h_c''，将 h_c'' 与下游水深 t 进行比较，则可确定水流衔接的形式。

计算矩形渠槽中泄水建筑物下游收缩断面水深 h_c，除试算外，工程上多采用计算图（见附录 VI），更为简便。图 9-5 为附录 VI 计算图的示意图。图中有两组曲线，b 组为单支，a 组为多支，每支曲线都是根据一定的 φ 值绘制的。图中的横坐标为 ξ_0、ξ_c''，纵坐标为 ξ_c 值。其意义如下：

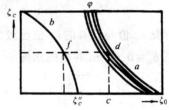

图 9-5

$$\xi_0 = \frac{E_0}{h_k} \qquad \xi_c'' = \frac{h_c''}{h_k} \qquad \xi_c = \frac{h_c}{h_k}$$

使用该图时，由已知的 b 及 Q 先求出临界水深 h_k。然后，以 E_0 及 h_k 求出 ξ_0。在图中以 ξ_0 值在横坐标中找出 c 点，通过 c 作垂线与 a 组曲线中相应于 φ 值的一条交于一点 d。由 d 引水平线交 b 组单支曲线于 f 点。f 点的纵横坐标 ξ_c 及 ξ_c'' 即可求出，乘以临界水深 h_k 可计算出 h_c 及 h_c''。

梯形断面渠槽求 h_c 及 h_c'' 时，除用试算法外，在有关的书籍中也有图表可查。

现举例说明泄水建筑物下游河槽为矩形断面时，水流衔接形式的判别计算。

例 9-1 某矩形（底宽 60m）河槽中，筑一溢流坝，下游坝高 $P_1 = 6.0$m，通过流量 495m³/s 时，下游正常水深 $t = 4.25$m，流量系数 $m = 0.45$，流速系数 $\varphi = 0.95$。试判定坝下游水流衔接的形式。

解

溢流坝单宽流量 $\qquad q=\dfrac{495}{60}=8.25\text{m}^3/(\text{s·m})$

坝上水头 $\qquad H_0=\left(\dfrac{q}{m\sqrt{2g}}\right)^{2/3}=\left(\dfrac{8.25}{0.45\times4.43}\right)^{2/3}=2.58\text{m}$

以下游河床起算的 E_0 值 $\quad E_0=P_1+H_0=6+2.58=8.58\text{m}$

(1) 用迭代法计算 h_c，用水跃方程计算 h''_c

以 $E_0=8.58$，$\varphi=0.95$，$q=8.25$ 代入 $E_0=h_c+\dfrac{q^2}{2g\varphi^2h_c^2}$ 中得

$$8.58=h_c+\frac{3.84}{h_c^2}\quad\text{或}\quad h_c=\sqrt{\frac{3.84}{8.58-h_c}}\qquad(9\text{-}3)$$

因 h_c 值较小，故可将式（9-3）右端的第一项忽略不计，则可按式（9-3）计算出接近于实际的 h_{c_1} 值

$$h_{c_1}=\sqrt{\frac{3.84}{8.58}}=0.67\text{m}$$

将 h_{c_1} 值代入式（9-3）得出 h_{c_2} 值

$$h_{c_2}=\sqrt{\frac{3.84}{8.58-h_{c_1}}}=\sqrt{\frac{3.84}{8.58-0.67}}=0.697\text{m}$$

将 h_{c_2} 值仍代入式（9-3）计算 h_{c_3} 值

$$h_{c_3}=\sqrt{\frac{3.84}{8.58-h_{c_2}}}=\sqrt{\frac{3.84}{8.58-0.697}}=0.698\text{m}$$

所设 h_c 值与计算的 h_c 值已极为接近，不再迭代计算，最终取 $h_c=0.698\text{m}$。

与 $h_c=0.698\text{m}$ 共轭的水深 h''_c 计算如下：

$$h''_c=\frac{h_c}{2}\left(\sqrt{1+\frac{8\alpha'q^2}{gh_c^3}}-1\right)=\frac{0.698}{2}\left(\sqrt{1+\frac{8\times1\times8.25^2}{9.8\times0.698^3}}-1\right)$$
$$=4.12\text{m}$$

(2) 用图解法求 h_c 及 h''_c

$$h_k=\sqrt[3]{\frac{\alpha q^2}{g}}=\sqrt[3]{\frac{1\times8.25^2}{9.8}}=1.91\text{m}$$

$$\xi_0=\frac{E_0}{h_k}=\frac{8.58}{1.91}=4.49$$

查附录Ⅵ计算图，当 $\varphi=0.95$ 时，得

$$\xi_c=\frac{h_c}{h_k}=\frac{h_c}{1.91}=0.367,\qquad \xi''_c=\frac{h''_c}{h_k}=\frac{h''_c}{1.91}=2.16$$

所以 $\qquad h_c=0.367\times1.91=0.702\text{m},\qquad h''_c=2.16\times1.91=4.11\text{m}$

由以上两种方法计算结果看，相差无几，采用 $h''_c=4.11\text{m}$。

下游水深 $t=4.25\text{m}$ 大于 $h''_c=4.11\text{m}$，故下游呈淹没式水跃衔接。

二、底流式消能结构的水力计算

底流式消能结构水力计算的目的是：保证在泄水建筑物下游发生淹没式水跃。发生淹没式水跃的条件必须是 $t>h''_c$。如果下游水深较小，不能满足这个条件，就要设法增加下游水深。

增加下游水深的工程措施（消能结构），大致有三种办法：一种是降低下游护坦高程，形成消力池，如图 9-6（a）；另一种是在护坦末端建起消力坎，也形成消力池，如图 9-6（b）；第三种是综合以上两种措施，构成综合式消力池，如图 9-6（c）。

这三种形式中采用哪种，要根据实际情况，经过经济技术比较而定。如下游为岩基，基岩坚硬，开挖困难，就不宜降低护坦，以筑消力坎较合适。如下游为软基，开挖较易，则宜采用降低护坦的消能结构。

底流式消能结构水力计算的主要问题是，在已知总水头 E_0、单宽流量 q 及下游水深 t 的情况下，分析水流衔接形式；确定池深；计算池长。

（一）分析水流衔接形式

同第九章第一节所述。

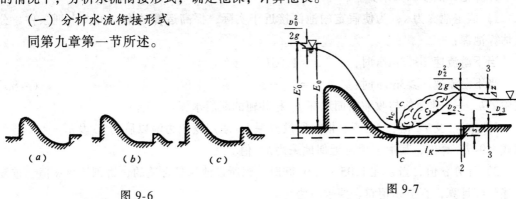

图 9-6　　　　　　　　　　　　　　　图 9-7

（二）确定池深

1. 挖深式（降低护坦）消力池

建造消力池后（挖深 s），池中水流情况如图 9-7 所示。水流由消力池进入下游河床时，为宽顶堰流，水面有一跌差 Δz，于是池末水深 t' 比下游水深大（$s+\Delta z$），即

$$t'=t+s+\Delta z$$

在消力池中如发生临界水跃，则池末端水深 t' 与收缩断面水深相应的跃后水深 h''_c 相等。那么使池中产生稍有淹没的淹没水跃时，池末水深 t' 应稍大于 h''_c，即

$$t'=\sigma h''_c=t+s+\Delta z \tag{9-4}$$

式中　σ——保证池内水跃稍有淹没的安全系数，一般采用 $1.05\sim1.1$。

公式（9-4）中，h''_c、Δz 求出后，才能解出 s 值。

由矩形断面水跃公式可知：

$$h''_c=\frac{h_c}{2}\left(\sqrt{1+8\mathrm{Fr}_c^2}-1\right)$$

则

$$t'=\sigma h''_c=\frac{\sigma h_c}{2}\left(\sqrt{1+8\mathrm{Fr}_c^2}-1\right) \tag{9-5}$$

式（9-5）中的 h_c，可由式（9-2）中求出。但注意，h_c 是挖深 s 后，相应于上游总水头为 E'_0（E_0+s）时的收缩水深，求 h_c 时用下式

$$E'_0 = E_0 + s = h_c + \frac{q^2}{2g\varphi^2 h_c^2} \tag{9-6}$$

可见，求 h_c 或 h''_c、t' 等，又都与 s 有关，因此，只能试算求解。

出口水面降落 Δz 值,可由对消力池末端断面 2—2 及下游断面 3—3, 列能量方程式得出。

$$\Delta z + t + \frac{v_2^2}{2g} = t + \frac{v_3^2}{2g} + \zeta \frac{v_3^2}{2g}$$

以　$v_2 = \frac{q}{t'}$, $v_3 = \frac{q}{t}$,　$\varphi' = \frac{1}{\sqrt{1+\zeta}}$ 代入上式可得

$$\Delta z = \frac{q^2}{2g\varphi'^2 t^2} - \frac{q^2}{2g t'^2} \tag{9-7}$$

式中　φ'——水流由消力池进入下游河槽时的流速系数，一般情况下采用 0.95。

计算池深的步骤归纳如下：

1）假定池深为 s，为使假定的池深接近于实际，提高运算效率，可按下列条件、公式估算池深：

当下游流速 $v < 3\mathrm{m/s}$ 时：　　　$s = 1.05 h''_c - t$ \hfill (9-8a)

当下游流速 $v \geqslant 3\mathrm{m/s}$ 时：　　　$s = h''_c - t$ \hfill (9-8b)

式中　h''_c——建池前与收缩断面水深 h_c 相共轭的跃后水深。

2）求 h_c 及 h''_c 值、Δz 值。根据所设池深 s，求出挖消力池以后的 h_c 及 h''_c；Δz 值可据式（9-7）算出，其中 t' 值可近似地采用 h''_c 值。

3）计算 σ 值，当 σ 在 $1.05\sim1.10$ 间时，则所设池深是合适的，否则调整 s 值，重复上述步骤计算，直至 σ 值符合要求时为止。

$$\sigma = \frac{t + s + \Delta z}{h''_c} \tag{9-9}$$

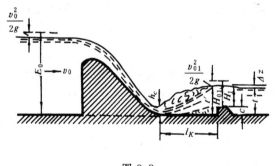

图 9-8

其具体运算方法，见例 9-2。

2. 消力坎式消力池坎高 c 的计算

用降低护坦高程形成消力池，如开挖过深或河床岩石坚硬开挖困难，则可在护坦末端修建一坚固矮墙（即消力坎），使水位壅高，水深增加，以便在消力池中发生稍许淹没的淹没式跃。如果消力坎修建后能满足要求，其水流现象就会如图 9-9 所示的情况。它与挖深式消力池的水流现象基本相同，不同之处是：水流出坎时不是宽顶堰流而是折线型实用堰流；坎高不影响 h_c 值；要验算坎后水流衔接问题。

从图 9-8 看出，为保证在池内发生稍许淹没的淹没式水跃，坎前水深 t' 应稍大于 h''_c，即

$$t' = \sigma h''_c \quad (\sigma = 1.05 \sim 1.10)$$

因此，保证池中发生淹没水跃的消力坎高度应为

$$c = t' - H_1$$

或

$$c = \sigma h''_c + \frac{v_{01}^2}{2g} - H_{01} \tag{9-10}$$

式中　v_{01}——坎前行近流速，$v_{01} = \dfrac{q}{t'} = \dfrac{q}{\sigma h''_c}$；

　　　H_{01}——计入行近流速水头的坎上水头，$H_{01} = \left(\dfrac{q}{\sigma_s m \sqrt{2g}}\right)^{2/3}$。

将 H_{01} 及 v_{01} 代入式（9-10）中，可得

$$c = \sigma h''_c + \frac{q^2}{2g(\sigma h''_c)^2} - \left(\frac{q}{\sigma_s m \sqrt{2g}}\right)^{2/3} \tag{9-11}$$

式（9-10）及式（9-11）即为计算坎高的公式。但是，过坎水流在自由出流及淹没出流时，坎高计算方法有所不同。

（1）当出坎水流为自由出流时坎高计算　根据已知的 E_0、q、φ 求出 h_c，由 h_c 求出 h''_c，与 t 比较，如 $h''_c > t$ 则需建坎。确定坎高时，可将 h''_c、$m = 0.42$（折线型实用堰流量系数）、$\sigma_s = 1.0$（出坎水流为自由出流）和 $\sigma = 1.05$ 等值代入式（9-10），算出坎高。求出坎高后，应校核坎后水流的衔接情况，因过坎后水流仍有可能在坎下游发生远离式水跃，这样还会冲刷下游河床。若遇此情况，必须修建第二道消力坎或用其它消能措施。校核方法与上述判别是否产生远离式水跃时的方法相同。但要注意，此时的 E_0 值应为以坎址后收缩断面底部为基准的坎前水流的单位能量。另外，φ 值一般可取 $0.8 \sim 0.9$。如果坎后的 $h''_c > t$，并决定仍采用消力坎，则二道坎与一道坎计算方法完全相同。在二道坎后的水流，若仍是远离式水跃衔接，那么还要设三道坎……，直至坎后水流为淹没式水跃衔接时为止。

（2）淹没出流时坎高计算　当消力坎下游的水位已影响过坎水流而成为淹没出流时，其泄流量将减小，$\sigma_s < 1.0$，σ_s 值的大小除了与下游水深 t 有关外，还与坎高 c 有关。由实验证明，坎的淹没系数 σ_s 与 H_{01}、t 和 c 有如下的函数关系

$$\sigma_s = f\left(\frac{t - c}{H_{01}}\right) = f\left(\frac{h_s}{H_{01}}\right)$$

由于消力坎前为水跃区，与第八章中所述的实用堰前水流状态不同，σ_s 与 $\dfrac{h_s}{H_{01}}$ 间的关系也变了。表 9-1 可作为选用淹没系数 σ_s 的参考。表中 $\dfrac{h_s}{H_{01}} \leqslant 0.45$ 时，为自由出流，$\sigma_s = 1.0$；$\dfrac{h_s}{H_{01}} > 0.45$ 时，为淹没出流，σ_s 可查表。

由上述可见，当消力坎为淹没出流时，求坎高需知道 σ_s，而 σ_s 又与坎高 c 有关，因此要用试算的方法求解。其具体作法见例 9-3。

3. 综合消力池

在实际工程中，有时单纯采用降低护坦的方法建池，会造成开挖过深，施工困难；而

表 9-1　　　　　　　　　　消 力 坎 淹 没 系 数 表

$\dfrac{t-c}{H_{01}}$	σ_s	$\dfrac{t-c}{H_{01}}$	σ_s	$\dfrac{t-c}{H_{01}}$	σ_s
≤0.45	1.000	0.74	0.915	0.88	0.750
0.50	0.990	0.76	0.900	0.90	0.710
0.55	0.985	0.78	0.885	0.92	0.651
0.60	0.975	0.80	0.865	0.95	0.535
0.65	0.960	0.82	0.845	1.00	0.000
0.70	0.940	0.84	0.815		
0.72	0.930	0.86	0.785		

单纯建造消力坎,又会碰到坎高过大引起坎后不良的水力条件。为此,可用综合式消力池,即一方面降低护坦高程,同时又修建消力坎。这种消力池叫综合消力池,如图9-9所示。

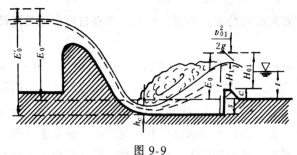

图 9-9

综合消力池内的水流现象,是上述两种水流现象的综合。它的水力计算方法与前类似。

(三)池长的确定

欲在消力池中形成淹没水跃,不仅需要在池中形成足够的水深,而且还应有足够的池长,使水跃区能置于消力池之中,避免长度不足,致使高速主流射至消力池之外,冲刷下游河床。满足上述要求的池长公式如下(对三种消力池均可适用):

$$l_k = l_1 + l'_j \tag{9-12}$$

式中　l_1——从堰坎到收缩断面的距离;

　　　l'_j——消力池中**壅高水跃**的长度,$l'_j = (0.7 \sim 0.8)l_j$,其中 l_j 按第七章中自由水跃长度公式计算。

l_1 值可视出流方式,分别按下述公式计算:

(1)对于宽顶堰(图9-10)

$$l_1 = 1.74 \sqrt{H_0(P'_1 + 0.24H_0)} \tag{9-13}$$

式中　P'_1——计入池深 s 的下游跌落高度;

　　　H_0——计入行近流速水头的堰上水头。

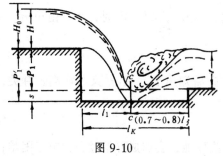

图 9-10

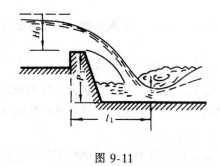

图 9-11

（2）对于实用堰

曲线型实用堰（图 9-7）$l_1 = 0$。

折线型实用堰（图 9-11）

$$l_1 = 0.3H_0 + 1.65\sqrt{H_0(P_1 + 0.32H_0)} \tag{9-14}$$

（3）对平底槽中闸下出流 $\qquad l_1 = (2\sim3)e \tag{9-15}$

（四）消力池的设计流量

上面讨论的池深（挖深 s 或坎高 c）与池长的计算，都是在一个给定的流量和相应的下游水深下进行的。实际工程中的消力池，是在各种不同的流量下工作的，每个下泄流量均有它相应的下游水深，据此都可算出所要求的池深及池长。一般说来，**消力池的最大深度及最大长度不一定是根据最大流量计算出的，而可能和较小的流量相对应**。因此在具体设计时，常选择几个不同的流量及其相应的下游水深，算出相应的池深 s（或坎高 c）及池长 l_k，绘 $s\sim Q$（或 $c\sim Q$）和 $l_k\sim Q$ 关系曲线，取 s（或 c）和 l_k 的最大值作为消力池的尺寸，以保证在各种运用情况下都能达到消能防冲的目的。

例 9-2 某分洪闸，底坎为一曲线型低堰（图 9-12），分洪单宽流量 $q = 10.82\text{m}^3/(\text{s·m})$，堰的流速系数 $\varphi = 0.95$，上、下游水位及其它数据见图示。试判别该分洪闸下游是否需要修建消力池，若需要，应进行消能计算。

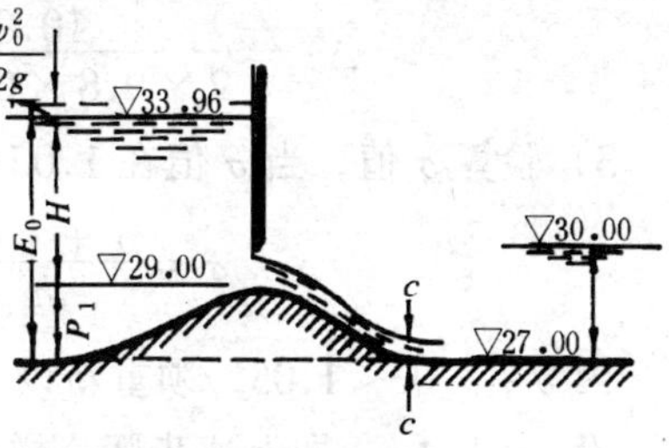

图 9-12（单位：m）

解 （1）判别下游水流衔接形式，确定要否修建消力池

首先计算收缩断面水深 h_c。

闸前行近流速

$$v_0 = \frac{q}{H + P} = \frac{10.82}{(33.96 - 29) + (29 - 27)} = \frac{10.82}{4.96 + 2} = 1.56\text{m/s}$$

上游总水头

$$E_0 = P_1 + H_0 = P_1 + H + \frac{v_0^2}{2g} = 4.96 + 2 + \frac{1.56^2}{2 \times 9.8} = 7.08\text{m}$$

根据 $7.08 = h_c + \dfrac{q^2}{2g\varphi^2 h_c^2}$ 式可求出 $h_c = 1.05\text{m}$

据 $h_c'' = \dfrac{h_c}{2}\left[\sqrt{1 + \dfrac{8q^2}{gh_c^3}} - 1\right]$ 式，可算出 $h_c'' = 4.3\text{m}$

因 $h_c'' = 4.3\text{m}$ 大于 $t = 3.0\text{m}$，产生远离式水跃，故需修建消力池。

（2）计算消力池深度

1）因下游流速 $v = \dfrac{q}{t} = \dfrac{10.82}{3} = 3.61\text{m/s}$ 大于 3m/s，故应以式（9-8b）估算池深，即

$$s_1 = h_c'' - t = 4.3 - 3.0 = 1.3\text{m}$$

2）计算建池后的第二共轭水深 h''_c，并计算水流出池时水面降落 Δz。

$$E'_{01} = E_0 + s_1 = 7.08 + 1.3 = 8.38\text{m}$$

$$h_k = \sqrt[3]{\frac{\alpha q^2}{g}} = \sqrt[3]{\frac{1 \times 10.82^2}{9.8}} = 2.286\text{m}$$

$$\xi_0 = \frac{E'_{01}}{h_k} = \frac{8.38}{2.286} = 3.666$$

据 $\xi_0 = 3.666$ 及 $\varphi = 0.95$ 查附录Ⅵ计算图得

$$\frac{h''_{c1}}{h_k} = 2.005$$

所以
$$h''_{c1} = 2.005 \times 2.286 = 4.58\text{m}$$

水流出池时水面降落按 $\Delta z = \dfrac{q^2}{2g\varphi'^2 t^2} - \dfrac{q^2}{2gt'^2}$ 式计算：

其中 $\varphi' = 0.95$，$t = 3.0\text{m}$，t' 近似地取 4.58m（h''_c），代入上式，则

$$\Delta z = \frac{10.82^2}{2 \times 9.8 \times 0.95^2 \times 3^2} - \frac{10.82^2}{2 \times 9.8 \times 4.58^2} = 0.45\text{m}$$

3）验算 σ 值，当 σ 值在 $1.05 \sim 1.10$ 间时，所设池深即为所求，即

$$\sigma = \frac{t + s + \Delta z}{h''_{c1}} = \frac{3 + 1.3 + 0.45}{4.58} = 1.03$$

因 $\sigma = 1.03 < 1.05$，须重新设 s 值计算。

设 $s = 1.4\text{m}$，同上述步骤一样计算可知 $h''_{c2} = 4.6\text{m}$，$h_{c2} = 0.935\text{m}$，$\sigma = 1.05$，符合 σ 值在 $1.05 \sim 1.10$ 间的条件，故

$$s = 1.4\text{m}$$

（3）计算池长 l_k

自由水跃长　$l_j = 6.9(h''_{c2} - h_{c2}) = 6.9(4.60 - 0.935) = 25.3\text{m}$

$$l_1 = 0$$

所以池长　$l_k = l_1 + 0.75 l_j = 0 + 0.75 \times 25.3 = 18.97\text{m}$，取整数 $l_k = 19\text{m}$。

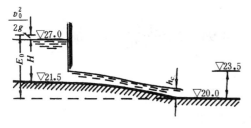

图 9-13（单位：m）

例 9-3　有一引水闸，如图 9-13 所示。下游渠道为矩形断面，引水闸单宽流量 $q = 10\text{m}^3/(\text{s}\cdot\text{m})$ 时，相应的上下游水位等见图中所注，闸孔流速系数 $\varphi = 0.95$。试判别闸后要否修建消力坎，若需要，则进行消力坎设计。

解　（1）判别要否修建消力坎

$$v_0 = \frac{q}{H} = \frac{10}{5.5} = 1.82\text{m/s}$$

$$\frac{v_0^2}{2g} = \frac{1.82^2}{2 \times 9.8} = 0.169\text{m}$$

$$E_0 = 7 + 0.17 = 7.17\text{m}$$

$$h_k = \sqrt[3]{\frac{\alpha q^2}{g}} = \sqrt[3]{\frac{1 \times 10^2}{9.8}} = 2.17 \text{m}$$

$$\xi_0 = \frac{E_0}{h_k} = \frac{7.17}{2.17} = 3.3$$

$\varphi = 0.95$，查附录Ⅲ计算图得

$$\xi_c = \frac{h_c}{h_k} = 0.44 ; \quad \xi_c = \frac{h''_c}{h_k} = 1.92$$

$$h_c = 0.44 h_k = 0.44 \times 2.17 = 0.955 \text{m}$$

$$h''_c = 1.92 h_k = 1.92 \times 2.17 = 4.17 \text{m}$$

因 $h''_c = 4.17 \text{m}$ 大于下游水深 $t = 3.5 \text{m}$，所以需修建消力坎。

(2) 求坎高

1）先设过坎水流为自由出流，取 $\sigma = 1.05$，$m = 0.42$，由式（9-11）计算：

$$c = \sigma h''_c + \frac{q^2}{2g(\sigma h''_c)^2} - \left(\frac{q}{\sigma_s m \sqrt{2g}}\right)^{2/3}$$

$$= 1.05 \times 4.17 + \frac{10^2}{2 \times 9.8 \times 1.05^2 \times 4.17^2} - \left(\frac{10}{1 \times 0.42 \times 4.43}\right)^{2/3}$$

$$= 4.38 + 0.266 - 3.07 = 1.576 \text{m}$$

2）校核过坎水流是否为自由出流。

$$t = 3.5 \text{m}, \quad h_s = t - c = 3.5 - 1.576 = 1.924 \text{m}$$

$$H_{01} = \left(\frac{q}{m \sqrt{2g}}\right)^{2/3} = \left(\frac{10}{0.42 \times 4.43}\right)^{2/3} = 3.07 \text{m}$$

$\frac{h_s}{H_{01}} = \frac{1.924}{3.07} = 0.627 > 0.45$，故过坎水流为淹没出流，与所设过坎水流流态不符，应考虑淹没的影响，重新计算坎高。

3）考虑淹没影响，迭代计算 C 值。

以自由出流状态下计算出的坎高 $c_1 = 1.576 \text{m}$ 为初设值，计算如下：

$$c_1 = 1.576 \text{m}, \quad h_{s1} = t - c_1 = 3.5 - 1.576 = 1.924 \text{m} \quad H_{01_1} = 3.07 \text{m}$$

由 $\frac{h_{s1}}{H_{01_1}} = \frac{1.924}{3.07} = 0.627$ 查表 9-1 知 $\sigma_{s1} = 0.967$

$$c_2 = \sigma h''_c + \frac{q^2}{2g(\sigma h''_c)^2} - \left(\frac{q}{\sigma_{s1} m \sqrt{2g}}\right)^{2/3}$$

$$= 4.38 + 0.266 - \left(\frac{10}{0.967 \times 0.42 \times 4.43}\right)^{2/3}$$

$$= 4.646 - 3.138 = 1.508 \text{m}$$

因 c_2 与 c_1 不等，故以坎高为 c_2，重复以上步骤再算。

$$c_2 = 1.508 \text{m} \quad h_{s2} = 3.5 - 1.508 = 1.992 \text{m} \quad H_{01_2} = 3.138 \text{m}$$

由 $\frac{h_{s2}}{H_{01_2}} = \frac{1.992}{3.138} = 0.635$ 查表 9-1 知 $\sigma_{s2} = 0.9645$

$$c_3 = 4.646 - \left(\frac{10}{0.9645 \times 0.42 \times 4.43}\right)^{2/3}$$

$$= 4.646 - 3.143 = 1.503\text{m}$$

c_3 与 c_2 仍不等，以坎高为 c_3 再算。

$$c_3 = 1.503\text{m} \quad h_{s3} = 3.5 - 1.503 = 1.997\text{m} \quad H_{01_3} = 3.143\text{m}$$

由 $\dfrac{h_{s3}}{H_{01_3}} = \dfrac{1.997}{3.143} = 0.6354$ 查表 9-1 知 $\sigma_{s3} = 0.9644$

$$c_4 = 4.646 - \left(\frac{10}{0.9644 \times 0.42 \times 4.43}\right)^{2/3}$$

$$= 4.646 - 3.1434 = 1.503\text{m}$$

c_4 与 c_3 已极近，故不再迭代。c 值为 1.503m，取接近的整数值 $c = 1.5\text{m}$。因消力坎为淹没出流，不需再计算坎后水流的衔接。

(3) 求池长

$$l_j = 6.9(h''_c - h_c) = 6.9(4.17 - 0.935) = 22.2\text{m}$$

$$l_k = 0.75 l_j = 0.75 \times 22.2 = 16.65\text{m}$$

实际取池长为 17m。

第三节　挑流消能的水力计算

通过中、高水头泄水建筑物下泄的水流，动能往往是很大的。当下游水深较小时，如采用底流式消能，常需很大的池深及池长，这显然不经济。在此情况下，如河床抗冲能力较强，可考虑采用挑流消能，如图 9-14 所示。

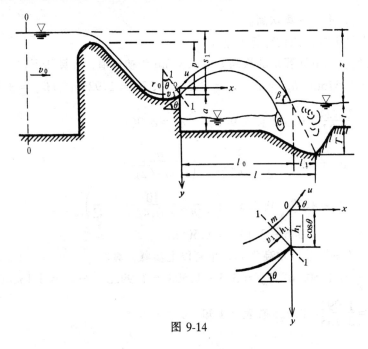

图 9-14

水流从溢流坝下泄时，利用下泄水流的巨大动能，经挑流鼻坎将水流挑入空中，形成水舌，并降落在远离建筑物的下游，形成**冲刷坑**。冲刷坑的存在，并不一定会影响建筑的安全，只要冲刷坑与建筑物之间有足够长的距离，建筑物的安全就能得到保证。

挑流消能的过程是：水舌挑入空中后，受到空气阻力，水舌逐渐扩散，并掺入空气，消耗了一部分动能。另外，水舌落入下游水面后，水舌主流前后形成两个漩滚，此漩滚区内水流紊动激烈，互相碰撞摩擦，消耗了大部分能量。

挑流消能的优点是可以节约下游护砌，且构造简单。所以应用广泛。缺点是雾气大，尾水波动大。

挑流消能水力计算的主要任务是：按已知的水力条件选定适宜的挑坎形式尺寸，计算挑流射程和冲刷坑深度。

一、连续式挑坎挑流射程的计算

挑流射程指冲刷坑最深点至坝趾间的水平距离。实测表明：冲刷坑最深点约在水舌外缘的延长线上，如图 9-14 所示。由图中可看出：挑流射程（l）等于水舌外缘在**空气中挑距**（l_0）及**水面以下水舌长度的水平投影**（l_1）之和。

1. 空中挑距（水舌外缘在空气中挑距）l_0 的计算

以图 9-14 的溢流坝为例，假定水舌离坎时的速度与水平方向间的夹角等于挑坎角度 θ，忽略空气阻力的影响，并针对水舌外缘点进行分析，挑坎出口处建立的 x、y 坐标如图中所示。原点 o 的流速用 u 表示，根据质点抛射运动的原理，可导出水舌外缘曲线的方程为

$$x = \frac{u^2 \sin\theta \cos\theta}{g}\left[1 + \sqrt{1 + \frac{2gy}{u^2 \sin^2\theta}}\right]$$

由图 9-14 可知：当 $y = a - t + \dfrac{h_1}{\cos\theta}$ 时，$x = l_0$，则

$$l_0 = \frac{u^2 \sin\theta \cos\theta}{g}\left[1 + \sqrt{1 + \frac{2g\left(a - t + \dfrac{h_1}{\cos\theta}\right)}{u^2 \sin^2\theta}}\right] \tag{9-16}$$

式（9-16）中的 u，为水舌外缘 o 点流速，由于 o 点距 1—1 断面水面点 m 极近，故两者可认为相等，而 1—1 断面水面点 m 的流速（u）与 1—1 断面平均流速（v_1）约为下列关系

$$u \approx 1.1 v_1$$

v_1 值可通过对断面 0—0 及 1—1 列能量方程式，整理后得

$$v_1 = \varphi_1 \sqrt{2g(s_1 - h_1 \cos\theta)} \tag{9-17a}$$

所以
$$u = 1.1\varphi_1 \sqrt{2g(s_1 - h_1 \cos\theta)} \tag{9-17b}$$

将式（9-17b）代入式（9-16），并略去 h_1 值（考虑挑坎出口断面 1—1 的水深 h_1 较 s_1 小的多，对计算影响不大），经整理化简后可得计算 l_0 的公式如下

$$l_0 = 1.21 \varphi_1^2 s_1 \sin^2\theta\left[1 + \sqrt{1 + \frac{(a - t)}{1.21 \varphi_1^2 s_1 \sin^2\theta}}\right] \tag{9-18}$$

式（9-18）中，φ_1 为反映能量损失的流速系数，可按经验公式计算

$$\varphi_1 = \sqrt[3]{1 - \frac{0.055}{K_E^{0.5}}} \quad \text{①} \qquad (9\text{-}19)$$

$$K_E = \frac{q}{\sqrt{g}s_1^{1.5}}$$

上两式中 K_E——流能比；

       s_1——上游水位至挑坎顶部的高差；

       q——单宽流量。

式（9-19）适用于 $K_E = 0.004 \sim 0.15$ 范围内，当 $K_E > 0.15$ 时，φ 可取 0.95。

2．水下挑距（水面以下水舌长度的水平投影）l_1 的计算

可以近似认为：水舌进入下游水面后，沿入水角 β 的方向直线前进，冲刷坑最深点位于此直线上，因而

$$l_1 = \frac{T + t}{\text{tg}\beta} \qquad (9\text{-}20)$$

$$\cos\beta = \sqrt{\frac{\varphi_1^2 s_1}{\varphi_1^2 s_1 + z - s_1}} \cos\theta \qquad (9\text{-}21)$$

上两式中 T——由河床算起的冲刷坑深度；

       t——下游水深；

       β——入水角（图 9-14）；

       z——上、下游水位差。

根据式（9-18）及式（9-20）求出 l_0 及 l_1，则总挑距为

$$l = l_0 + l_1$$

二、冲刷坑深度 T 的估算

冲刷坑深度取决于水舌跌入下游河道后具有的冲刷能力与河床的抗冲能力。当水舌冲刷能力大于下游河床的抗冲能力时，河床即被冲刷，形成冲刷坑。随着冲刷坑的加深，水垫加厚，其消能作用加大，水舌冲刷河床的能力将减弱，直到水舌的冲刷作用与河床的抗冲作用相平衡时，冲刷坑就不再加深而基本稳定。

影响冲刷坑深度的因素较多，工程上常采用经验公式进行估算。我国 1977 年制定的《混凝土重力坝设计规范》中规定，冲刷坑深度按下式计算

$$T = Kq^{\frac{1}{2}}z^{\frac{1}{4}} - t \qquad (9\text{-}22)$$

式中 T——冲刷坑深度（由河床面至坑底）；

      z——上、下游水位差；

      q——单宽流量；

      K——冲刷坑系数,与岩石性质有关,坚硬完整基岩 $K = 0.9 \sim 1.2$,坚硬但完整性较差基岩 $K = 1.2 \sim 1.5$,软弱破碎、裂隙发育的基岩 $K = 1.5 \sim 2.0$。

---

❶ 引自长江流域规划办公室,溢流坝几种型式消能工特性与适应范围,1973 年。

冲刷坑对坝身的影响，可按许可的**冲刷坑后坡**作为判别标准。冲刷坑后坡按 $i=T/l$ 计算。T 为冲刷坑深度，l 为总挑距。计算出的 i 值愈大，对坝身安全愈不利。**许可的最大临界后坡** i_c 值，根据工程实践经验，一般可取 $i_c=\dfrac{1}{4}\sim\dfrac{1}{3}$。当冲刷坑后坡 i 小于临界后坡值，即 $i<i_c$ 时，就认为冲刷坑不会危及坝身的安全。

三、挑流鼻坝型式及尺寸的选择

挑坎有连续式及差动式两种（图 9-15）。**连续式挑坎**，施工简便，比相同条件下的差动式挑坎的射程远。**差动式挑坎**，系将挑坎作成齿状，通过挑坎使水流分成上、下两层，垂直方向有较大的扩散，可以减轻对河床的冲刷。但流速高时易产生空蚀，目前采用较多的是连续式挑坎。

连续式

差动式

图 9-15

下面介绍连续式挑坎尺寸的合理选择问题。

（1）挑角 θ 　按质点抛射运动原理，当其他条件一定时，挑角愈大（$\theta<45°$），空中挑距愈大。但挑角增大，入水角 β 也增大，水下挑距 l_1 减小，总挑距 $l=l_0+l_1$ 基本不变。同时，入水角增大后，冲刷深度增加。另外，随着挑角增大，开始形成挑流的流量，即所谓起挑流量也增大。当实际通过的流量小于起挑流量时，由于动能不足，水流挑不出去，而在挑坎的反弧段内形成漩滚，然后沿挑坎溢流而下，在紧靠挑坎下游处形成冲刷坑，对建筑物安全威胁大。所以，挑角不宜过大。我国所建成的一些大、中型工程中，挑角一般在 15°～35° 之间。

（2）反弧半径 r_0 　水流在挑坎反弧段内运动时所产生的离心力，将使反弧段内压强加大。反弧半径愈小，离心力愈大，水流动能转化为压能的比例增加，射程减小。同时起挑流量加大。因此为了保证有较好的挑流条件，反弧半径 r_0 至少应大于反弧段最低点处水深 h_c 的四倍，一般设计时多采用 $r_0=(4\sim10)h_c$。

（3）挑坎高程　挑坎高程愈低，出口断面流速愈大，射程愈远。同时挑坎高程低，工程量也小，可以降低工程造价。但过低的挑坎高程会带来两方面的不利影响：当下游水位较高并超过挑坎达一定程度时，水流挑不出去；挑坎顶部与下游水面之间没有足够的高程差时，挑射水舌与下游水面间的空间内，会由于水舌带走大量空气而形成局部真空地带，这时在内外压力差作用下，水舌被压低，射程就要缩短。因此，工程设计中常使挑坎高程等于或略低于下游最高尾水位。这时，由于挑流水舌将水流推向下游而使挑坎下游水位仍低于挑坎高程。

例 9-4　某溢流坝坝顶高程 161.0m，下游河床是坚硬但节理、裂隙较发育的岩石，其高程为 120.0m，鼻坎高程为 138.0m，挑角 $\theta=25°$。当上游水位为 170.15m，下游水位 132.5m，单宽流量为 49.0m³/（s·m）时，试计算下泄水流射程和冲刷坑深度，并检验冲刷坑是否危及坝身安全。

解　根据所给条件算出下列数据：

$$s_1 = 170.15 - 138 = 32.15\text{m}$$

$$z = 170.15 - 132.5 = 37.65\text{m}$$

$$a = 138 - 120 = 18\text{m}$$

$$t = 132.5 - 120 = 12.5\text{m}$$

$$\sin 25° = 0.4226$$

$$\sin 2\theta = 0.7660$$

$$\cos 25° = 0.9063$$

流能比
$$K_E = \frac{q}{\sqrt{g S_1^{15}}} = \frac{49}{\sqrt{9.8 \times 32.15^{15}}} = 0.086$$

流速系数
$$\varphi_1 = \sqrt[3]{1 - \frac{0.055}{K_E^{0.5}}} = \sqrt[3]{1 - \frac{0.055}{0.086^{0.5}}} = 0.933$$

入水角 β
$$\cos\beta = \sqrt{\frac{\varphi_1^2 S_1}{\varphi_1^2 S_1 + Z - S_1} \cdot \cos\theta}$$

$$= \sqrt{\frac{0.933^2 \times 32.15}{0.933^2 \times 32.15 + 37.65 - 32.15}} \times 0.9063 = 0.828$$

所以
$$\beta = 34.1° \qquad \text{tg}\beta = 0.6758$$

空中挑距
$$l_0 = 1.21\varphi_1^2 s_1 \sin^2\theta \left[1 + \sqrt{1 + \frac{(a - t)}{1.21\varphi_1^2 s_1 \sin^2\theta}} \right]$$

$$= 1.21 \times 0.933^2 \times 32.15 \times 0.766$$

$$\times \left[1 + \sqrt{1 + \frac{18 - 12.5}{1.21 \times 0.933^2 \times 32.15 \times 0.4226^2}} \right]$$

$$= 61.78\text{m}$$

冲刷坑深度　因岩基完整性较差，故选 $K = 1.25$

$$T = 1.25q^{\frac{1}{2}} z^{\frac{1}{4}} - t = 1.25 \times 49^{\frac{1}{2}} \times 37.15^{\frac{1}{4}} - 12.5 = 9.2\text{m}$$

水下挑距
$$l_1 = \frac{T + t}{\text{tg}\beta} = \frac{9.2 + 12.5}{0.6758} = 32.11\text{m}$$

总挑距
$$l = l_0 + l_1 = 61.78 + 32.11 = 93.9\text{m}$$

冲刷坑后坡
$$i = \frac{T}{l} = \frac{9.2}{93.9} = 0.098$$

因冲刷后坡 $i = 0.098$，小于许可的最大临界后坡 $i_c = \frac{1}{4}$，故冲刷坑不会危及到坝身的安全。

习　　题

9-1　有一溢流坝，已知单宽流量 $q = 9\text{m}^3/\ (\text{s·m})$，坝高 $P_1 = 13\text{m}$，流量系数 $m = 0.45$，流速系数 $\varphi = 0.95$，试判别下游水深 t 分别为 7m、4.55m、3m 的情况下，水流衔接的形式（图 9-16）。

9-2　有一引水闸，已知单宽流量 $q = 12\text{m}^3/\ (\text{s·m})$，流速系数 $\varphi = 0.95$，其它数据见

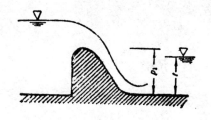
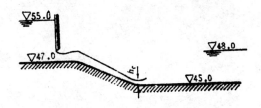

图 9-16   图 9-17 （单位：m）

图 9-17，试判别下游水流衔接形式，并进行底流式消力池设计。

9-3　一溢流坝 $m=0.49$，上游坝高 $P=12\text{m}$，下游坝高 $P=10\text{m}$，坝宽 40m，流量 $Q=120\text{m}^3/\text{s}$，下游水深 $t=2.5\text{m}$，$\varphi=0.95$。试计算下游水流衔接形式及消力坎尺寸。

9-4　在渠道上建一跌水，跌差 $P=3\text{m}$，渠道流量为 $10\text{m}^3/\text{s}$，渠道流速 $v_0=1.0\text{m/s}$，$H=1.6\text{m}$，下游渠道为矩形断面，底宽 3.8m，水深 1.6m。试计算挖深式消池的尺寸。

9-5　某溢流坝如图 9-10 所示，坝顶高程为 123.5m，河床高程为 67.0m，上游水位为 138m，下游水位为 84.5m，单宽流量 $q=115\text{m}^3/(\text{s·m})$，下游为坚硬完整的岩石河床，求当挑流鼻坎高程为 90.0m，$\theta=20°$时，挑距为多少？最大冲刷深度为多少米？判断冲刷坑是否危及坝身的安全？

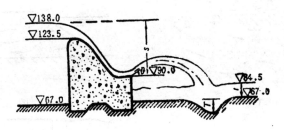

图 9-18

207

第十章 渗 流

第一节 渗流的基本概念

一、水利工程中的渗流问题

液体在孔隙介质中的流动称为渗流，所谓孔隙介质，是由内部包含着许多相互连通的孔隙或裂隙的颗粒状（或碎块状）材料组成的物质。例如各种土壤(粘土、砂土、卵石层)及岩层等。水工建筑物的地基以及某些建筑物本身(如土坝)就是由孔隙介质所构成的。

在水利水电工程中渗流问题很多。如图 10-1 坝基渗透、图 10-2 土坝渗透、图 10-3 渠道渗漏及图 10-4 布设井群进行基坑排水等等，都属于渗流问题。

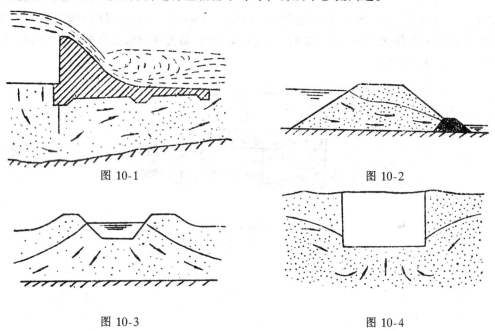

图 10-1

图 10-2

图 10-3

图 10-4

二、水在土壤中存在的形态及土的渗流特性

水在土壤中存在的形态有汽态水、附着水、薄膜水、毛细水及重力水。

气态水就是水蒸气，悬浮于土壤孔隙中，**附着水及薄膜水**都是由于水分子与土壤颗粒分子之间的吸引力作用而包围在土壤颗粒的四周。它们对水利工程影响很小，可以不计。

毛细水是受表面张力而移动的水，它可以传递静水压力。在研究极细颗粒土中渗流或者在室内模型上进行渗流观测时，要注意毛细水的作用。

重力水则是指重力作用下在土壤孔隙中运动的水，又称**自由水**。重力水对土壤颗粒有压力作用，重力水的运动可以带走土壤颗粒，严重时将影响建筑物的安全。本章研究的就

208

是**重力水在土壤中的运动规律**。

不同土壤或岩层其透水能力不同，如疏松的土，其透水能力比密实的土就大得多，颗粒均匀的土透水能力较大，而不均匀的则较小。

土壤的渗流特性可分为**各向同性土**与**各向异性土**两大类。各向同性土，是指其透水性能在各个方向均相同的土，反之则为各向异性土。本章我们着重**研究各向同性土中的渗流**。

三、渗流模型

渗流是水在土壤孔隙中的运动，由于土壤孔隙的形状、大小和分布的复杂性，使渗流流动路程相当复杂，无论是理论分析或实验手段都很难确定在某一具体位置的真实速度，工程上也无此必要。因此往往将渗流加以简化。认为**全部渗流空间充满着连续的水流，不考虑土壤颗粒的存在**，这种假想的渗流称之为**"渗流模型"**。渗流模型的实质在于，把实际上并不充满全部空间的液体运动，看作是连续空间内的连续介质运动。这样，过去研究一般水力学的概念和方法，就可以应用到研究渗流中来，如过水断面、流线、流束、断面平均流速等。

根据渗流模型的概念，某一微小流束过水断面 dA 上通过的流量为 dQ，则渗流流速为

$$u = \frac{dQ}{dA} \tag{10-1}$$

若令 dA 趋近于零，则 u 为全部渗流中某定点的渗流流速。全部渗流的平均渗流流速为

$$v = \frac{Q}{A} \tag{10-2}$$

式中　Q——全部渗流的实际渗流流量；

　　　A——全部渗流的过水断面面积（包括土壤在内）。

然而真实的过水断面面积比 A 小，应为[❶]nA，故通过该断面孔隙内的真实流速为

$$v' = \frac{Q}{nA}$$

或　　　　　　　　　　　　$v = nv'$

因 $n<1$，故实际平均流速 v'，大于平均渗流流速 v。

以渗流模型取代真实的渗流，必须遵守以下原则：

1）通过渗流模型的流量必须和实际渗流量相等。

2）对某一确定的受力面，从渗流模型所得出的动水压力，应当和真实渗流的动水压力相等。

3）渗流模型的阻力和实际渗流所受阻力应当相等，亦即水头损失应当相等。

四、渗流类型

引进渗流模型之后，分析渗流问题就可以和一般水力学方法一样，将渗流分为**恒定渗流**及**非恒定渗流**，**均匀渗流**及**非均匀渗流**，**渐变渗流**及**急变渗流**，**有压渗流和无压渗流**等。

---

❶　土的密实程度可用土的孔隙率 n 来反映。孔隙率是表示一定体积的土中，孔隙的体积 V 与土体总体积 W（包括孔隙体积）的比值：$n = \dfrac{V}{W}$。

第二节　渗流的基本定律

一、达西定律

达西定律的表达式是渗透理论中的基本关系式。这一关系式是法国工程师达西在1852～1855年间从许多沙质土壤的试验中建立的。

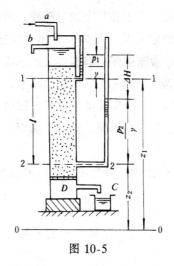

图 10-5

达西实验装置如图 10-5 所示，在一个上端开口的圆筒中装有均质砂土，其上部设有进水管 a 及保持恒定水位的溢水设备 b，筒的侧壁装有测压管，分别设置在相距为 l 的 1—1 和 2—2 两过水断面上。在圆筒上的水位保持不变时，水经过砂土渗透并由滤水网 D 排出，集流入容器 C，读出其水量，并记录渗流时间，可得渗透流量。达西观察到，安排在不同过水断面上的测压管水面高度不同，2—2 断面的测压管水面比 1—1 断面的要低，这说明液体通过砂土有水头损失。由图 10-5 中可看出，圆筒中渗流为均匀流。在 l 流程上渗流的水头损失，为两断面的测压管水头之差，即 $h_w = \Delta H$。

达西通过多次试验发现**渗流流量 Q，与圆筒的横断面面积 A 及水力坡度 h_w/l 成正比，并且与土的透水性质有关**，可表达为

$$Q = kA \frac{h_w}{l} = kJA$$

或

$$h_w = \frac{lQ}{kA} = \frac{l}{k}v \tag{10-3}$$

这就是**达西公式**。

式中　k——渗透系数，它是反映土的透水性质的比例系数，它具有流速的单位。

在过水断面 A 上的平均渗流流速为

$$v = \frac{Q}{A} = kJ \tag{10-4}$$

这是达西公式的另一表示形式，它说明平均渗流流速 v 与水力坡度 J 成正比；或者说，损失水头 h_w 与平均渗流流速 v 的一次方成正比。

若渗流的水力坡度 J 以微分形式表示，则 $J = \dfrac{dh_w}{dl} = -\dfrac{dH}{dl}$（见图 10-5），$H$ 为渗流的总水头，因其增量 dH 恒为负值，为使 J 为正值，故加负号。由于一般渗流流速很小（24h 内若干 cm），可完全不考虑流速水头。所以总水头 H 可用测压管水头来代替。即

$$H = z + \frac{p}{\gamma}$$

故（10-4）式又可表示为：

$$v = -k\frac{dH}{dl} \tag{10-5}$$

式（10-4）及式（10-5）是根据达西实验结果所建立的均匀渗流的断面平均流速公式。

基于这种关系，可以得出渗流区中任意点的渗流流速。图10-6为一有压渗流。若在微小流束 ab 的任意过水断面1-1测压管水头为 H，经过 dl 流程后的2—2断面上，测压管水头下降 dH，在断面1—1 的 M 点处水力坡降 $J = -\dfrac{dH}{dl}$，M 点的渗透流速

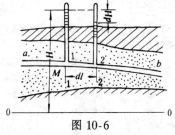

图 10-6

$$u = -k\frac{dH}{dl} \tag{10-6}$$

二、达西定律适用条件

研究证明，达西定律有其应用范围。水头损失和流速一次方成比例，乃是液体作层流运动所遵循的规律，由此可见**达西定律只能适用于层流渗流**。巴甫洛夫斯基院士，根据实验数据给出，当 $R_e < R_{ek}$ 时渗流为层流，R_e 为**渗流的实际雷诺数**，R_{ek} 为**渗流的临界雷诺数**。

$$R_e = \frac{1}{0.75n + 0.23}\frac{vd}{\nu}$$

式中　n——土的孔隙率；

　　　d——土的有效粒径，以厘米计，一般可用 d_{10} 来代表有效粒径。

$$R_{ek} = 7 \sim 9$$

对于非层流渗流，可以用如下形式的公式来表达其流动规律：

$$v = KJ^{\frac{1}{m}} \tag{10-7}$$

上式中当 $m = 1$ 时，为层流渗流。当 $m = 2$ 时，则为完全紊流渗流。当 $1 < m < 2$ 时，为层流到紊流的过渡区。

应该指出，**上述层流或非层流渗流规律，都是针对土体结构不因渗流而遭致破坏的情况**而言。当渗流的作用引起了土体颗粒的运动，即土在渗流作用下发生变形的情况就不在讨论之列。

还应说明，在水利工程中，除了堆石坝、堆石坝排水体等大孔隙介质中的渗流为紊流之外，绝大多数渗流均可认为属于层流范围，达西定律都可以适用。

三、渗透系数

应用达西定律需要确定土的渗透系数 k 值，它是反映土的渗流特性的一个综合指标，其大小取决于土的颗粒形状、大小、不均匀系数及水温等等因素。一般渗透系数 k 值的确定方法常用以下三种。

1. 经验法

当进行初步估算时，可以参照表 10-1 来选定 k 值。

表 10-1 土壤的渗流系数

土壤名称	渗流系数		土壤名称	渗流系数	
	m/d	cm/s		m/d	cm/s
粘　土	<0.005	$<6\times10^{-6}$	粗　砂	20~50	$2\times10^{-2}\sim6\times10^{-2}$
亚粘土	0.005~0.1	$6\times10^{-6}\sim6\times10^{-4}$	均质粗砂	60~75	$7\times10^{-2}\sim8\times10^{-2}$
轻亚粘土	0.1~0.5	$1\times10^{-4}\sim6\times10^{-4}$	圆　砾	50~100	$6\times10^{-2}\sim1\times10^{-2}$
黄　土	0.25~0.5	$3\times10^{-4}\sim6\times10^{-4}$	卵　石	100~500	$1\times10^{-1}\sim6\times10^{-1}$
粉　砂	0.5~1.0	$6\times10^{-4}\sim1\times10^{-3}$	无填充物卵石	500~1000	$6\times10^{-1}\sim1\times10$
细　砂	1.0~5.0	$1\times10^{-3}\sim6\times10^{-3}$	稍有裂隙岩石	20~60	$2\times10^{-2}\sim7\times10^{-2}$
中　砂	5.0~20.0	$6\times10^{-3}\sim2\times10^{-2}$	裂隙多的岩石	>60	$>7\times10^{-2}$
均质中砂	35~50	$4\times10^{-2}\sim6\times10^{-2}$			

注 本表资料取自《工程地质手册》，中国建筑工业出版社，1975 年。

2．实验室测定法

将天然土取若干土样，在实验室利用类似达西实验装置（称渗透仪）来施测有关数据，代入公式（10-3）来求得 K 值。采用此法测定天然土的渗透系数时，应保证在取样和操作过程中，不使土的结构状态受到扰动。

3．现场测定法

即在所研究的渗流区域的现场进行实测。野外实测多采用钻孔抽水或灌水试验求得 K 值，这种方法能获得较为符合实际的大面积的平均渗透系数值。

第三节　地下河槽中恒定均匀渗流和非均匀渐变渗流

在不透水基底上的孔隙区域内**具有自由表面的地下水流动**（如图 10-7 所示），**称为地下河槽水流**。该渗流区则称为地下河槽。地下河槽水流是无压渗流。

为简单起见，一般都假定不透水基底为平面，以 i 表示基底的坡度。

地下河槽和一般明渠一样，分为棱柱体地下河槽及非棱柱体地下河槽。地下河槽水流的水力要素不沿流程改变者称为**均匀渗流**，反之为**非均匀渗流**。在非均匀渗流中，若流线近于平行直线者为**非均匀渐变渗流**，反之为**非均匀急变渗流**。地下河槽水流的**自由表面称为浸润面**，其非均匀流动的水面曲线则称为浸润曲线。

一、地下河槽中的均匀渗流

如图 10-8 所示，在底坡为 i 的地下河槽中发生均匀渗流。流线为互相平行的直线，

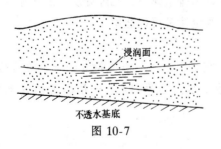

图 10-7

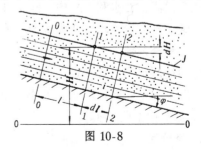

图 10-8

且都平行于不透水垫层。这样，位于同一过水断面上各点的测压管水头 H 相同，而且位于地下水整个流区的水力坡度 J 彼此等值，即：

$$J = -\frac{dH}{dl} = i = 常数$$

由于地下水的点渗透流速 $u = KJ$，故

$$u = Ki = 常数$$

可见地下水均匀流动中，**点的渗透流速全区相同**如图 10-9。因而，过水断面平均渗透流速为

$$v = u = Ki$$

通过过水断面总的渗透流量为

$$Q = KiA_0 = Ki \cdot bh_0$$

则 $\qquad\qquad\qquad\qquad\qquad q = Kih_0 \qquad\qquad\qquad\qquad\qquad (10\text{-}8)$

式中，脚标"0"指属于均匀流；b 为地下河槽宽度；q 为单宽流量。

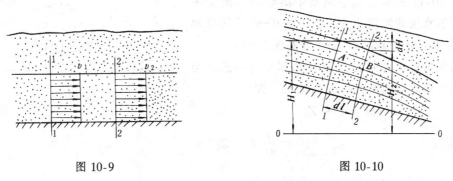

图 10-9 $\qquad\qquad\qquad\qquad\qquad\qquad\qquad\qquad$ 图 10-10

二、地下河槽中非均匀渐变渗流的基本公式——杜比公式

达西定律所给出的计算公式（10-4）及式（10-6）是均匀渗流的断面平均流速及渗流区内任意点的渗流流速的计算公式。对于讨论非均匀渐变渗流的运动规律，还必须建立非均匀渐变渗流的相应计算公式。

如图 10-10 所示为一非均匀渐变渗流，在相距为 dL 的断面 1—1 和 2—2 上分别任取 A、B 两点，A 点测压管水头为 H_1，B 点测压管水头为 H_2，从 A 点至 B 点测压管水头差 $dH = H_2 - H_1$。因在渐变流中，同一过水断面上的各点测压管水头等于常数。则对于此二断面的各点间测压管水头差均为 dH。

由于渐变流流线间夹角小，且流线本身曲率小，可以认为，在断面 1—1 与 2—2 之间，各流线的长度 dl 均相等。当 dl 趋近于无穷小，即得 1—1 断面各点的水力坡度为

$$J = -\frac{dH}{dl} = 常数$$

从而断面 1—1 各点的渗透流速

$$u = KJ = -K\frac{dH}{dl} = 常数$$

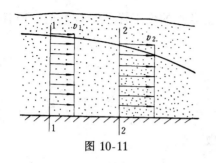

图 10-11

所以断面 1—1 的平均渗透流速，显然为

$$v = u = -K\frac{dH}{dl} \qquad (10\text{-}9)$$

这就是**杜比公式**,该公式表明,在渐变渗流中,**在同一过水断面上各点流速相等并等于断面平均流速**,流速分布图为矩形。但应注意,**不同过水断面上的流速大小则是不相等的**,如图 10-11 所示。

第四节　棱柱体地下河槽中恒定渐变渗流的浸润曲线

一、基本微分方程式

上节已经建立了计算非均匀渐变渗流断面平均流速的杜比公式,现在我们将基于杜比公式来建立非均匀渐变渗流的水力要素沿程的变化关系。

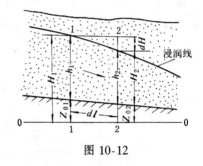

图 10-12

图 10-12 所示为地下河槽中的非均匀渐变渗流,不透水层的坡度为 i,取断面 0—0 及任意两个相距为 dl 的过水断面 1—1 及断面 2—2。

由图可见,水头 H 为渗流水深 h 与不透水层面至基准面之间的铅直距离 Z_0 之和,即

$$H = h + Z_0$$

所以
$$\frac{dH}{dl} = \frac{d}{dl}(h + Z_0) = \frac{dh}{dl} + \frac{dZ_0}{dl}$$

由于 $\dfrac{dZ_0}{dl} = \dfrac{Z_{02} - Z_{01}}{dl} = -i$ 代换后可得

$$\frac{dH}{dl} = \frac{dh}{dl} - i$$

根据杜比公式,断面平均流速为

$$v = -K\left(\frac{dh}{dl} - i\right) = K\left(i - \frac{dh}{dl}\right)$$

渗流流量为

$$Q = AV = AK\left(i - \frac{dh}{dl}\right) \qquad (10\text{-}10)$$

式 (10-10) 就是棱柱体地下河槽恒定非均匀渐变渗流的**基本微分方程式**,可用以分析和计算渐变渗流的浸润曲线。

二、浸润曲线的分析与计算

分析与计算浸润曲线的方法与明渠水面曲线的方法相似。但浸润曲线比明渠水面曲线要简单。

这是由于渗流流速水头可忽略不计,因而渗流的断面单位能量 E_s 实际上就等于渗流

水深 h，E_s 随 h 呈线性变化。如图 10-13，与明渠非均匀流中图 7-4 比较，不存在极小值，也就是说没有临界水深，即无临界坡可言。从而缓坡、陡坡等概念也不复存在。这样，在地下河槽中只有正坡、平坡与逆坡三种底坡类型。在正坡可发生均匀渗流的正常水深 h_0。这样，实际渗流水深 h 的变化范围有两种可能，即 $h > h_0$ 及 $h < h_0$；在平坡和逆坡中因 h_0 也不存在，水深变化范围仅仅只有 $0 < h < \infty$ 一种可能。

由上可知，渗流浸润曲线的形式共有四种。现对上述三个不同底坡类型的四种浸润曲线形式进行分析，并提出相应的计算式。

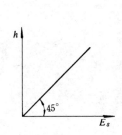

图 10-13

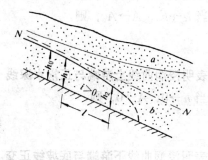

图 10-14

（一）正坡（$i > 0$）

在正坡上如作均匀渗流，此时水深 h_0 沿程不变，其渗流量可用均匀渗流流量公式来代替，即

$$Q = KiA_0$$

将上式代入基本微分方程式（10-10）中，有

$$KiA_0 = KA\left(i - \frac{dh}{dl}\right)$$

得

$$\frac{dh}{dl} = i\left(1 - \frac{A_0}{A}\right) \qquad (10\text{-}11)$$

利用上式分析正坡地下河槽浸润曲线时，首先画出与底坡平行的正常水深线 N—N。如图 10-14 所示，参考线 N—N 将渗流划分为两个区域，实际渗流水深 $h > h_0$ 的称为 a 区，$h < h_0$ 的称为 b 区。

（1）a 区——在正常水深线 N—N 之上的浸润曲线。该区 $h > h_0$，故 $A > A_0$，由式（10-11）得

$$\frac{dh}{dl} > 0$$

可见水深沿流程增加，是**壅水曲线**。

当 $h \to h_0$，$A \to A_0$，则

$$\frac{dh}{dl} \to 0$$

表明浸润曲线的**上游端与正常水深 N—N 渐近**。

当 $h \to \infty$，$A \to \infty$，则

$$\frac{dh}{dl} \rightarrow i$$

表明浸润曲线的下游端是以水平线为渐近线。所以 a 区的浸润曲线是**凹型壅水曲线**。

(2) b 区——在正常水深 N—N 之下的浸润曲线。该区 $h < h_0$，故 $A < A_0$，由式 (10-11) 得

$$\frac{dh}{dl} < 0$$

可见水深沿程减少，故是**降水曲线**。

当 $h \rightarrow h_0$，$A \rightarrow A_0$，则

$$\frac{dh}{dl} \rightarrow 0$$

表明浸润曲线**上游端与正常水深线 N—N 渐近**。

当 $h \rightarrow 0$，$A \rightarrow 0$，则

$$\frac{dh}{dl} \rightarrow -\infty$$

表明浸润曲线**下游端与底坡线正交**。

为了进行浸润曲线计算，需对微分方程式 (10-11) 进行积分。

由于地下水流宽度很大，可作为平面问题处理，且视为矩形地下河槽，这样既具有实际意义，又可使问题大为简化。

对于矩形河槽，$A = bh$，$\frac{A_0}{A} = \frac{h_0}{h}$，令 $\eta = \frac{h}{h_0}$，则 $dh = h_0 d\eta$，将这些关系代入式 (10-11) 进行积分，可得正坡矩形地下河槽浸润曲线计算式为

$$l = \frac{h_0}{i}\left[\eta_2 - \eta_1 + 2.3\lg\frac{\eta_2 - 1}{\eta_1 - 1}\right] \tag{10-12}$$

式中，$\eta_2 = \frac{h_2}{h_0}$，$\eta_1 = \frac{h_1}{h_0}$。

（二）平坡（$i = 0$）

根据基本微分方程式 (10-10)，以 $i = 0$ 代入得

$$\frac{dh}{dl} = -\frac{Q}{KA} \tag{10-13}$$

在这种情况下，N—N 和 K—K 参考线都没有，故只有一个区。由式可知在此区发生**降水曲线，其上游端渐近于水平，下游端理论上垂直于不透水层**，如图 10-15 所示。如地下河槽视为矩形，将式 (10-13) 积分整理后可得平坡矩形河槽浸润曲线的计算式为

$$\frac{ql}{K} = \frac{1}{2}(h_1^2 - h_2^2) \tag{10-14}$$

上式在计算集水廊道和土坝渗流中应用。

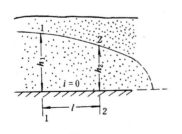

图 10-15

（三）逆坡（$i < 0$）

这种情况和平坡一样，浸润线的类型也只有**降水曲线**。如图 10-16 所示，仍按前述方法，可得逆坡矩形河槽浸润曲线的计算式为

$$\frac{i'L}{h'_0} = \eta'_1 - \eta'_2 + 2.3\lg\frac{1 + \eta'_2}{1 + \eta'_1} \tag{10-15}$$

式中的 i' 为**虚拟底坡**，其大小与讨论的逆坡的绝对值相等。在虚拟的底坡（正坡）上，通过单宽流量 q 时的**均匀流水深为 h'_0**。

$$\eta'_1 = \frac{h_1}{h'_0}, \quad \eta'_2 = \frac{h_2}{h'_0}$$

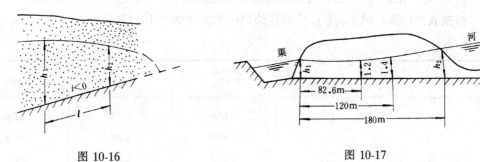

图 10-16　　　　　　　　　　　　　　图 10-17

例 10-1　如图10-17 所示，在渠道与河流之间为一透水的土层，其不透水层基底的坡度 i 为 0.02，土层的渗透系数 K 为 0.005cm/s，渠河之间距离 l 为 180m，自渠中渗出之地下水水深 h_1 为 1.0m，流入河道时地下水水深 h_2 为 1.9m，试求每米长渠道向河道的渗流流量并计算浸润曲线。

解　（1）由式（10-8）$q = Kih_0$ 可知，欲求渗流流量，须求正常水深 h_0。

今利用式（10-12）来计算正常水深：

$$L = \frac{h_0}{i}\left[\eta_2 - \eta_1 + 2.3\lg\frac{\eta_2 - 1}{\eta_1 - 1}\right]$$

因 $\eta_2 = \frac{h_2}{h_0}$，$\eta_1 = \frac{h_1}{h_0}$，上式可改写为

$$h_0\lg\frac{h_2 - h_0}{h_1 - h_0} = \frac{1}{2.3}(iL - h_2 + h_1)$$

将 $h_1 = 1.0$m，$h_2 = 1.9$m 代入上式得

$$h_0\lg\frac{1.9 - h_0}{1.0 - h_0} = \frac{1}{2.3}(0.02 \times 180 - 1.9 + 1.0) = 1.172$$

上式左端为 h_0 的函数，令 $h_0\lg\dfrac{1.9 - h_0}{1.0 - h_0} = f(h_0)$

则　　　　　　　　　　　　$f(h_0) = 1.172$

采用试算法，假定一系列 h_0 值，计算相应的 $f(h_0)$，其结果如表 10-2。

根据表中数据，用内插法求得正常水深 $h_0 = 0.95$m。

每米长渠道内所渗出的流量为

$$q = Kih_0 = 0.00005 \times 0.02 \times 0.95 = 9.5 \times 10^{-7}\text{m}^3/(\text{s}\cdot\text{m})$$

表 10-2

h_0 (m)	$f(h_0) = h_0 \lg \dfrac{1.9-h_0}{1.0-h_0}$
0.92	1.001
0.94	1.131
0.96	1.315

（2）计算浸润曲线　因 $h_1 > h_0$ 故浸润曲线为壅水曲线，起始水深 $h_1 = 1.0$m，假定一系列的 h_2 值，由式（10-12）可以计算出相应的距离 L，计算可按表 10-3 进行。

根据表中所算出的 h_2 及 L 值可以绘制浸润曲线如图 10-17 所示。

表 10-3

h_1 (m)	h_2 (m)	$\eta_1 = \dfrac{h_1}{h_0}$	$\eta_2 = \dfrac{h_2}{h_0}$	l (m)
1.0	1.2	1.058	1.27	82.6
1.0	1.4	1.058	1.48	120.0
1.0	1.7	1.058	1.8	159.0
1.0	1.9	1.058	2.01	180.0

第五节　普通井及井群的计算

在地表的无压透水层中所开掘的井称为普通井，若井底直达不透水层的称为普通完全井，若井底没有达到不透水层的则称为不完全井。

一、普通完全井

设含水层位于水平不透水层上，含水层厚度为 H，掘井以后井中初始水位和原地下水位相同。当井中开始抽水后，含水层中地下水开始流向水井，井中水位和周围地下水位开始下降。如果抽水继续进行并且抽水流量保持不变，同时假定含水层体积很大，可以无限制的供给一定流量而不致使含水层厚度 H 有所改变，则流向水井的地下渗流形成恒定流，此时井中水深 h_0 保持不变，周围地下水面降到某一固定位置，形成一恒定的漏斗形浸润面。在所考虑的流动情况下，流向水井的渗流过水断面，乃是一系列的同心圆柱面，通过井轴中心线沿径向的任何剖面上，流动情况都是相同的。如图 10-18 所示，若取任一距井轴为 r 的过水断面，令该断面上含水层厚度为 z，其过水断面积应为 $2\pi rz$，在断面上各处的水力

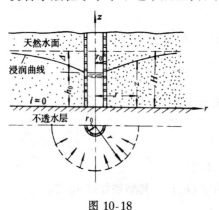

图 10-18

218

坡度为

$$J = \frac{dz}{dr}$$

断面上的平均流速为

$$v = K\frac{dz}{dr}$$

通过的渗流量为

$$Q = 2\pi rzK\frac{dz}{dr}$$

将上式分离变量积分后可得

$$z^2 - h_0^2 = \frac{0.73Q}{K}\lg\frac{r}{r_0} \tag{10-16}$$

利用式（10-16）可绘制沿井的径向剖面的浸润曲线。

设想在距井轴相当距离 R 之后，地下水面不再受到井中抽水的影响，也就是说该处地下水水深保持为 H，这个距离 R 称为**井的影响半径**。如果认为只有影响半径 R 范围内地下水才汇入井中，那么令式(10-16)中 $r = R, z = H$，即可求得井的恒定最大供水流量为

$$Q = K\frac{H^2 - h_0^2}{0.73\lg\dfrac{R}{r_0}} \tag{10-17}$$

从理论上讲，影响半径应为无穷大，但从实用的观点看，可以认为井的影响半径是一个有限的数值。例如当含水层厚度已经非常接近于 H（比如 $95\%H$）的地方，可以认为井的影响到此为止了。

利用式（10-17）计算井的供水量时，必须先确定影响半径 R，在一般初步计算中，R 可用经验公式来估算，即

$$R = 3000\Delta\sqrt{K}$$

$$\Delta = H - h_0$$

式中，Δ 为井的抽水深度，R、Δ 均以 m 计，K 以 m/s 计。

在粗略估计时，影响半径可按下列范围取用：

细粒土　$R = 100\sim200\text{m}$

中粒土　$R = 250\sim700\text{m}$

粗粒土　$R = 700\sim1000\text{m}$

如果在井的附近有河流、湖泊、水库时，影响半径应采用由井至这些水体边缘的距离。

二、不完全井

不完全井的特点是，水流不仅沿井壁周围流入水井，同时也从**井底流入水井**。因此流动情况比较复杂，理论计算尚有困难，目前多采用完全井的计算公式乘以大于 1 的修正系数来计算。

$$Q = \frac{K(H'^2 - t^2)}{0.73\lg\dfrac{R}{r_0}}\left[1 + 7\sqrt{\frac{r_0}{2H'}}\cos\frac{H'\pi}{2H}\right] \tag{10-18}$$

式中符号如图 10-19 中所示。

三、井群

在水利工程中，进行基坑开挖时要降低地下水位，往往打一眼单井是不行的。必须布置许多距离较近的井协同抽水，以达到预期的降低地下水位的目的。这种距离较近、同时工作的组井称为**井群**，如图 10-20 所示。

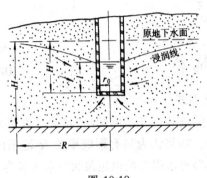
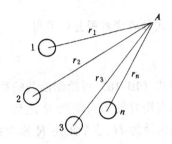

图 10-19　　　　　　　　　　　　　　　图 10-20

在井群区由于井与井相互影响，地下水流及浸润面计算均较复杂。

现在仅讨论一种工作条件最简单的井群，即假定每个井均为完全井，每个井的尺寸相同，抽水流量相同，井与井之间距离很小。这种情况下的井群的总供水能力可用下式计算。

$$Q_0 = 1.36 \frac{K(H^2 - h^2)}{\lg R - \frac{1}{n}\lg(r_1 \cdot r_2 \cdots r_n)} \tag{10-19}$$

式中　　　n——井的数目；

h——渗流区内任意点 A 的含水层厚度（即地下水深度）；

$r_1 \setminus r_2 \cdots r_n$——各水井至 A 点的距离；

R——井群的影响半径，可按单井的影响半径计算；

H——原含水层的厚度。

利用式(10-19)计算井群供水能力时，须已知某一指定位置的地下水深 h 值。

每一个井的供水能力 $Q = \dfrac{Q_0}{n}$。

当已知井群的总抽水量 Q_0 时，利用式(10-19)亦可计算在渗流区内任意点的地下水深度 h 值。

例 10-2　为在野外实测土层的渗透系数，在该区域打一口井，并沿井半径方向设置钻孔两个如图 10-21 所示。然后用抽水机从井中抽水，待抽水持续一定时间使流量及井和钻孔中水位均已恒定不变之后，测得钻孔中水深 $h_1 = 2.6$m，$h_2 = 2.2$m，抽水流量 $Q = 0.0025$m³/s，已知钻孔中心距井中心的距离 $r_1 = 60$m，$r_2 = 15$m，求井区附近土层的渗透系数。

解　根据完全井的计算公式有

$$h_1^2 - h_2^2 = \frac{0.73Q}{K}\lg\frac{r_1}{r_2}$$

故
$$K = \frac{0.73Q}{h_1^2 - h_2^2}\lg\frac{r_1}{r_2} = \frac{0.73 \times 0.0025}{2.6^2 - 2.2^2}\lg\frac{60}{15}$$
$$= 0.000572\text{m/s}$$

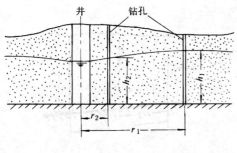

图 10-21

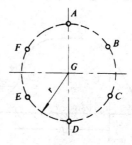

图 10-22

例 10-3 如图所示。一布置在半径 $r = 20\text{m}$ 的圆内接六边形上的六个无压完全井井群,用于降低地下水位。已知含水层厚度 $H = 15\text{m}$,土壤为中砂,其渗透系数 $K = 0.01\text{cm/s}$,影响半径 $R = 500\text{m}$,今欲使中心 G 点的地下水位降低 5m,试求各井的抽水量(假设各井的出水量相等)。

解 依题意井群中心 G 点的地下水位为
$$h = H - 5 = 15 - 5 = 10\text{m}$$
由公式(10-19)计算总供水量为
$$Q_0 = 1.36\frac{K(H^2 - h^2)}{\lg R - \frac{1}{n}\lg(r_1 \cdot r_2 \cdots r_n)}$$
$$= 1.36\frac{1 \times 10^{-4}(15^2 - 10^2)}{\lg 50 - \frac{1}{6}\lg(20)^6}$$
$$= 0.01219\text{m}^3/\text{s}$$

各井抽水量
$$Q = \frac{Q_0}{n} = \frac{0.01219}{6} = 2.03 \times 10^{-3}\text{m}^3/\text{s}$$

习   题

10-1 如图 10-23 所示,两水池 A、B,中间为一水平不透水层上的砂壤土山丘。已知 A 水池水位为 15m,B 水池水位为 10m,不透水层高程为 5m,砂壤土的渗透系数 $K = 0.0005\text{cm/s}$,两水池间的距离 $l = 500\text{m}$,求单宽渗流量 q。

10-2 一不透水层底坡 $i = 0.0025$,土壤渗流系数 $K = 5 \times 10^{-3}\text{cm/s}$,在相距 500m 的两个钻孔中水深分别为 $h_1 = 3\text{m}$,$h_2 = 2\text{m}$,试求单宽渗流 q 及 $L = 250\text{m}$ 处水深 h(图 10-24)。

10-3 有一普通完全井,半径 $r_0 = 0.1\text{m}$,$H = 8\text{m}$,$h_0 = 2\text{m}$,渗流系数 $K =$

0.001cm/s，影响半径 $R = 200$m，求渗流量 Q。

10-4 为降低基坑地下水位，在基坑周围布设8个普通完全井，沿矩形边界排列，如图 10-25 所示，各井抽水量相等，总流量为 $Q_0 = 0.02$m³/s，井的半径为 $r_0 = 0.15$m，地下水含水层厚度 $H = 15$m，渗流系数 $K = 0.001$m/s，设井群的影响半径为 $R = 500$m，求井群中心点 O 处地下水位降落值 Δh。

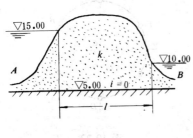

图 10-23

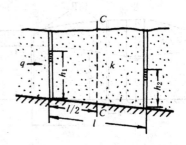

图 10-24

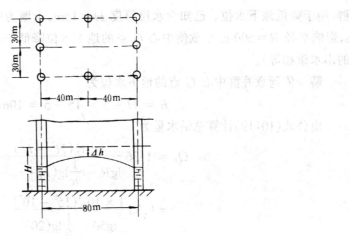

图 10-25

第十一章 高速水流简介

第一节 高速水流的脉动压强

一、脉动压强及其对建筑物的影响

高速紊流的内部是由无数个运动着的大小不等的漩涡组成。这些漩涡除了随水流的总趋势向某一方向运动外，还有旋转、震荡，水流的各质点亦随着漩涡运动、旋转、震荡。

同时，水流质点强烈的紊动就产生流速和动水压强的脉动。图 11-1 为实测高速水流中某点动水压强随时间变化的压强波形图。在高速情况下，由于流速大、涡体旋转、震荡速度也很大，质点横向运动强烈，所以水流的流速及压强的脉动剧烈。

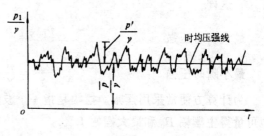

图 11-1

由图 11-1 可看出：动水压强的大小是围绕一个平均值脉动。我们把瞬时测出的压强称为**瞬时压强**（p），其平均值 $\bar{p}$ 称为**时均压强**，瞬时压强和时均压强之差称为**脉动压强**（p'）。前述各章仅研究了时均流速和时均压强，由于高速水流紊动强烈，压强脉动对建筑物的下述影响往往是不容忽视的：

（1）增加建筑物的瞬时荷载 例如，我国曾对某运行中的高压泄水钢管实测，测得最大的瞬时压强竟达时均压强的 1.43 倍。显然，在这种情况下，建筑物设计中必须考虑脉动压强。

（2）增加空蚀的可能性 当时均压强虽未降低到产生空穴的数值，但由于瞬时压强有时低于时均压强相当多，这时，也会发生空穴。这样就增加了建筑物空蚀破坏的可能性。

（3）可能引起建筑物的振动 由于压强脉动具有周期性，当动水压强的脉动频率与建筑物自振频率一致或非常接近时，有可能引起共振，甚至导致水工建筑物破坏。特别是在设计轻型结构时要注意这个问题。

二、脉动压强的量度和估算

为了研究脉动压强对水工建筑物的影响，首先介绍度量脉动压强的两个主要参数——频率和振幅。

压强波形图是由波峰、波谷相间组成的。相邻的一对波峰和波谷构成一个波。一个波所经历的时间 T，叫这个波的**周期**。周期的倒数 $1/T$，为这个波的**频率** f，它表明每秒钟振动波发生的次数。例如，图 11-2 中 a 点到 b 点的周期为 T，若 $T=0.0625s$，则它的频率 $f=\dfrac{1}{T}=\dfrac{1}{0.0625}=16$ 次/秒，即每秒钟发生 16 个由波峰、波谷组成的波。

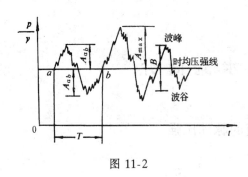
图 11-2

振幅是指波峰（或波谷）到时均压强线的高度，如图 11-2 中的 A_{ab} 值。

实测的压强波形图中，有振幅较大、频率较低的大脉动和振幅较小、频率较高的小脉动，其中的大脉动对建筑物具有更大的影响和作用。出现次数最多的大脉动的频率称为**主频率** f_0。与主频率相应的振幅称为**主振幅** A_0。波形图中所有各波的振幅中最大的一个称为**最大振幅** $A_{\max}$。

在考虑脉动压强对建筑物瞬时荷载的增加和对空穴的影响时，都应采用最大压强振幅 $A_{\max}$，这样

最大瞬时压强
$$\frac{p_{\max}}{\gamma} = \frac{\bar{p}}{\gamma} + A_{\max} \tag{11-1}$$

最小瞬时压强
$$\frac{p_{\min}}{\gamma} = \frac{\bar{p}}{\gamma} - A_{\max} \tag{11-2}$$

为计算方便常采用摆幅。摆幅是指一个波的波谷底点到波峰顶点的高度。由波形图中也可量得主摆幅 B_0 和最大摆幅 $B_{\max}$。

由摆幅推求振幅，可按下列经验关系
最大脉动压强振幅
$$A_{\max} = (0.65 \sim 0.7)B_{\max} \tag{11-3}$$

最大脉动压强摆幅
$$B_{\max} = \beta \frac{v^2}{2g} \tag{11-4}$$

式中 v——所求边界处的断面平均流速；

β——脉动系数。

β 与水流边界条件有关，它受上游进口型式、边界粗糙度、过水断面形式等影响。国内外对各种边界条件下的脉动压强，进行了大量的观测试验，将现有的原型观测及模型试验资料综合于表 11-1，供估算时参考。

在建筑物设计中，考虑与最大振幅相应的脉动压强，这是最危险的状态，但由于这种状态出现的时间很短，有的也采用按平均振幅计算脉动压强。

三、减轻脉动压强的措施

主要是合理地设计边界的线型，避免水流突然转折。在高压闸门后安设足够大的通气孔，通入足够的空气，以避免产生高度真空和振动。在隧洞中还要避免明流和压力流交替产生的不稳定情况。

例 11-1 溢流坝挑坎反弧段某处，水流的断面平均流速 $v = 21.4\text{m/s}$，时均压强 $\bar{p} = 121.5\text{kPa}$，试估算该处的最大瞬时脉动压强为多少？

解 在反弧段水流虽有急剧变化，但不分离，故从表 11-1 查取脉动系数 $\beta = 0.10$，据此可估算。

最大脉动摆幅
$$B_{\max} = \beta \frac{v^2}{2g} = 0.1 \times \frac{21.4^2}{19.6} = 2.34\text{m}$$

表 11-1 **脉 动 系 数 β 和 主 频 率 f₀ 估 算 表**

边 界 情 况	脉 动 系 数 β	主频率 f_0（次/秒）
光滑坝面和陡槽的明槽渐变流	0.05	30~32
明流有急剧变化的区域 　1. 水流与边界不分离 　2. 水流与边界分离并有漩涡 　　(1)水流流过轮廓线较圆滑的表面(如轮廓线较圆 　　　滑的消能工、溢流表面的局部凹凸不平等) 　　(2)水流流过轮廓线很不圆滑的表面,主流脱离边 　　　界,发生大的漩涡或在水跃区	0.10 0.20~0.30 0.40~0.50	 <10
压力管流 　1. 轮廓线平顺 　2. 轮廓线急剧变化	0.06~0.10 ≥0.18	20~30

最大脉动振幅　　　　$A_{max} = 0.7 B_{max} = 0.7 \times 2.34 = 1.64\text{m}$

最大瞬时压强　　　　$\dfrac{p_{max}}{\gamma} = \dfrac{p}{\gamma} + A_{max} = \dfrac{121.5}{9.8} + 1.64 = 14.04\text{m}$

即　　　　　　　　　　　　　$p_{max} = 137.6\text{kPa}$

例 11-2 已测得某闸槽处的时均真空高度 $\bar{p}_真/\gamma = 2\text{m}$，闸槽处的断面平均流速 $v = 20\text{m/s}$，问该处的最小瞬时压强估计为多少？

解 根据表 11-1，闸槽处水流与边界分离，但漩涡区不大，估计脉动系数可取 $\beta = 0.35$，则

最大脉动摆幅　　　　$B_{max} = \beta \dfrac{v^2}{2g} = 0.35 \times \dfrac{20^2}{19.6} = 7.15\text{m}$

最大脉动振幅　　　　$A_{max} = 0.7 B_{max} = 0.7 \times 7.15 = 5.0\text{m}$

最小瞬时压强　　　　$\dfrac{p_{min}}{\gamma} = \dfrac{\bar{p}}{\gamma} - A_{max} = -2 - 5 = -7\text{m}$

即　　　　　　　　　　　　　$\dfrac{p_真}{\gamma} = 7\text{m}（水柱）$

第二节　高速明流的掺气

一、高速明流的掺气现象和对水工建筑物的影响

高水头的明流泄水道，如溢流坝、陡槽、明流隧洞等，在泄放高速水流中，空气常会大量掺入水流，形成乳白色的水气混合流动，这种水流称为**掺气水流**。

通过观测得知,掺气水流可分为三个区:最上部是腾空而起的带雾状的水滴,叫**水滴区**;当中是含有许多气泡的水流,叫**掺气区**;最下部是**纯水区**(或清水区)如图 11-3 所示。**水滴区与掺气区的交界面是一个具有激烈的阵发性波动的表面,习惯上以这个交界面近似地作**

为掺气水流的表面。掺气水流的水深 h_a 是以这个表面的平均位置为准向下量算的。

水流掺气后，改变了水流原有的水流特性，对水工建筑物产生的影响有：

1）水流掺气，体积膨胀，水深增加，要求明槽边墙高度增加；在明流隧洞，则要求

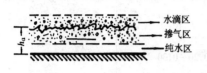

图 11-3

增加断面净空，加大开挖断面，以免由于隧洞过流断面不足引起水流封顶，造成明流与满流周期性交替的不稳定状态。这时会出现不稳定的气囊，使隧洞顶部将受到正、负压的交替变化作用，还可能引起隧洞的振动和工作闸门的振动，流态不稳定对下游消能也起着不良影响。

2）水流掺气，消耗部分能量，且水气混合流的比重较小，将减少冲刷坑的深度。

3）水流掺气，可减轻或消除空蚀。

此外，掺气水流的水流特性、运动规律都有所改变，在设计高水头泄水建筑物时，对掺气水流有所了解是很必要的。

二、掺气水深的计算

掺气水流是水气的混合流动，它破坏了水流的连续性，从理论上分析是很复杂的。工程上，对于明槽中的掺气水流，主要是解决掺气后的水深和流速的计算问题。目前，掺气水流的流速一般仍按清水计算，不考虑掺气影响。掺气水深的计算，目前设计中多为参考一些原型观测和试验资料所得的经验公式。

（一）陡槽和溢流堰面掺气水深的计算

通常掺气水深以 h_a 表示，不含气的清水深度以 h 表示。令掺气水流的含水比为 β

$$\beta = \frac{h}{h_a} \qquad (11\text{-}5)$$

如果知道 β 值，则可由不含气的水深 h，推算出掺气后的深度

$$h_a = \frac{h}{\beta}$$

根据原型观测和试验资料分析，一般认为含水比 β 主要与佛汝德数 Fr 和槽壁的粗糙度有关。目前，确定 β 值的经验公式不少，工程上应用较广的，有总结原型陡槽掺气资料得到的霍尔公式[●]

$$\beta = \frac{1}{1 + k\dfrac{v^2}{gR}} \qquad (11\text{-}6)$$

式中　v、R——按不掺气水流计算的断面平均流速和水力半径；

　　　k——系数，取决于槽壁材料的性质，见表 11-2。

表 11-2　　　　系数 k 值表

槽 壁 材 料	k
木　槽	0.003～0.004
普通混凝土	0.004～0.006
粗混凝土或光滑砌石	0.008～0.0012
粗砌石或水泥块石	0.015～0.020

● 《高速水流论文译丛》，第一辑，第一册，科学出版社，1958 年。

对于溢流坝面,1977年我国制定的《混凝土重力坝设计规范》规定用下式计算掺气水深

$$h_a = \left(1 + \frac{\eta v}{100}\right) h \qquad (11\text{-}7)$$

式中 η——掺气修正系数,一般为1.0～1.4,视流速和断面收缩情况而定。当流速大于
20m/s时,宜采用较大值;

h——不含气的清水深度。

（二）深孔闸门后无压隧洞掺气水深的计算

深孔闸门后,进入底坡平缓的明流隧洞的水流与陡槽、溢流堰面水流特点不同,它在
闸门处的流速很高,以后水深沿程增加,流速沿程减
小。有些实测资料论定,深孔闸门后掺气增加的水深 Δh
$= h_a - h$ 远小于陡槽和溢流堰面增加的水深。柴恭纯根
据实测资料,提出掺气水深为[1]

$$h_a = h + \Delta h \qquad (11\text{-}8)$$

式中 h——未掺气的清水深;

Δh——掺气水深。

对于 $n = 0.014$ 的混凝土隧洞,可按式（11-9）算
得 A 值,再根据 A 值由图11-4查出 Δh

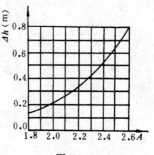

图 11-4

$$A = 1.77 + 0.0081 \frac{v^2}{gR} \qquad (11\text{-}9)$$

式中 $\dfrac{v^2}{gR}$——未掺气水流的 Fr^2,此计算方法适用范围是:$h > 1.2\mathrm{m}$;$0.6\mathrm{m} < R < 1.4\mathrm{m}$;
$15\mathrm{m/s} < v < 30\mathrm{m/s}$。

设计无压隧洞时,为防止产生明、满流交替的有害作用,必须留有足够的洞顶净空,
其高度至少为0.4m,或不小于隧洞断面高度的0.15倍。较高流速的隧洞,应使掺气水面
线以上的净空面积为隧洞过水断面积的15%～25%,具体可根据流速和水深的大小来选
定。

例 11-3 混凝土溢洪道陡槽某断面,清水深 $h = 2\mathrm{m}$,底宽 $b = 10\mathrm{m}$,断面平均流速
$v = 29.0\mathrm{m/s}$,试计算掺气水深 h_a。

解 （1）用霍尔公式计算

根据槽壁为混凝土,查表11-2,选 $k = 0.005$

水力半径 $R = \dfrac{A}{\chi} = \dfrac{20}{14} = 1.43\mathrm{m}$

含水比 $\beta = \dfrac{1}{1 + k \dfrac{v^2}{gR}} = \dfrac{1}{1 + 0.005 \times \dfrac{29^2}{9.8 \times 1.43}} = 0.769$

掺气水深 $h_a = \dfrac{h}{\beta} = \dfrac{2}{0.769} = 2.6\mathrm{m}$

---

[1] 柴恭纯:《深孔闸后矩形槽非均匀流掺气水面线的计算法》水利学报、1965年、第二期。

（2）用式（11-7）计算

由 $v = 29.0 \text{m/s}$ 初步选用 $\eta = 1.13$，则掺气水深为

$$h_a = \left(1 + \frac{\eta v}{100}\right)h = \left(1 + \frac{1.13 \times 29}{100}\right) \times 2 = 2.66 \text{m}$$

例 11-4 某压力隧洞出口用弧形闸门控制，门后接拱形明流隧洞，底坡水平。压力洞出口末端为矩形断面，高为 5.0m，宽 $b = 3.6$m，糙率 $n = 0.014$，按非均匀流推算得闸后某断面清水水深 $h = 5.74$m，最大流量 $Q = 600 \text{m}^3/\text{s}$，求该断面的掺气水深。

解 因明流隧洞过水部分为矩形断面，故根据所给的条件可求得：

$$A = bh = 3.6 \times 5.74 = 20.6 \text{m}^2$$

$$\chi = b + 2h = 3.6 + 2 \times 5.74 = 15.08 \text{m}$$

$$R = \frac{A}{\chi} = \frac{20.6}{15.08} = 1.365 \text{m}$$

$$v = \frac{Q}{A} = \frac{600}{20.6} = 29.1 \text{m/s}$$

$$\frac{v^2}{gR} = \frac{29.1^2}{9.8 \times 1.365} = 63.5$$

系数 $\qquad A = 1.77 + 0.0081 \frac{v^2}{gR} = 1.77 + 0.0081 \times 63.5 = 2.28$

由图 11-4 查得 $\Delta h = 0.38$m，因此掺气水深为

$$h_a = h + \Delta h = 5.74 + 0.38 = 6.12 \text{m}$$

第三节　空穴与空蚀

一、高水头泄水建筑物的空蚀现象

高水头泄水建筑物的某些部位，如泄洪洞反弧及其下游、底孔闸门下游、闸门槽附近、溢流坝顶部或坝面不平整处、消力墩侧面、背面及附近底板等处，当高速水流通过后，常发生固体边界的剥蚀，这种现象称为**空蚀**。空蚀损坏了水工建筑物的完整性，削弱了结构的受力能力，如不及时采取措施，发展下去，就有可能招致工程的破坏。例如美国胡佛泄洪隧洞，直径 15.2m，设计泄水能力 5630m³/s，运用四个月，平均流量 382m³/s（其中有几小时流量达 1076m³/s），停水检查发现斜洞接平洞的反弧段及其下游严重破坏，出现了长 34.5m、宽 9m、深 13.5m 的大深坑，破坏区的流速达 46m/s。国内外水工建筑物和水力机械发生空蚀的例子是很多的（图 11-5）。因此，对高速水流的空蚀问题必须引起足够的重视。

二、产生空蚀的原因和易于空蚀的部位

研究产生空蚀的原因是避免或减轻空蚀的前提。目前，已有足够的工程和试验的观测资料证明，空蚀是由高速水流中空穴突然溃灭，对建筑物边界连续的机械作用引起的剥蚀破坏。

（a） （b）

图 11-5

（一）产生空蚀的原因

前已指出，空蚀是由于高速水流中空穴突然溃灭时对边界材料的破坏。高速水流中的空穴又是怎样产生的呢？空穴是水流局部地区的压强降低到一定程度，水流气化而产生的。在标准大气压下，当温度升至100℃时水就沸腾，气化为蒸汽。但在高山上，温度还没有升至100℃，水就沸腾。即水发生气化的条件是决定于温度和压强两个因素。**在一定温度下，当压强降至某个数值，水开始气化，这时的压强叫做相应于该温度的蒸汽压强，以 p_v 表示。**表11-3是用绝对压强表示的水的蒸汽压强值。

表 11-3　　　　　　　　　　水的蒸汽压强（绝对压强）值

温　度　（℃）	100	90	80	70	60	50	40	30	20	10	5	0
蒸汽压强 p_v（米水柱）	10.33	7.15	4.83	3.18	2.03	1.26	0.75	0.43	0.24	0.12	0.09	0.06

当水流中某一局部地区的动水压强降低到相应当时水温的蒸汽压强时，该处的水则气化为蒸汽，**这种由于压强降低水流中冒泡的过程称为空化或空化现象，由于空化所形成的空洞称为空穴。**因为水流中不同程度地含有空气，当水流的压强降低后，这些空气会分离出来，能使空穴提早形成，即在压强大于 p_v 时就已发生空穴。

空穴在低压区产生后，气泡被高速水流带到下游，当气泡进入下游压强较大的区域，受到周围水体的压缩，气泡骤然溃灭，这时气泡周围的质点以极大的速度向气泡内部冲击。显然，冲击到气泡内部的水，在气泡中相遇时其速度瞬时变为零，产生巨大的冲击力，假若气泡溃灭发生在固体边壁的附近，这个边界面就受到这种巨大的冲击力作用。**低压气泡继续流来、溃灭，冲击力不断产生，不断地捶击，引起壁面脆性材料的断裂和韧性材料的疲劳破坏而发生剥蚀，这种对边壁的破坏称为空蚀。**

从空穴与空蚀的关系来看，空穴产生在水流低压区，是造成空蚀的前提；空蚀发生在固体边界上，是在高压区内空穴溃灭所产生的冲击力对固体边界不断作用的结果。

水流产生空穴以后，除了可能引起边界的空蚀破坏以外，由于空穴的存在，还破坏了水流的连续性。在高速旋转的水泵、水轮机中产生空穴后，效率就会降低。在空穴流中，压强和流速等都会发生周期性的剧烈升降，还可能引起机械和建筑物的振动，同时也常发生很大的噪音。这些都给水力机械和水工建筑物的设计带来新的问题。所以，发生空穴的条件和防止空蚀作用的研究就很重要。

（二）易于发生空蚀的部位

空穴是造成空蚀的前提，空穴在低压区出现。关于低压区的部位，可以根据能量守恒和转化规律进行分析。若不计能量损失，微小流束的能量方程为

$$z + \frac{p}{\gamma} + \frac{u^2}{2g} = \text{常数}$$

它清楚地说明：低压区出现在位置高和流速较大的地方。因此，建筑物顶部较底部容易发生空蚀；水轮机的安装高出下游尾水位愈多，尾水管发生空蚀的可能性愈大。

在边界轮廓变化，局部流速很大处，特别在边界突然变化或变化较急时，水流发生脱离现象，常常伴有局部低压漩涡区，在漩涡区下游就容易发生空蚀。例如在门槽下游、消力墩顶面和侧面、隧洞岔管处（图11-6）。

除上述原因外，建筑物过水表面不平整是另一引起空蚀的重要原因。工程施工中，在建筑物表面留下的局部突坎、凹陷，或残留的突起物如钢筋头等，当高速水流经过这些突起物时，就会出现局部脱离，引起很大的局部负压而发生空蚀（图11-7）。

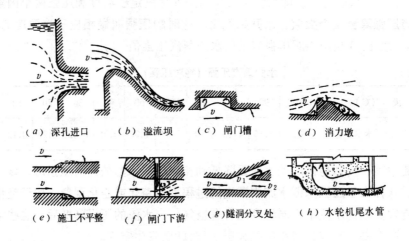

（a）深孔进口　　（b）溢流坝　　（c）闸门槽　　（d）消力墩

（e）施工不平整　　（f）闸门下游　　（g）隧洞分叉处　　（h）水轮机尾水管

图 11-6

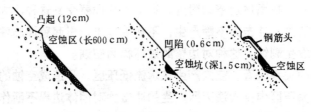

图 11-7

三、空穴数

设计高流速泄水建筑物时，需要预估建筑物建成运用时会不会发生空蚀，这就要求预估水流中是否会发生空穴的问题。实践中常采用一个纯数，作为衡量实际水流趋向发生空穴程度的指标，叫**空穴数**，以 σ 表示。空穴数的一般形式为

$$\sigma = \frac{p - p_v}{\frac{1}{2}\rho v^2} = \frac{\dfrac{p}{\gamma} - \dfrac{p_v}{\gamma}}{\dfrac{v^2}{2g}} \tag{11-10}$$

式中 p、$\dfrac{p}{\gamma}$——水流未受到边界局部变化影响处的绝对压强及相应的压强水头；

$\quad\quad p_v$、$\dfrac{p_v}{\gamma}$——与水温相对应的水的绝对蒸汽压强及其相应的压强水头；

$\quad\quad \rho$、g——水的密度和重力加速度；

$\quad\quad v$——水流未受到边界局部变化影响处的流速。

显然，对于一定的水流就可算出相应的空穴数。在水温变化不大时，流速愈大、压强 $p\left(\text{或}\dfrac{p}{\gamma}\right)$ 愈小时，空穴数 σ 愈小，愈趋向于发生空穴。

当空穴数 σ 降至某一数值 σ_K 时，开始发生空穴，这时的空穴数 σ_K 称为**初生空穴数**（或**临界空穴数**）。当实际水流的空穴数 $\sigma < \sigma_K$ 时，就要发生空穴现象。值得注意的是，边界条件不同，流速和压强分布不同，初生空穴数 σ_K 就不一样。通常各种边界条件下水流的初生空穴数要通过试验来确定。图 11-8 所示为斜坡、三角体两种表面不平整型式相应的初生空穴数的试验曲线。

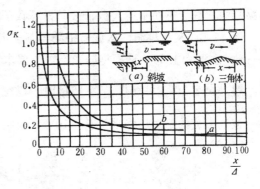

图 11-8

对于闸槽，根据实验资料表明，一般矩形闸槽 $\sigma_K \approx 2.0$，改进后的闸槽初生空穴数可降至 0.6。

对于不同的边界形状，初生空穴数 σ_K 较小的，它出现空穴的可能性就较小。因此，可以通过初生空穴数的比较，来选定抗蚀较好的过水边界型式。同时，也可以根据图 11-8，推算不产生空蚀，在施工中应达到的平整度。

四、避免或减轻空蚀的方法

1）修改边界形状以提高低压区的压强。特别要注意尽可能避免发生脱离现象。目前，对隧洞进口曲线和闸槽的空穴性能都有一些研究成果❶。

2）提高建筑物表面平整度。在凸起处应研磨成具有一定坡度的平面，施工后过水表

---

❶ 《泄洪洞曲面空穴性能的研究总结》水电部科学研究所水利室水工组。

面不应有钢筋头等突起物。

3）人工通气。实践证明，水流掺气有减轻负压的作用，同时可缓冲空穴溃灭时的冲击力，从而减少产生穴蚀的可能性。有人试验，当水中掺气量为 1.5% ~2.0% 时，试件空蚀破坏减少 1/10；当掺气量达到 7% ~8% 时，则空蚀现象基本消失。这说明人工通气是减轻或避免空蚀的有效办法。近 20 年来，不少高水头的溢流坝和泄水洞已研究采用此措施。

4）使用高强度或其它适当材料衬护，可减轻剥蚀，延长机械和建筑物的寿命。

例 11-5 某隧洞的事故检修闸门，门槽处来水相对压强 $p=24.7m$ 水柱，来水流速 $v=17.2m/s$，该门槽宽深比为 2.5，根据试验研究和其初生空穴数 $\sigma_K=0.9$，问在 20℃ 水温下，该门槽是否会发生空穴？

解 在 20℃ 时，以绝对压强表示的蒸汽压强水头，由表 10-3 查到：$\frac{p_v}{\gamma}=0.24m$。表 11-3 是采用标准大气压 $\frac{p_v}{\gamma}=10.33m$ 计算的。这样，以绝对压强表示的来流压强水头 $\frac{p}{\gamma}=10.33+24.7=35.03m$，则来流空穴数

$$\sigma=\frac{\frac{p}{\gamma}-\frac{p_v}{\gamma}}{\frac{v^2}{2g}}=\frac{35.03-0.24}{\frac{17.2^2}{19.6}}=2.31>\sigma_K=0.9$$

即来流空穴数大于初生空穴数，故门槽不致于发生空穴现象。

例 11-6 某泄洪洞，从试验中测得某段上相对压强水头为 1.0m，断面平均流速 $v=27m/s$，水温为 15℃。试根据防止空蚀的要求，推算允许的突体宽高比。

解 由表 10-3 可查得，当 15℃ 时，以绝对压强表示的水的蒸汽压强水头 $\frac{p_v}{\gamma}=0.18$ 米。该处来流的绝对压强水头 $\frac{p}{\gamma}=10.33+1=11.33m$，则来流空穴数为

$$\sigma=\frac{\frac{p}{\gamma}-\frac{p_v}{\gamma}}{\frac{v^2}{2g}}=\frac{11.33-0.18}{\frac{27^2}{19.6}}=0.30$$

显然，如果突体的初生空穴数 $\sigma_K>0.30$，就可能出现空穴。由图 11-8 的曲线查得：当 $\sigma_K=0.30$ 时，斜坡突体 $\frac{x}{\Delta}=13$，三角形突体 $\frac{x}{\Delta}=25$。这意味着突出高度 $\Delta=1cm$ 时，斜坡突体水平长度 $x>13cm$、三角突体水平长度 $x>25cm$ 时，才能防止空蚀。

第四节　明槽急流冲击波现象

溢洪道或陡槽中的明槽急流，在边界稍有偏转或槽中设有局部障碍物（如墩、坎等）时，便受到扰动作用，使下游形成局部的波浪，在平面上出现一道道波条、且相交成菱形，这种现象叫做冲击波。

河岸式溢洪道或陡槽，当受地形限制或工程上要求，从布置上设闸墩、收缩段、扩散段或弯道时，槽中的急流便会从边界改变处开始出现冲击波现象。冲击波一经发生，水面不仅沿纵向起伏变化，而且使横断面上的水深也发生局部急剧涌高。因此，要求增高陡槽边墙的高度、增加工程造价。另一方面，当冲击波传至下游出口，由于水股部分集中，给下游消能增加困难。因此，在设计急流明槽时，应对冲击波问题给予应有的注意。冲击波问题相当复杂，这里只作些定性的说明。

现以矩形明槽为例来说明当边墙向水流内部作微小转折时的水流现象。由于急流具有很大的惯性，边界对水流影响很灵敏，水流与边界的相互作用表现得十分明显。当明槽急流遇到边墙转角阻碍，便对边墙起冲击作用。反之，边墙也对水流施加反力，迫使水流沿边墙转向，这样便造成水面局部壅高。这种水流的扰动以波的形式在明槽中传播。在急流中，它一方面向下游传播，另一方面还要横向传播。由于水流正以大于波速的速度向前运动，因此，距边界的距离愈远，扰动到达的位置愈靠下游。这样，在平面上（图

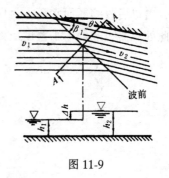

图 11-9

11-9）便形成一条斜分界线叫扰动线，也称为波前。扰动线和原来水流方向所夹的角度 β_1，叫做波角。扰动线以下的区域发生水面壅高。

相反，当边墙向水流外部偏转时，由于水流失去边墙的依托，水面发生跌落，同样也形成相似的扰动线，扰动线以下的区域发生水面跌落。扰动线保持一定的波角斜贯下游，遇到对岸边墙又反射回来，这样继续下去，便形成一系列的波。由于水工建筑物中各种边界造成的扰动是相互影响的，这些扰动完全具有波的特性，相互干扰，从而使波动加强或减弱，当传至边墙时又发生反射，结果形成复杂的情况和菱形的水面波动现象（图 11-9）。

当矩形陡槽的弯段用圆弧曲线连接两个直段时，同样也要发生冲击波。这种局部水深壅高，使原来水深大大增加，随着流量的变化，其位置也有所变化，而且，冲击波影响很远，特别在弯道曲率半径与槽宽的比值较小时，影响更是严重。为了防止冲击波引起水流漫溢而加高边墙是不经济的，因此，设计急流陡槽应尽量避免布置弯段。在高速明流隧洞，更应避免布置弯段。陡槽中无法避免布置弯段时以及由于设计要求需要布置收缩或扩散段时，应研究采用消减冲击波的措施，最后通过模型试验改进落实。

习　　题

11-1　某陡槽的水流平均流速 $v=17.5\text{m/s}$，时均压强 $p=47\text{kPa}$，试估算该处的最大瞬时压强为多少？

11-2　已测得闸后侧壁处的时均真空高度 $\dfrac{\overline{p_{\text{真}}}}{\gamma}=2.5\text{m}$，断面平均流速 $v=22\text{m/s}$，问该处的最小瞬时压强为多少？

11-3 某混凝土溢洪道矩形断面陡槽，在 $0+644$ 断面的水深 $h=3.30\text{m}$，底宽 $b=15\text{m}$，断面平均流速 $v=22.3\text{m/s}$，试计算其掺气水深。

11-4 求例 10-4 中闸后 62m，清水水深 $h=5.58\text{m}$ 的掺气水深。

11-5 某底孔检修闸门门槽处，来流相对压强为 213kPa，来流的断面平均流速 $v=16.4\text{m/s}$，若该门槽的初生空穴数 $\sigma_K=1.14$，问在 20℃ 水温下，该门槽处是否会发生空穴现象？

11-6 某高水头泄水隧洞，工作闸门后为明流，在设计水位下，工作闸门在小开度时，出口后收缩断面水深 $h_c=0.35\text{m}$，断面平均流速 $v=35\text{m/s}$，若要避免发生空穴，问对此处混凝土表面不平整度应如何要求？

第十二章 水力学模型试验基础

第一节 概 述

一、水力学模型试验的意义和作用

通常，把天然水流和实际建筑物，称为**原型**。把仿照原型（实物）按一定比例关系缩小（或放大）的代表物，称为**模型**。

水力学模型试验，是依据相似原理把水工建筑物的原型按一定比例缩小制成模型，模拟与天然情况相似的水流进行观测和分析研究，然后将模型试验的成果换算和应用到原型中，分析判断原型的情况。

水力学模型试验是人们在水利科学领域里正确认识水流运动规律的一个重要途径。上述各章在论述水流运动的规律中，引用了许多前人模型试验方面的成果，这说明模型试验对水力学的发展是有重要意义的。

另外，水力学模型试验也是水利水电工程设计中的重要工具和有效辅助手段。近年来，由于水力学与流体力学等学科的发展和电子计算机的迅速推广应用，水利水电工程设计中相当多的问题都可以通过理论分析、计算获得解决。但是，水流运动千变万化、错综复杂，完全依靠分析计算是不行的。很多问题必须借助于模型试验来解决。特别是一些重要的水工建筑物，其设计方案往往是通过模型试验来确定的。

在模型试验中，可以将百余米高的坝在实验室里制成模型，也可以把百年一遇、千年一遇甚至万年一遇的水流情况演示出来。这样，空间尺度和时间尺度都大大地缩小了，在原型还未建成或实际水流现象还没有发生时，通过模型试验就可把未来的情况演示出来，从而推断水流在原型中可能发生的情况。

通过模型试验，一方面可以获得工程设计所需的重要数据，有助于选择最佳方案；另一方面，也可以验证、修改设计，使工程设计建立在比较坚实的科学基础上，避免浪费。因此，可以说，水力学模型试验在水利水电工程的设计、施工和管理运用中都有着重要的作用。

由于模型试验理论以及试验观测手段还不够完善等原因，试验成果还不能完全反映原型的情况。因此，还必须重视原型观测，加强对模型试验理论及方法的研究，推动水利事业的发展。

二、水力学模型试验的分类

水力学模型试验的种类很多。国内外的分类方法不尽相同，为了研究方便，通常从不同角度对模型试验作如下分类。

（一）按照模型的几何比尺分类

（1）正态模型 把原型的各部尺寸（即长、宽、高三向空间尺寸）都按同一长度比例缩小（或放大）制成的模型，称**正态模型**。一般水工建筑物模型多采用正态模型。

（2）变态模型　由于试验设备、供水量和试验场地等条件限制，使模型的水平比尺和垂直比尺不能相等。各方向按不同比尺制成的模型称为**变态模型**。进行天然河道的模型试验时，因河道长度比宽度及水深要大得多，不能采用同一比例缩小，一般情况下都采用变态模型。

（二）按照模型范围分类

（1）整体模型　包括整个建筑物或整个研究对象的模型，称**整体模型**。整体模型一般用来研究空间水流问题。如研究工程布置和河道的整治方案，以及研究整个泄水建筑物水流型态和冲刷等空间水流问题，常采用整体模型试验。若建筑物对称也可做成半整体模型。

（2）断面模型　取某一个或数个断面（沿水流方向取断面）做成的模型，称**断面模型**。它研究二元水流问题，也就是研究水流运动要素沿铅直方向和水流方向的变化问题。例如研究闸坝泄流，当建筑物过水宽度较大时，可以从多孔闸（或坝）中取出部分孔（一孔或数孔），制成断面模型放在玻璃水槽中进行试验。断面模型可较精确地测量堰、闸的流量系数和压强分布，也可以通过断面模型试验进行局部结构的修改。有些情况下需要断面模型和整体模型相互配合进行试验。

（三）按照模型底床的性质分类

（1）定床模型　模型的各部分（包括底床）均做成固定不变的叫做**定床模型**。在研究建筑物的过水能力、水面曲线和压强分布等试验项目时，经常应用定床模型。

（2）动床模型　用可冲动的模型材料（如砂、卵石、砾石、煤屑和塑料等）做底床的模型，称为**动床模型**。在研究建筑物下游冲刷、河床泥沙冲淤变化以及河道整治问题时，一般都做成动床模型。

以上分类方法是水力学模型试验中常用的分类方法。有时还按照所受主要作用力、水流性质及工程特性进行模型的分类。此外，还有其它种类的模型试验，如气流模型试验（利用气流模型来研究河道及水工建筑物的水力学问题）、减压模型试验（为研究水力机械和水工建筑物的空蚀问题和局部负压问题，在减压箱专门设备中进行的模型试验）。近年来，又出现了利用数学模型与水力学模型相结合的复合模型❶来研究水利工程中的水力学问题。这些新发展是应引起重视的。

三、水力学模型试验的范围

模型试验的范围很广，根据工程特点和要求的不同，试验的项目可有所不同。一般情况下，水力学模型试验要解决的问题有：水工建筑物进口水流流态、过水能力、水面曲

---

❶　所谓水力学模型，一般是指在水力学模型试验中的实体模型。这是本章研究的对象。由于电子计算机技术的发展，水利工程中的一些水力学问题可以通过电子计算机解数学方程得到解决，不一定再进行实体模型试验。

将实际水流运动中的水力要素，从理论上用数学方程表述，并进行数字计算的方法，有人称数学模型。水力学模型和数学模型都有其优点，但都还有一定的局限性。某些单纯用数学模型或水力学模型解决不了的问题，可将两者结合起来互为补充以取得较好的效果，有人把这叫做复合模型。

线、压强分布和消能防冲等。下面以泄水闸为例说明一般模型试验应解决的几个问题。

1）进口水流情况：进口水流是否平顺，是否有漩涡发生；闸墩墩头形状及翼墙形式是否合适等。

2）过水能力：测定水位与流量关系曲线。验证原设计所用的流量系数是否合适，过流量能否达到设计要求。若达不到设计要求，则应提出如何修改堰型或修改其它边界条件，以提高过水能力。

3）水面曲线：验证在各级流量下回水范围内岸墙高度是否满足要求，上游各引水口的水位能否得到保证。

4）流速分布和消能防冲情况：对底流消能要验证消力池深度（或墙高）、池长能否满足要求；下游流速分布是否均匀，水流是否平稳等。

5）测定压强：一般对堰面、护坦及闸门槽进行压强测定，研究是否会产生过大的负压，验算是否会产生空穴。

6）闸门开启方案：观察闸门不同开启高度时泄流量与下游消能的关系，给制定管理运用方案提供依据。

第二节　水流的相似原理和相似准则

水力学模型试验的目的是利用模型水流来模拟和研究原型水流问题。因此，关键在于模型水流要和原型水流保持相似。实现这种相似所依据的理论就是相似理论，具体的相似条件称相似准则。它们是水力学模型试验的理论基础。

两个相似水流间存在的客观规律就是相似原理。它是在几何相似的基础上推广发展起来的。

如果两股水流具有同样的边界条件和起始条件，而且决定水流状况的各种因素相互之间也都处在同样的对比条件下，则不管这两股水流的尺寸大小如何不同，它们都遵循着同样的规律运动，它们各相应部位的尺寸和对应点的运动要素（如压强、流速：加速度等）**之间保持着一定的比例关系，这样的两股水流就是相似的。**水流相似可归纳为几何相似、运动相似和动力相似。下面将分别讨论这几种相似的意义。

为区分原型和模型的物理量而规定：表示原型水流物理量的符号，均注以右下角码"p"；对表示模型水流物理量的符号，均注以右下角码"m"。以"λ"表示比尺。如图 12-1 所示。

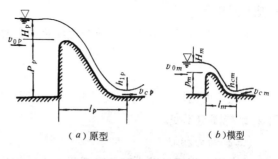

（a）原型　　　　　（b）模型

图 12-1

（一）几何相似

首先要几何相似。即原型和模型两个流区的几何形状、边界条件相似，其对应边长维持一定的比例关系。这就要求将原型的边界和水流的各个几何尺寸都按一定比例缩制成模型。

设 l_p 代表原型的某一长度，l_m 代表模型的对应长度，则几何相似要求

$$\lambda_l = \frac{l_p}{l_m} \tag{12-1}$$

λ_l 是长度比尺。

如两个相似的水流所有相应长度都维持同一比例关系，则两个水流中相应的面积也维持一个固定的比例关系，即

$$\lambda_A = \frac{A_p}{A_m} = \lambda_l^2 \tag{12-2}$$

同样，两个水流中相应的体积也必然维持一个固定的比例关系，即

$$\lambda_v = \frac{V_p}{V_m} = \lambda_l^3 \tag{12-3}$$

由此可见，面积比尺为长度比尺的平方，体积比尺为长度比尺的立方。假若，某模型长度比尺 $\lambda_l = 10$，即模型尺寸缩小到原型的 $\frac{1}{10}$，则相应的几何面积缩小为 $\frac{1}{100}$，而体积则缩小为 $\frac{1}{1000}$。

（二）运动相似

水流的运动相似是指两个流区相应点的运动状态是相似的。运动相似首先要求流速相似，即要求相应点的流速方向相同，流速大小维持同一比例。这样断面上流速分布和大小都相似，因此，相应断面的平均流速也维持同一比例。即

$$\lambda_v = \frac{v_p}{v_m} \tag{12-4}$$

λ_v 是流速比尺。因此流速是单位时间里的位移，所以

$$\lambda_v = \frac{\lambda_l}{\lambda_t} \tag{12-5}$$

λ_t 是时间比尺。

运动相似也要求各相应点的加速度相似。加速度比尺取决于长度比尺和时间比尺，即

$$\lambda_a = \frac{a_p}{a_m} = \frac{\lambda_l}{\lambda_t^2} \tag{12-6}$$

因此长度比尺 λ_l 保持不变是几何相似所要求的，所以运动相似实际上是要求时间比尺 λ_t 维持固定不变。

（三）动力相似

动力相似指两运动水流具有质量与力的相似，即作用于原型和模型水流相应点的各种同性质的作用力，均维持同一的比例关系。因为水流运动，不仅受边界条件的影响，更重要的是由于所受各种力相互作用的结果。所以，要维持水流相似，除几何边界条件等相似以外，关键在于各种同性质的作用力要相似。

通常，这些力包括：重力 G，粘滞阻力 T，动力压力 P，惯性力 F 等。要使两个水流保持动力相似，则要求

$$\frac{G_p}{G_m} = \frac{T_p}{T_m} = \frac{P_p}{P_m} = \frac{F_p}{F_m} \tag{12-7}$$

即要求原型与模型任意相应点上的各种同性质的作用力维持同一比例。

若原型和模型满足了上述几何相似、运动相似和动力相似，则原型和模型的水流就是相似的。

应当指出，作用于水流上的力是很多的，要使所有作用力同时维持同一比例，是很困难的，甚至是不可能的。因此，在分析具体水流运动时，必须分清主次进行简化处理。长期生产实践和科学试验证明，任何一种实际水流的多种作用力中，必有一种或两种力对水流起着主导作用。只要保证起主导作用的力相似，就能使工程获得足够精确的成果。例如，水利工程中常见的水流，都受重力和阻力的作用，如果重力起主要作用，阻力相对于重力而言影响很小可以忽略，那么，在模型试验中，只要做到重力相似即可。下面分别讨论不同情况的相似准则。

1. 重力相似准则——佛汝德定律

水利工程中的某些水流，如闸孔出流、堰顶溢流、水流衔接消能等，因流程短，沿程阻力相对重力而言影响甚小，主要是受重力作用，这种情况下进行水力学模型试验时，只要保持重力相似即可。

在重力作用下，液体要改变原来运动状态，同时，液体的惯性所引起的惯性力，则企图维持原来的运动状态。水流的运动就是重力和惯性力相互作用的结果。若令 V 表示体积，a 表示加速度，ρ 表示密度，g 表示重力加速度，m 表示质量，则重力和惯性力为

重　力　　　　　　$G = mg = \rho V g \propto \rho g l^3$

惯性力　　　　　　$F = ma = \rho V a \propto \rho l^3 \frac{v}{t} = \rho l^3 v^2$

若保持动力相似，就要求重力和惯性力的比例关系在原型和模型中保持相同，即重力比尺和惯性力比尺相等

$$\lambda_G = \frac{G_p}{G_m} = \frac{\rho_p g_p l_p^3}{\rho_m g_m l_m^3} = \lambda_\rho \lambda_g \lambda_l^3 \tag{12-8}$$

$$\lambda_F = \frac{F_p}{F_m} = \frac{\rho_p v_p^2 l_p^2}{\rho_m v_m^2 l_m^2} = \lambda_\rho \lambda_v^2 \lambda_l^2 \tag{12-9}$$

$$\frac{G_p}{G_m} = \frac{F_p}{F_m}$$

$$\lambda_G = \lambda_F$$

从而得出

$$\lambda_\rho \lambda_g \lambda_l^3 = \lambda_\rho \lambda_v^2 \lambda_l^2$$

可写成

$$\frac{\lambda_v^2}{\lambda_g \lambda_l} = 1$$

或

$$\frac{\lambda_v}{\sqrt{\lambda_g \lambda_l}} = 1 \qquad (12\text{-}10)$$

由前已知，$\frac{v}{\sqrt{gl}} = \mathrm{Fr}$ 称为佛汝德数。

于是得出如下的结论：**重力起主要作用的两水流如保持动力相似，则要求原型和模型的佛汝德数必须相等**，即

$$\frac{v_p}{\sqrt{g_p l_p}} = \frac{v_m}{\sqrt{g_m l_m}} \qquad (12\text{-}11)$$

这就是重力相似准则，亦称为佛汝德定律。也可以说，**如果两水流中相应点的佛汝德数相等，且边界几何相似，则原型水流和模型水流是重力相似的。**

现按重力相似准则建立相似水流各参数的比例关系。

由于原型和模型中的 $g_p = g_m$，即 $\lambda_g = 1$ 则式（12-11）变为

$$\frac{v_p}{\sqrt{l_p}} = \frac{v_m}{\sqrt{l_p}} \quad 或 \quad \frac{v_p}{v_m} = \left(\frac{l_p}{l_m}\right)^{1/2}$$

从而得流速比尺

$$\lambda_v = \frac{v_p}{v_m} = \lambda_l^{1/2} \qquad (12\text{-}12)$$

也就是说，流速比尺为长度比尺的平方根。

因流量 $Q = v\omega$，写成比尺关系为 $\lambda_Q = \lambda_v \lambda_l^2$。则流量比尺为

$$\lambda_Q = \lambda_v \lambda_l^2 = \lambda_l^{1/2} \lambda_l^2 = \lambda_l^{5/2} \qquad (12\text{-}13)$$

也就是说，当模型缩小为原型的 $\frac{1}{\lambda_l}$ 时，模型流量将缩小为原型流量的 $\frac{1}{\lambda_l^{5/2}}$。

时间比尺为

$$\lambda_t = \frac{\lambda_l}{\lambda_v} = \frac{\lambda_l}{\lambda_l^{1/2}} = \lambda_l^{1/2} \qquad (12\text{-}14)$$

也就是说，时间比尺为长度比尺的平方根。

因此，在重力相似中，只要确定了模型的长度比尺后，其它物理量的比尺均可按 λ_l 的不同方次求出来。

例 12-1 有一溢流坝，溢流堰高 60m，最大泄流量 $Q = 6250 \mathrm{m^3/s}$，一次泄水历时为 3d（一天按 24h 计）需要进行冲刷试验，现选模型比尺 $\lambda_l = 40$，试求模型的堰高、最大泄流量以及进行冲刷试验的历时。

解 已知 $\lambda_l = 40$

流量比尺 $\qquad\qquad\qquad \lambda_Q = \lambda_l^{5/2} = 40^{5/2} \approx 10000$

时间比尺 $\qquad\qquad\qquad \lambda_t = \lambda_l^{1/2} = 40^{1/2} = 6.34$

所以，模型堰高 $\qquad\qquad p_m = \frac{p_p}{\lambda_l} = \frac{60}{40} = 1.5\mathrm{m}$

模型最大流量 $\qquad Q_m = \dfrac{Q_p}{\lambda_Q} = \dfrac{6250}{10000} = 0.625\mathrm{m^3/s}$

模型泄水历时 $\qquad t_m = \dfrac{t_p}{\lambda_t} = \dfrac{3 \times 24}{6.34} = \dfrac{72}{6.34} = 11\mathrm{h}21\mathrm{min}23\mathrm{s}$

例 12-2 在模型比尺 $\lambda_l = 40$ 的模型试验中：①测得某点流速为 $0.5\mathrm{m/s}$，问换算到原型流速应为多少？②模型冲刷试验共进行 $18\mathrm{h}$，问相当原型的冲刷历时是多少？

解 已知 $\lambda_l = 40$，按重力相似准则得

（1）流速比尺为 $\qquad \lambda_v = \lambda_l^{1/2} = 40^{1/2} = 6.34$

所以原型流速为 $\qquad v_p = v_m \lambda_v = 0.5 \times 6.34 = 3.17\mathrm{m/s}$

（2）时间比尺为 $\qquad \lambda_t = \lambda_l^{1/2} = 40^{1/2} = 6.34$

所以原型冲刷历时为 $\qquad t_p = t_m \lambda_t = 18 \times 6.34 = 114\mathrm{h}$

2．同时考虑重力作用和紊流混掺阻力作用的相似准则

用模型试验研究陡槽溢洪道过水能力和消能，研究泄洪隧洞的泄水能力、明流段的流态、水面线和消能等问题时，往往重力和紊动阻力要同时考虑。用推证重力相似准则的类似方法，可以证明，同时考虑重力和紊动阻力作用的相似条件为

$$\frac{\lambda_v^2}{\lambda_g \lambda_l} = \lambda_\lambda \tag{12-15}$$

式中 λ_λ——沿程阻力系数比尺，$\lambda_\lambda = \dfrac{\lambda_p}{\lambda_m}$。

为满足重力相似的要求，式（12-15）左端应等于 1（即符合佛汝德定律）。同时，还需要满足阻力相似的要求，式（12-15）右端也等于 1，即

$$\frac{\lambda_v}{\sqrt{\lambda_g \lambda_l}} = 1 \quad \text{或} \quad \mathrm{Fr}_p = \mathrm{Fr}_m \tag{12-16}$$

同时

$$\lambda_\lambda = 1 \quad \text{或} \quad \lambda_p = \lambda_m \tag{12-17}$$

当水流充分紊动，位于阻力平方区时，水流中主要是紊流混掺阻力，这时沿程阻力系数 λ 与 Re 无关，而可用谢才系数 C 表示

$$\lambda = \frac{8g}{C^2} \quad \text{而且} \quad \lambda_g = \frac{g_p}{g_m} = 1$$

则沿程阻力系数比尺 λ_λ 可写成

$$\lambda_\lambda = \frac{\lambda_p}{\lambda_m} = \frac{\dfrac{8g_p}{C_p^2}}{\dfrac{8g_m}{C_m^2}} = \frac{\lambda_g}{\lambda_C^2} = 1$$

所以 $\qquad\qquad\qquad\qquad\qquad \lambda_C = 1$

又据曼宁公式，谢才系数 $C = \dfrac{1}{n} R^{1/6}$

写成比尺形式 $\qquad\qquad \lambda_C = \dfrac{\lambda_l^{1/6}}{\lambda_n} = 1$

所以糙率的比尺 $\qquad\qquad \lambda_n = \lambda_l^{1/6}$

则 $\qquad\qquad\qquad\qquad n_m = \dfrac{n_p}{\lambda_l^{1/6}}$ $\qquad\qquad\qquad$ (12-18)

式（12-18）说明模型糙率为原型糙率的 $\dfrac{1}{\lambda_l^{1/6}}$。

总之，在**既考虑重力作用又须同时考虑紊流混掺阻力作用时，可按重力相似准则设计模型，但应注意使模型糙率与原型糙率维持一定的比例，即** $n_m = \dfrac{n_p}{\lambda_l^{1/6}}$。**这样，模型和原型就可保持水流相似。**

模型的糙率，因模型材料和加工条件而不同。现将几种常用的模型材料的糙率列于表 12-1

表 12-1 　　　　　　　　　　　　常用模型材料的糙率

材料名称	铜	有机玻璃或玻璃	木板烫蜡	刨光木板	橡皮泥地形	新铁皮	普通木板	水泥沙浆抹面
糙率 n	0.006	0.0083	0.0085	0.009~0.010	0.0095~0.01	0.011	0.011~0.012	0.010~0.013

第三节　模型设计与算例

一、模型设计中的几个问题

前面已经讲过，将原型缩小制成模型，必须保证模型水流与原型水流相似。水力学模型设计的任务是根据研究的对象和要求，依据相似原理和相似准则，设计出既经济又合理的模型。一般模型设计中应注意下述几个问题。

1. 选定相似准则和确定模型种类

影响水流运动的因素是很多的。在进行模型设计时，首先应根据原型水流运动的特性，分析出主要的作用力，然后根据起主导作用的作用力，确定应采用的相似准则。

一般常见的通过闸、堰、隧洞（或涵管）等水工建筑物的水流，大都是重力起主要作用。所以，一般都按重力相似准则进行模型设计。对于长隧洞、渠槽和管道的模型设计，则需要同时满足紊流混掺阻力相似的要求。

采用模型试验的种类，应根据试验的任务和需要研究的内容以及实际的情况而确定。水利工程中常用的是正态、定床的整体模型或断面模型。

2. 选定模型比尺

模型比尺的确定，主要取决于研究问题的性质、模型范围，试验精度要求和原型情况，以及可供使用的场地和试验设备等。模型大则模型与原型相似性好，精度高，现象清晰，容易得出较可靠的成果。但是，模型制造与试验费用，以及所需的仪器设备和试验时间，均随模型尺寸的增大而增加。所以，模型比尺的选择应根据任务和精度的要求，结合设备和技术可能的情况，进行综合比较确定。在满足所需精度的条件下，应力求使试验符合节约的精神。选择比尺常常根据可供试验的流量和场地作为控制条件来确定比尺。当然，所选的比尺必须保证模型和原型的流态相似。

水工建筑物模型的长度比尺多为 10～100。

3. 保证流态相似

保证流态相似是模型设计中应注意的问题之一。维持流态相似也是选择相似准则的一个重要条件。无论按重力相似准则或者按其它相似准则进行模型设计，都必须保证模型与原型流态相似。

在水利工程中，水流紊动是比较充分的，所以模型中水流也应该保证是紊动比较充分的紊流。试验指出：当模型试验的雷诺数 $Re_m > 4000$ 时，才能满足原型与模型水流运动的相似。

当原型有表面波浪，对模型也要求显示表面波浪时，模型中水面流速应大于 23cm/s。为了不使表面张力发生干扰，模型中主要部分水深应大于 3cm。

4. 校核模型糙率和选定模型材料

模型试验中，要求模型糙率与原型糙率相似。但在目前技术条件下，制作模型时尚不能完全做到与原型相似，因而有些模型（如管道、隧洞等）需要进行模型糙率校正。另外，有一些沿流长度较小的模型（如堰、闸模型）只要比尺选择得当，通常无须再进行模型糙率的校正。

关于模型材料的采用，应根据需要和可能来选定，具体可参照表 12-1。

二、算例

例 12-3 有一泄洪隧洞，采用喇叭型进口，经渐变段后为圆洞，洞身长 325m，洞径 6m，隧洞进口高程 258.0m，洞身由钢筋混凝土衬砌，原型糙率 $n_p = 0.015$。当万年一遇洪水时，最高库水位 329.0m，隧洞泄洪流量 450m³/s，泄洪时水温 10℃。要求通过模型试验观察进、出口水流情况；校核隧洞过水能力并测定压强分布。已知试验管道供水能力为 40L/s，室内水温 20℃。

解 （1）模型种类选择　根据模型试验的任务，可设计成整体模型。在原型隧洞水流中重力是主要作用力，故应按重力相似准则进行模型设计。但因隧洞中水流紊动混掺阻力的影响也不能忽视，故也应满足紊动阻力相似的要求。

（2）模型比尺选择及模型流量校核　根据试验场地面积及设备供水能力，选定模型的长度比尺 $\lambda_l = 50$。其它各物理量相应的比尺为

流量比尺 $\qquad\qquad \lambda_Q = \lambda_l^{5/2} = 50^{5/2} \approx 17700$

流速比尺 $\qquad\qquad \lambda_v = \lambda_l^{1/2} = 50^{1/2} = 7.07$

糙率比尺 $\qquad\qquad \lambda_n = \lambda_l^{1/6} = 50^{1/6} = 1.92$

所以，模型相应的数值为

洞身模型长度　　　　$l_m = \dfrac{l_p}{\lambda_l} = \dfrac{325}{50} = 6.5\text{m}$

洞身模型直径　　　　$d_m = \dfrac{d_p}{\lambda_l} = \dfrac{6}{50} = 0.12\text{m}$

模型最大流量　　　　$Q_m = \dfrac{Q_p}{\lambda_Q} = \dfrac{450}{17700} = 0.00254\text{m}^3/\text{s} = 25.4\text{L/s}$

所以，可以满足试验流量的要求。

（3）模型流态校核　为了满足阻力相似的要求，应保证模型水流为充分紊动的紊流状态。

1）原型水流的雷诺数 Re_p

原型流速为　　　　　$v_p = \dfrac{Q_p}{A_p} = \dfrac{450}{\dfrac{\pi d^2}{4}} = \dfrac{450}{0.785 \times 6^2} = 9.7\text{m/s}$

原型水力半径　　　　$R_p = \dfrac{A_p}{\chi_p} = \dfrac{0.785 \times 6^2}{2 \times 3.14 \times 3} = 1.5\text{m}$

水温 $10℃$，查表 4-1 得相应的运动粘滞性系数 $\nu_p = 1.31 \times 10^6 \text{m}^2/\text{s}$。则原型水流的雷诺数为

$$\text{Re}_p = \dfrac{v_p d_p}{\nu_p} = \dfrac{9.7 \times 6}{1.31 \times 10^6} = 4.4 \times 10^7$$

$\text{Re}_p \gg 2320$，可见原型水流为充分紊动的紊流。

2）模型水流型态

模型流速为　　　　　$v_m = \dfrac{v_p}{\lambda_l^{1/2}} = \dfrac{9.7}{50^{1/2}} = 1.37\text{m/s}$

室内水温为 $20℃$，查表 4-1 得相应的粘滞性系数 $\nu_m = 1.00 \times 10^{-6}\text{m}^2/\text{s}$，则模型水流的雷诺数为

$$\text{Re}_m = \dfrac{v_m d_m}{\nu_m} = \dfrac{1.37 \times 0.12}{1.00 \times 10^{-6}} = 1.64 \times 10^5 \gg 4000$$

可见，模型中水流也是属于紊动比较充分的紊流。

（4）校核模型糙率、选用模型材料

为满足 $\lambda_p = \lambda_m$，需校核模型糙率 n_m 值

已知　　　　　　　　$\lambda_n = \dfrac{n_p}{n_m} = \lambda_l^{1/6} = 50^{1/6} = 1.92$

原型糙率　　　　　　$n_p = 0.015$

则模型糙率　　　　　$n_m = \dfrac{n_p}{\lambda_n} = \dfrac{0.015}{1.92} = 0.00782$

如果模型材料选用有机玻璃（据表 12-1 查知，$n = 0.0083$），可近似满足糙率相似要求。

例 12-4　有一分洪闸，闸前渠底高程为 112m，闸底高程为 113.5m，共 6 孔，每孔净宽 30m，有 5 个闸墩，每个墩厚 2.5m，墩头为半圆形，闸墩高度为 8m，墩长 40m，闸

室总宽192.5m。当闸前水位为118m，下游相应水位115.13m时，设计泄洪流量3000m³/s。非常情况下，上游（闸前）水位119m，最大泄洪流量为4800m³/s。要求验证泄流能力。

解　（1）模型种类选择　因原型的过闸水流受重力作用是主要的，流程短，阻力影响很小，可忽略不计，故模型设计可按重力相似准则进行。根据该分洪闸结构布置的特点（闸孔大小、闸墩型状和闸墩厚度都一致，整个建筑物左、右部分对称）和试验任务要求，可设计成断面模型（取一孔，包括一个闸墩）。

（2）根据实验室现有设备，玻璃水槽宽0.55m，高0.5m，可供模型的流量为40L/s，选用模型长度比尺 $\lambda_l = 60$，校核供水流量和玻璃水槽能否满足要求。按重力相似准则计算如下：

流量比尺　　　　　　　　　$\lambda_Q = \lambda_l^{5/2} = 60^{5/2} \approx 27900$

流速比尺　　　　　　　　　$\lambda_v = \lambda_l^{1/2} \approx 7.75$

模型单孔设计流量　$Q_{m设} = \dfrac{Q_{p设}}{6}\Big/\lambda_l^{5/2} = \dfrac{\frac{3000}{6}}{27900} = 0.0179\text{m}^3/\text{s}$

模型单孔最大流量　$Q_{m\max} = \dfrac{Q_{p\max}}{6}\Big/\lambda_l^{5/2} = \dfrac{\frac{4800}{6}}{27900} = 0.0287\text{m}^3/\text{s}$

闸前模型最大水深　$h_m = \dfrac{h_p}{\lambda_l} = \dfrac{7}{60} = 0.117\text{m}$

闸孔一孔模型净宽　$b_m = \dfrac{b_p}{\lambda_l} = \dfrac{30}{60} = 0.5\text{m}$

闸墩模型厚度　　　$d_m = \dfrac{d_p}{\lambda_l} = \dfrac{2.5}{60} = 0.0417\text{m} \approx 0.042\text{m}$

闸墩模型高度　　　$h'_m = \dfrac{h'_p}{\lambda_l} = \dfrac{8}{60} = 0.133\text{m}$

闸墩模型长度　　　$l_m = \dfrac{l_p}{\lambda_l} = \dfrac{40}{60} = 0.667\text{m}$

由以上计算可以看出，当选用 $\lambda_l = 60$ 时，试验设备的供水流量和宽0.55m的玻璃水槽均可满足要求。

习　　题

12-1　有一灌溉隧洞，用不平整的喷浆护面，其糙率 $n = 0.018$，长度比尺 $\lambda_l = 30$，试求模型糙率 n_m 应为多少？选什么模型材料较合适？

12-2　有一溢洪道，进口闸室净过水宽50m共分5孔，每孔10m，闸墩厚3m，进口段长60m，闸室段长40m，陡槽段长100m，尾水段（包括下游河道400m）长460m，最大泄洪流量3000m³/s。现有一试验场地，宽20m，长30m，供水量80L/s。若选用 $\lambda_l = 100$，试校核场地和供水量能否满足要求？

12-3 有一溢流坝，单孔泄流量 $6000 \mathrm{m^3/s}$，闸孔净宽 12m，堰上最大水头 9.5m，坝高 60m。若在宽 40cm，深 89cm，长 1000cm 的玻璃水槽内进行断面模型试验，采用多大的比尺较为合适？

12-4 某一正态的截流模型，$Q_p = 4800 \mathrm{m^3/s}$，当 $\lambda_l = 40$ 时，试求模型流量为多少？

12-5 某水利枢纽的泄洪闸共 8 孔，每孔净宽 10m，闸墩厚 2.5m，墩高 13m，墩长 30m，墩头为半圆形，闸室全长 30m。设计水头 12m，设计泄洪流量 $7200 \mathrm{m^3/s}$ 当选定长度比尺 $\lambda_l = 80$ 时，试计算模型中相应的数值。当放水试验时测得海漫末端流速为 28cm/s，试问该处原型流速为多少？

12-6 有一溢流拱坝，冲刷试验中测得挑流鼻坎末端流速为 2.3m/s，冲刷坑末端流速为 0.6m/s。测得冲刷坑深度为 0.20m。试将所测得数值换算到原型（已知 $\lambda_l = 70$）。

12-7 有一发电引水隧洞，洞径 4m，采用钢板衬护，最大发电流量 $320 \mathrm{m^3/s}$，最大发电水头 30m，隧洞底坡 1:5，隧洞全长 180m。当选用 $\lambda_l = 20$ 时，试计算模型相应的数值。选用什么模型材料较合适？

附录 I 谢才系数 C 值表

$$\left(\text{根据曼宁公式 } C = \frac{1}{n} R^{1/6}\right)$$

R (m) \ n	0.010	0.013	0.014	0.017	0.020	0.025	0.030	0.035	0.040
0.05	60.7	46.7	43.4	35.7	30.4	24.3	20.2	17.3	15.2
0.06	62.6	48.1	44.7	36.8	31.3	25.0	20.9	17.9	15.6
0.07	64.2	49.4	45.9	37.8	32.1	25.7	21.4	18.3	16.0
0.08	65.6	50.5	46.9	38.6	32.8	26.3	21.9	18.8	16.4
0.10	68.1	52.4	48.7	40.1	34.1	27.3	22.7	19.5	17.0
0.12	70.2	54.0	50.2	41.3	35.1	28.1	23.4	20.1	17.6
0.14	72.1	55.4	51.5	42.4	36.0	28.8	24.0	20.6	18.0
0.16	73.7	56.7	52.6	43.3	36.8	29.5	24.5	21.1	18.4
0.18	75.1	57.8	53.7	44.2	37.6	30.1	25.0	21.5	18.8
0.20	76.5	58.8	54.6	45.0	38.2	30.6	25.5	21.8	19.1
0.22	77.7	59.8	55.5	45.7	38.8	31.1	25.9	22.2	19.4
0.24	78.8	60.6	56.3	46.4	39.4	31.5	26.3	22.5	19.7
0.26	79.9	61.5	57.1	47.0	39.9	32.0	26.6	22.8	20.0
0.28	80.9	62.2	57.8	47.6	40.4	32.4	27.0	23.1	20.2
0.30	81.8	63.0	58.4	48.1	40.9	32.7	27.3	23.4	20.4
0.35	83.9	64.6	59.9	49.4	42.0	33.6	28.0	24.0	21.0
0.40	85.8	66.0	61.3	50.5	42.9	34.3	28.6	24.5	21.4
0.45	87.5	67.3	62.5	51.5	43.8	35.0	29.2	25.0	21.9
0.50	89.1	68.5	63.6	52.4	44.5	35.6	29.7	25.5	22.3
0.55	90.5	69.6	64.6	53.3	45.3	36.2	30.2	25.9	22.6
0.60	91.8	70.6	65.6	54.0	45.9	36.7	30.6	26.2	23.0
0.65	93.1	71.6	66.5	54.7	46.5	37.2	31.0	26.6	23.3
0.70	94.2	72.5	67.3	55.4	47.1	37.7	31.4	26.9	23.6
0.80	96.4	74.1	68.8	56.8	48.2	38.5	32.1	27.5	24.1
0.90	98.3	75.6	70.2	57.8	49.1	39.3	32.8	28.1	24.6
1.00	100.0	77.0	71.4	58.8	50.0	40.0	33.3	28.6	25.0
1.10	101.0	78.2	72.6	59.8	50.8	40.6	33.9	29.0	25.4
1.20	103.1	79.3	73.6	60.6	51.5	41.2	34.4	29.5	25.8
1.30	104.5	80.4	74.6	61.5	52.2	41.8	34.8	29.8	26.1
1.50	107.0	82.3	76.4	62.9	53.5	42.8	35.7	30.6	20.8
1.70	109.3	84.1	78.0	64.3	54.6	43.7	36.4	31.2	27.3
2.00	112.3	86.3	80.2	66.0	56.1	44.9	37.4	32.1	28.1
2.50	116.5	89.6	83.2	68.5	58.3	46.6	38.8	33.3	29.1
3.00	120.1	92.4	85.8	70.6	60.0	48.0	40.0	34.3	30.0
3.50	123.2	94.8	88.0	72.5	61.6	49.3	41.1	35.2	30.8
4.00	126.0	97.0	90.0	74.1	63.0	50.4	42.0	36.0	31.5
5.00	130.8	100.6	93.4	76.9	65.4	52.3	43.6	37.4	32.7
10.00	146.8	112.9	104.8	86.3	73.4	58.7	49.0	41.9	—
15.00	157.0	120.8	112.2	92.4	78.5	62.8	52.3	44.9	—

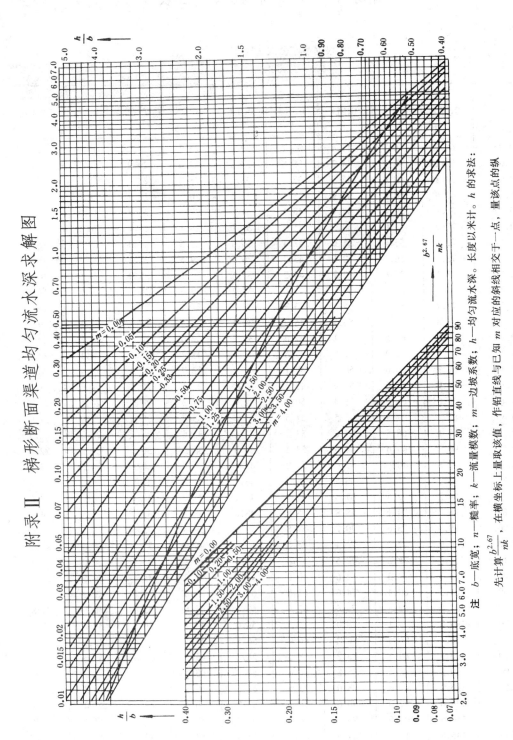

附录Ⅱ 梯形断面渠道均匀流水深求解图

注: b—底宽; n—糙率; k—流量模数; m—边坡系数; h—均匀流水深。长度以米计。h 的求法:

先计算 $\dfrac{b^{2.67}}{nk}$，在横坐标上量取该值，作铅直线与已知 m 对应的斜线相交于一点，量该点的纵坐标 $\dfrac{h}{b}$，由此求得 h

附录Ⅲ 梯形、矩形、圆形断面临界水深求解图

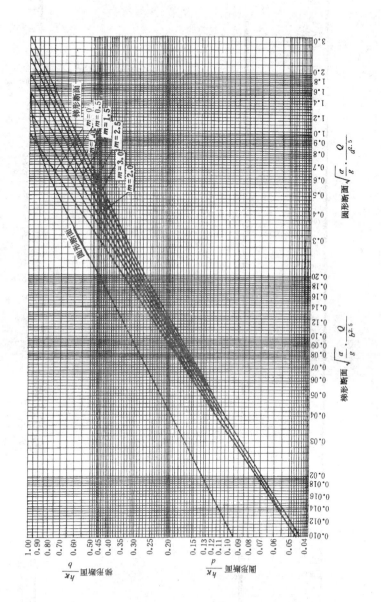

注 h_K——临界水深；Q——流量；α——动能修正系数；g——重力加速度；m——梯形边坡系数；b——梯形底宽；d——圆形直径。

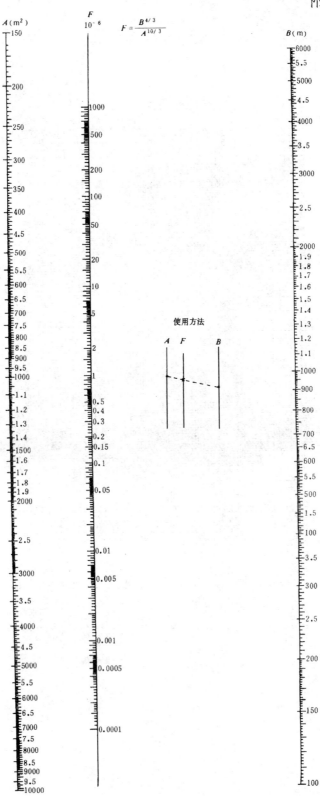

$$F = \frac{B^{4/3}}{A^{10/3}}$$

使用方法

特性 F 的计算图

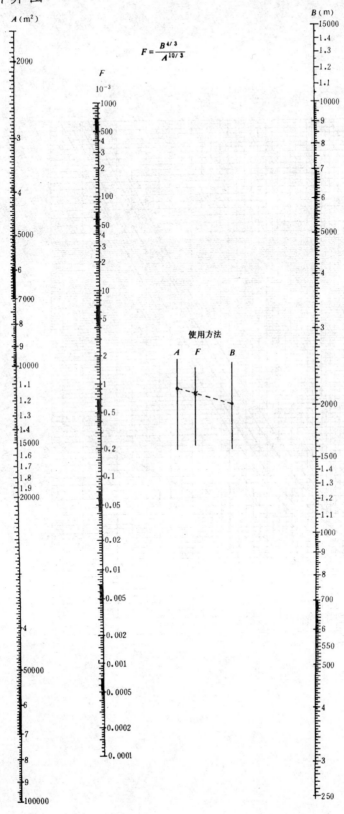

$$F = \frac{B^{4/3}}{A^{10/3}}$$

使用方法

A   F   B

附录 V 矩形断面渠道收缩断面水深及水跃共轭水深求解图

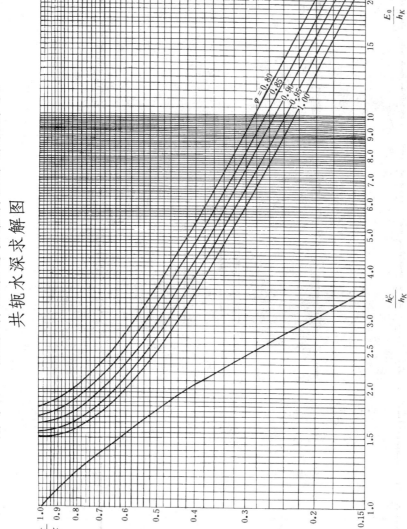

用法：由已知的 E_0 及 q，求出 h_K 及 E_0/h_K，然后通过横轴 E_0/h_K 处作垂线，交已知 φ 值之曲线于一点，该点的纵坐标即为 h_c/h_K 值，将此值乘 h_K 得 h_c 值。自上述 E_0/h_K 处的垂线与曲线 φ 值之交点平行于横轴的直线，并交左边曲线于某点，该点的横坐标即为 h_c''/h_K 值，将此值乘 h_K 得 h_c 的共轭水深 h_c'' 值

252

附录Ⅵ 习 题 答 案

第一章 绪 论

1-1 $G = 4900\text{N}$; $m = 500\text{kg}$。

1-2 $\gamma = 10\text{N/L}$; $\gamma = 0.01\text{N/cm}^3$。

1-3 $\rho = 816.3\text{kg/m}^3$。

第二章 水 静 力 学

2-1 $p = 14.7\text{kPa}$, $P = 58.8\text{kN}$。

2-2 $p_1 = 58.8\text{kPa}$, $p_2 = 88.2\text{kPa}$。

2-3 $p = 102.9\text{kPa}$, $p_2 = 98\text{kPa}$, $p_3 = 93.1\text{kPa}$, $p_4 = 107.8\text{kPa}$, $p_5 = 122.5\text{kPa}$。

2-4 $p_{真} = 26.7\text{kPa}$, $p_{相} = -26.7\text{kPa}$, $p_{绝} = 71.3\text{kPa}$。

2-5 $h_p = 0.603$。

2-6 $p_{相} = -9.8\text{kPa}$, $p_{绝} = 88.2\text{kPa}$, $h_{真} = 1\text{m}$（水柱）。

2-7 $p_1 - p_2 = 43.2\text{kPa}$。

2-8 $p_B - p_A = 0.245\text{kPa}$，比压计直立时水面差 $\Delta h = 0.025\text{m}$。

2-10 $P = 2820\text{kN}$, $h_D = 16\text{m}$ 或 $e = 8\text{m}$。

2-11 闸门斜放时 $P_1 = 141\text{kN}$，闸门直立时 $P_2 = 122.5\text{kN}$。

2-12 $P_{EF} = 208\text{kN}$, $P_{ABCD} = 123.1\text{kN}$，作用在支持容器的地面上的力 $P = 84.7\text{kN}$。

2-13 $h_D = 2.8\text{m}$。

2-14 $F = 9.8\text{kN}$。

2-17 $P = 146\text{kN}$, $Z_D = 1.69\text{m}$。

2-18 $P = 998\text{kN}$, $Z_D = 1.234\text{m}$。

2-19 $P = 45.6\text{kN}$, $Z_D = 1.05\text{m}$。

2-20 $P = 45.1\text{kN}$, $Z_D = 0.992\text{m}$。

2-21 $P = 5100\text{kN}$, $Z_D = 3.94\text{m}$。

2-22 $P = 11396\text{kN}$, $Z_D = 5.65\text{m}$。

2-23 $G = 165\text{N}$。

2-24 $h = 0.363\text{m}$。

第三章 水流运动的基本原理

3-1 $v_1 = 0.5\text{m/s}$, $v_2 = 0.889\text{m/s}$。

3-2 $v_3 = 6.26\text{m/s}$, $v_1 = 11.1\text{m/s}$, $v_2 = 1.0\text{m/s}$, $Q = 0.0492\text{m}^3/\text{s}$, $p_1 = -42.1\text{kN/}$

m^2，$p_2 = 19.1\text{kN/m}^2$。

  3-3 $H_A - H_p = 2.765\text{m}$，$A \rightarrow B$。

  3-4 $E_1 = 4.533\text{m}$，$E_2 = 4.17\text{m}$，$E_3 = 2.34\text{m}$，$E_1 - E_2 = 0.363\text{m}$，$E_2 - E_3 = 1.83\text{m}$（$a = 1$）。

  3-5 $h = 0.79\text{m}$。

  3-6 $Q = 0.055\text{m}^3/\text{s}$。

  3-7 $v_2 = 1.78\text{m/s}$，$Q = 6.65\text{m}^3/\text{s}$。

  3-8 $z = 0.158\text{m}$。

  3-9 $Q = 0.0616\text{m}^3/\text{s}$。

  3-10 $h_s = 5.65\text{m}$。

  3-11 $h = 6.22\text{m}$，$z = 3.78\text{m}$。

  3-12 水平推力 $F = 49.98\text{kN}$，静水压力 $P = 91.7\text{kN}$。

  3-13 $R_x = 10.094\text{kN}$，$R_y = 6.66\text{kN}$。

  3-14 $R = 22.25\text{kN}$。

第四章 水流型态和水头损失

  4-1 $\tau = 172\text{N/m}^2$。

  4-2 直径为 1.0m 时 $Re_1 = 1910$ 为层流，直径为 2.0m 时 $Re_2 = 4770$ 为紊流。

  4-3 $Re = 76600$，$v_{临} = 3.03\text{cm/s}$。

  4-4 $Re = 29910$ 为紊流。

  4-5 ①$Re = 1094$ 为层流，②$\lambda = 0.0585$，③$h_f = 1.02\text{cm}$，④$h_f = 2.16\text{cm}$。

  4-6 ①$h_f = 0.041\text{cm}$，②$h_f = 0.739\text{m}$，③$h_f = 5.56\text{m}$。

  4-7 $h_f = 24.3\text{m}$。

  4-8 选用 $n = 0.013$ 时 $h_f = 6.55\text{m}$。

  4-9 $v = 0.85\text{m/s}$，$Q = 16.25\text{m}^3/\text{s}$。

  4-10 $\zeta = 0.32$。

  4-11 $H = 14.0\text{m}$。

  4-12 各断面总水头：$A—A$ $E_1 = 30.065\text{m}$，阀门前 $E_2 = 24.62\text{m}$，阀门后 $E'_2 = 24.43\text{m}$，突缩前 $E_3 = 21.16\text{m}$，突缩后 $E'_3 = 21.14\text{m}$，$B—B$ $E_4 = 10.25\text{m}$。

第五章 管 流

  5-1 $Q = 64.7\text{m}^3/\text{s}$。

  5-2 选 $d = 1.2\text{m}$，$z = 0.394\text{m}$。

  5-4 $Q = 1.62\text{m}^3/\text{s}$（取 $n = 0.014$）。

  5-5 采用 $n = 0.0125$，$d = 250\text{mm}$。

5-6 水塔高度 $h=18.1$m（$d_{A-1}=200$，$d_{1-5}=150$，$d_{1-2}=150$，$d_{2-3}=100$，$d_{2-4}=100$）。

5-7 $Q=2.04$m^3/s，$h_s=5.3$m（取 $n=0.014$）。

5-8 $d=1.25$m。

5-9 选 $d_{吸}=d_{压}=0.3$m，$h_s=3.74$m，扬程 $H=19.61$m。

5-10 ⓐ$c=1002$m/s，ⓑ$c=894.1$m/s。

5-11 ⓐ$t=2.395$s，ⓑ$p=2505$kN。

5-12 $\Delta p'=1002$kN。

第六章 明渠均匀流

6-1 $Q=0.75$m^3/s。

6-2 $n=0.0225$ 时，$Q=41.3$m^3/s，$v=1.0$m/s；当 $n=0.025$ 时流量减小。

6-3 $Q=11.6$m^3/s；$h_0=1.21$m；$Q=14$m^3/s 时，$h_0=1.37$m。

6-4 $h_0=2.771$m。

6-5 $h_0=1.06$m。

6-6 $h_0=4.41$，$b=2.69$m。

6-7 $n_e=0.025$，$Q=4.98$m^3/s。

6-8 $Q=3916$m^3/s。

6-9 $n=0.0753$。

第七章 明渠非均匀流

7-1 $h_K=0.6$m。

7-2 $h_0=4.15$m，$v_0=1.205$m/s，$h_K=1.37$m，$i_K=0.00983$，Fr$=0.189$。为缓流。

7-3 $h''_c=3.35$m，发生远离式水跃。

7-4 略。

7-5 $h_0=2.52$m，$l=8418$m（水深由 4m 至 2.55m）。

7-6 $h_0=1.74$m，$h_K=1.178$m，$l=788$m（水深由 1.178 至 1.72m）。

7-7 1. 渠段 1 不发生水跃；2. 陡坡段上起始水深 1.43m，陡坡末端水深 0.89m。

7-8 1—1 断面水深 3.2m；2—2 断面水深 2.37m；3—3 断面水深 1.9m；4—4 断面水深 1.4m。

7-9 河道各断面水位高程（m）如下：①17.45，②17.0，③16.5，④15.86，⑤14.9，⑥14.0。

7-10 河道各断面水位高程（m）如下：1—1：186.65，2—2：187.08，3—3：187.55，4—4：187.80，5—5：188.33。

第八章 孔 流 与 堰 流

8-1 $\mu = 0.62$, $\varepsilon = 0.64$, $\varphi = 0.97$, $\zeta = 0.063$。

8-2 (1)孔口($\mu = 0.62$), $Q = 1.22 \text{L/s}$;(2)管嘴($\mu = 0.82$), $Q = 1.613 \text{L/s}$。

8-3 $m'_0 = 0.413$, $Q = 0.274 \text{m}^3/\text{s}$。

8-4 $Q = 135.25 \text{m}^3/\text{s}$。

8-5 $q = 0.131 \text{m}^3/\text{s}$。

8-6 $Q_1 = 7 \text{m}^3/\text{s}$; $Q_2 = 6.97 \text{m}^3/\text{s}$。

8-7 $Q_1 = 5.55 \text{m}^3/\text{s}$; $Q_2 = 3 \text{m}^3/\text{s}$。

8-8 $Q = 19.25 \text{m}^3/\text{s}$。

8-9 $h_0 = 2.26 \text{m}$, $H = 4.06 \text{m}$。

8-10 $H_{堰} = 1.16 \text{m}(m = 0.369)$。

8-11 $m = 0.47$, $H = 2.1 \text{m}$。

8-12 $Q = 22.5 \text{m}^3/\text{s}$。

第九章 泄水建筑物上、下游水流衔接与消能

9-1 $h''_c = 5.21 \text{m}$。

9-2 $s = 2.1 \text{m}$, $l_K = 24 \text{m}$。

9-3 $c = 1.6 \text{m}$, $l_K = 13.5 \text{m}$。

9-4 $s = 0.6 \text{m}$, $l_K = 14 \text{m}$。

9-5 $l = 178 \text{m}$, $T = 34.8 \text{m}$。

第十章 渗 流

10-1 $q = 3.75 \times 10^{-7} \text{m}^3/(\text{s} \cdot \text{m})$。

10-2 $q = 5.71 \times 10^{-7} \text{m}^3/(\text{s} \cdot \text{m})$; $h = 2.60 \text{m}$。

10-3 $Q = 2.47 \times 10^{-4} \text{m}^3/\text{s} = 21.3 \text{m}^3/\text{d}$。

10-4 0 点处地下水位降低了 0.54m。

第十一章 高 速 水 流 简 介

11-1 $\dfrac{p_{\max}}{\gamma} = 5.35 \text{m}(水柱)$。

11-2 $\dfrac{p_{\min}}{\gamma} = -7.5 \text{m}(水柱)$ 或 $\dfrac{p_{真}}{\gamma} = 7.5 \text{m}(水柱)$。

11-3 选用霍尔公式中 $K=0.005$ 时 $h_a=3.66m$；

选用 $\eta=1.1$ 时 $h_a=4.1m$。

11-4 $h_a=6.12m$。

11-5 $\sigma=2.32$ 门槽不发生空穴。

11-6 不发生空穴所要求的混凝土表面不平整度：对斜坡，当突出高度为 1cm 时，水平长度应大于 28cm；对三角体，当突出高度为 1cm 时，水平长度应大于 44cm。

第十二章　水力学模型试验基础

12-1 $n_m=0.0102$；洞身模型材料选水泥砂浆抹面较为合适。

12-2 模型宽 $B_m=0.62m$，模型长 $l_m=6.6m$，模型所需最大放水流量 $(Q_m)_{max}=0.030m^3/s$。

12-3 模型宽 $B_m=0.12m$，模型高 $h_m=0.695m$。

12-4 $Q_m=0.472m^3/s$。

12-5 一孔净宽 $b_m=0.125m$，闸墩厚 $d_m=0.0313m$，闸墩高 $a_m=0.163m$，闸墩长 $l_m=0.375m$，闸室全长 $l_m=0.375m$，设计水头 $H_m=0.15m$，泄洪流量 $Q_m=0.126m^3/s$；海漫末端原型流速 $v_p=25.1m/s$。

12-6 挑流鼻坎处流速 $v_{1p}=19.2m/s$，冲刷坑末端流速 $v_{2p}=5.02m/s$，冲刷坑深度 $T_p=14m$。

12-7 洞径 $D_m=0.2m$，流量 $Q_m=0.179m^3/s$，水头 $H_m=1.5m$，洞长 $l_m=9m$，糙率 $n_m=0.0076$；洞身模型材料选用有机玻璃较为合适。

参 考 文 献

[1]　武汉水利电力学院编,水力学,水利电力出版社,1960。

[2]　清华大学水力学教研组编,水力学(修订本),人民教育出版社,1965。

[3]　成都科学技术大学水力学教研室编,水力学,人民教育出版社,1979。

[4]　华东水利学院编,水力学,科学出版社,1979。

[5]　武汉水利电力学院水力学教研室编,水力学,人民教育出版社,1974。

[6]　西南交通大学、哈尔滨建工学院编,水力学,人民教育出版社,1979。

[7]　柯莫夫著,水力学,陈肇和译,水利电力出版社,1960。

[8]　武汉水利电力学院水力学教研室编,水力计算手册,水利出版社,1980。

[9]　基谢列夫著,水力计算手册,陈肇和译,电力工业出版社,1957。